历史建筑修复技术系列教材

历史建筑内檐与外饰修缮技术

LISHI JIANZHU NEIYAN YU WAISHI XIUSHAN JISHU

◎井云　主编

U0289388

中国建筑工业出版社

图书在版编目（CIP）数据

历史建筑内檐与外饰修缮技术/井云主编. —北京：
中国建筑工业出版社，2017.1
历史建筑修复技术系列教材
ISBN 978-7-112-20259-1

Ⅰ.①历⋯　Ⅱ.①井⋯　Ⅲ.①古建筑-修缮加固-教材
Ⅳ.①TU-87

中国版本图书馆 CIP 数据核字（2017）第 007337 号

本书系统全面记录了既有建筑在内檐与外饰方面的修缮技术，不仅阐述古建筑的修缮技术，也阐述进入维修期的既有商品住宅建筑和公共建筑的修缮；不仅阐述濒临失传的传统施工工艺，也阐述新技术在历史建筑的内檐与外饰修缮中的应用；不仅阐述中国古建筑的修缮技术，也阐述西方典型特征建筑修缮技术。本书遵循职业教育特点，按照学习情境划分知识结构体系，共设八个学习情境，内容包括：内外墙面抹灰修缮、楼地面修缮、隔墙修缮、门窗修缮、墙柱贴面修缮、涂饰工程修缮、裱糊工程修缮以及顶棚修缮。

责任编辑：王　鹏　国旭文　魏　枫　齐庆梅　王　跃
责任设计：李志立
责任校对：陈晶晶　焦　乐

历史建筑修复技术系列教材
历史建筑内檐与外饰修缮技术
井　云　主编
*
中国建筑工业出版社出版、发行（北京海淀三里河路 9 号）
各地新华书店、建筑书店经销
北京佳捷真科技发展有限公司制版
北京盛通印刷股份有限公司印刷
*
开本：787×1092 毫米　1/16　印张：15¾　字数：390 千字
2017 年 6 月第一版　2017 年 6 月第一次印刷
定价：**34.00** 元
ISBN 978-7-112-20259-1
（29715）

前　　言

　　历史建筑以及既有建筑的修缮与管理，在欧洲已经占到建筑设计与施工行业工程量的75％。在我国，随着民众呼声的加强和政府重视程度的提高，以及大量商品住宅进入维修期，也呈现出对其越来越旺盛的需求。

　　本教材系统全面地记录了既有建筑在内檐与外饰方面的修缮技术，不仅阐述了古建筑的修缮技术，如中国古建筑的小木做修缮，也阐述了进入维修期的既有商品住宅建筑和公共建筑的修缮；不仅阐述濒临失传的传统施工工艺，如石膏顶棚施工工艺，也阐述了新技术在历史建筑的内檐与外饰修缮中的应用；不仅阐述了中国古建筑的修缮技术，也阐述西方典型特征建筑修缮技术。

　　本教材体例遵循职业教育特点，按照学习情境划分知识结构体系，共设八个学习情境，分别是内外墙面抹灰修缮、楼地面修缮、隔墙修缮、门窗修缮、墙柱贴面修缮、涂饰工程修缮、裱糊工程修缮以及顶棚修缮，在各个情境下将知识点编排成若干任务，达到学习知识，掌握技能的教学目的。全书由井云主编和统稿，李国宁老师编写了学习情境四门窗修缮。

　　本教材是古建筑工程技术专业系列教材之一，除满足专业核心课程教学需求之外，也可作为专业技术人员的技术参考。

目　　录

学习情境一 内外墙面抹灰修缮

抹灰是保护和装饰建筑物的最基本手段，是历史建筑和既有建筑修缮的最普遍内容之一。通过抹灰处理，能有效避免建筑物受周围环境中有害介质侵蚀，从而提高建筑物耐久性，满足人们生活工作舒适美观的需求，满足工业和农业生产需求，美化改善环境。

抹灰按照部位可分外墙抹灰、内墙抹灰；按照要求不同分为一般抹灰和装饰抹灰。一般抹灰多见有水泥砂浆抹灰、水泥混合砂浆抹灰、纸筋灰、麻刀石灰抹灰等；装饰抹灰主要有斩假石、水刷石、拉毛、甩疙瘩、拉条灰、扒落石、席纹、河卵石、弹涂、滚涂、喷涂等。有些墙面抹灰做法样式今天已经很少见到，修缮工程中应依据设计要求，在条件允许的情况下，按照原工艺进行抹灰工程修缮，良好呈现历史建筑风貌。

本学习情境列出了十一个内外墙面抹灰修缮任务，既有常规修缮中的抹灰施工，也有濒临失传和少见的抹灰施工工程修缮，详细阐述了构造、工艺、质量要求等，并提出了学习目标和任务要求。

一、常用材料

按照在抹灰工程中的作用不同，内外墙面抹灰工程施工中所用材料分为胶凝材料、骨料、纤维材料、颜料和掺合料，每种材料又有若干品种，见表 1-0-1。为保证抹灰层的功能性、装饰效果，以及施工和易性，所选用的各种材料必须满足使用需求和设计要求。

常用抹灰材料与作用　　　　　　　　　　　　　　　　　　　　表 1-0-1

类别		材料名称	作用与用途
胶凝材料	水硬性胶凝材料	普通硅酸盐水泥 火山灰质硅酸盐水泥 矿渣硅酸盐水泥 白色硅酸盐水泥 硅酸盐膨胀水泥	砂浆的胶凝固结 与基层的粘结 砂浆各层间粘结
	气硬性胶凝材料	石灰 建筑石膏	
骨料		砂、米粒石、色石渣、瓷粒、蛭石、珍珠岩	起骨架作用，增强装饰效果
纤维材料		麻刀、纸筋、草秸、麦秸、玻璃丝	加强抹灰层整体性，有效防止开裂脱落
颜料		钛白粉、大白粉、群青、炭黑等	使表面呈现不同颜色，起到装饰效果
掺合料		108 胶、憎水剂等	增强砂浆强度以及各抹灰层间粘结力，增强装饰层耐久性和耐污染性

1. 水泥

水泥作为最主要的胶凝材料，在同一项目抹灰工程中，宜为同一牌号、同一品种、同一颜色，其凝结时间和安定性必须满足抹灰需求。过期水泥应经试验合格后方可使用，不得使用受潮、结块水泥。抹灰常用水泥性能与适用条件参考表 1-0-2。

抹灰常用水泥性能与适用条件　　　　　　　　　　表 1-0-2

水泥品种	物理性能		特性	优先使用	不得使用
	初凝	终凝			
普通硅酸盐水泥	45min	12h	1.快硬、早强、抗冻、耐磨，不透水性好 2.水化热高，抗硫酸盐侵蚀性差	1.冬季、干燥环境抹灰 2.抗渗、耐磨	硫酸盐侵蚀工程
火山灰质硅酸盐水泥	45min	12h	1.保水性、耐蚀性好，水化热低 2.干缩大、早强低、抗冻性差	1.抗渗砂浆 2.远距离运输	1.有耐磨要求工程 2.干燥环境
矿渣硅酸盐水泥	45min	12h	1.耐热性、耐蚀性好，水化热低 2.干缩大、早强低、抗冻性差、保水性差	高湿度或水下环境	有抗渗要求环境
白色硅酸盐水泥	45min	12h	同普通硅酸盐水泥	装饰抹灰	同普通硅酸盐水泥
硅酸盐膨胀水泥	45min	6h	1.微膨胀、快硬、早强、防水性好 2.抗硫酸盐侵蚀性能差	1.抗渗防水砂浆 2.接缝修补	同普通硅酸盐水泥

2. 石灰

抹灰用石灰必须经过淋制熟化。用生石灰淋制时，经筛网过滤后贮存在沉淀池中，一般其熟化时间不少于 15 天，罩面灰不少于 30 天。当用袋装磨细生石灰粉时，其石灰粉过 0.125mm 孔筛的筛余量不大于 13%。使用前应用水泡充分熟化不少于 3 天。

3. 石膏

石膏应选用熟石膏或熟石膏磨细后制成的建筑石膏。石膏掺水后数分钟便开始凝结，终凝时间 30min，加入少量食盐或生石膏粉会提高凝结速度，加入石灰浆或掺入占水量 0.1%～0.2% 的明胶会起到缓凝作用。石膏一般用于室内高级抹灰或有隔热、保温、吸声要求的饰面，但由于石膏的耐水性和抗冻性不足，不宜用于室外饰面，同时不宜靠近温度可达 60℃ 以上的环境。

4. 水玻璃

建筑工程中常用的水玻璃是硅化钠水溶液，俗称泡花碱，在抹灰工程中常用于配制防水砂浆和耐酸砂浆。

5. 砂

应选用河砂或山砂，宜用细度模数位于 Ⅱ 区的中砂（平均粒径不小于 0.35mm），或粗砂（平均粒径不小于 0.5mm）和中砂混合使用，要求颗粒坚硬洁净，黏土、泥灰和粉末含量不超过 3%，用前过筛。

6. 水砂

平均粒径 0.15mm 的细砂，密度为 1050kg/m³，使用前应用清水淘洗，含泥量应小于 2%。

7. 石英砂

石英砂分为天然、人造和机制三种，人造和机制石英砂是将石英石焙烧后，经人工或机械破碎筛分而成，比天然石英砂质量好、纯净。石英砂在抹灰工程中用于配置耐酸胶泥和耐酸砂浆。

8. 石粒

石粒在抹灰工程中用来制作水磨石、水刷石、干粘石、斩假石等，是由天然大理石、白云石、方解石、花岗岩等石料破碎筛分而成。较为常用的是大理石石粒，其规格、品种见表1-0-3。

大理石石粒规格、品种　　　　　　　　　　　　　　表 1-0-3

规格与粒径		品　种
俗称规格	粒径（mm）	
大二分	约20	汉白玉、奶油白、黄花玉、松香黄、桂林白、晚霞、蟹青、银河、雪云、齐灰、东北红、桃红、南京红、铁岭红、东北绿、丹东绿、莱阳绿、潼关绿、东北黑、竹根霞、苏州黑、大连黑、湖北黑、芝麻黑、墨玉
一分半	约15	
大八厘	约8	
中八厘	约6	
小八厘	约4	
米粒石	2～4	

抹灰用石粒要求颗粒坚韧，有棱角，洁净，且不含有风化石粒及碱质或其他有机物，使用前冲洗过筛，并应按颜色规格分类堆放。

抹灰中常用的还有绿豆沙、白凡石、瓜米石、石屑，它们常用来制备外墙喷涂聚合物砂浆，以及制作水刷石、干粘石、斩假石等。

此外，还有彩色瓷粒，它是以石英、长石和瓷土为主要原料煅烧而成的骨料，粒径为1.2～3.0mm，具有大气稳定性好、颗粒小、表面瓷粒均匀、露出的粘结砂浆少、饰面厚度薄、自重轻等优点。

9. 其他骨料

膨胀珍珠岩是由珍珠岩经破碎、筛分、预热，在高温中悬浮瞬间焙烧体积骤然膨胀而成。其颗粒呈白色或灰白色，颗粒结构为蜂窝泡沫状，质量极轻，风吹可扬，具有保温、隔热、吸音、无毒、不燃等特性。常与水泥等胶凝材料混合，制成保温、隔热、吸音灰浆，用于外墙面、管道、屋面等。

膨胀蛭石是由蛭石经晾干、破碎、筛选煅烧膨胀而成。其容重轻，耐火防腐，导热系数极小，多用于制备厨房、浴室、地下室和湿度较大车间的内墙抹灰砂浆和顶棚抹灰砂浆。

10. 纸筋麻刀

用于制备纸筋（麻刀）灰，为天然材料，在抹灰层中起拉结和骨架作用，可有效提高抹灰层的抗拉强度和抗裂性能，增强抹灰层的弹性和耐久性，使抹灰层不易开裂脱落。

麻刀要求均匀、坚韧、干燥，不含杂质，麻丝长度控制为20～30mm，随用随敲打松散，每100kg石灰膏掺入1kg麻刀，使用前应将其中的尘土、污垢、油渍清除干净。

使用干燥的白纸筋或草纸筋时，使用前应清除尘土杂质，用水浸透，用机械磨成细浆或捣烂成糊状，每100kg石灰膏掺入2.75kg干纸筋；使用湿纸筋（纸浆）时，每100kg石灰膏掺入2.9kg湿纸筋。罩面纸筋灰使用前应用机碾磨细，并用3mm孔径筛过滤。

11. 草秸

稻草、麦秸作用同纸筋麻刀，也是一种天然材料，应坚韧、干燥、不含杂质，其长度不大于 30mm，并应在石灰水中浸泡半个月后使用，或经石灰、火碱浸泡轧磨处理成纤维状，当纸筋使用。

12. 玻璃纤维丝

玻璃纤维丝俗称玻璃丝，是一种性能优异的无机非金属材料，通常作为复合材料中的增强材料，玻璃纤维丝配置的灰浆耐热、耐久、耐腐蚀。每 100kg 石灰膏中加 200～300g 玻璃纤维丝，纤维丝长度应为 10mm 左右。由于玻璃纤维丝刺激皮肤，使用时应做好劳动保护。

13. 颜料

抹灰用颜料应采用矿物颜料或无机颜料，并具有高磨细度。抹灰常用颜料的特征见表 1-0-4。

抹灰常用颜料特征　　　　　　　　　　　　　　表 1-0-4

颜色	颜料名称	俗称	特　征
白色	二氧化钛	钛白粉	遮盖率和着色力很强，折射率高，化学性质稳定。金红石型二氧化钛耐光性强，适用于外抹灰；锐钛矿型耐光性较差，适用于内抹灰
	锌钡白	立德粉	硫化锌和氧化钡的混合白色颜料，遮盖率比锌氧粉强，比钛白粉差，耐光性差，不宜用于外抹灰
	氧化锌	锌氧粉、锌白	一种白色六角晶体，无臭极细粉末，两性氧化物。高温或储存日久颜色会变黄，不宜用于外抹灰
	白垩	大白粉	色白或灰白，是由方解石质点为主的沉积岩粉碎过筛而成，遇二氧化硫白色即褪，适用于内抹灰
	方解石粉	老粉	是由方解石及方解石含量高的石灰石粉碎加工而成，遇二氧化硫褪色，适用于内抹灰
	银粉子		北京地区土产。呈微云母颗粒闪光，色白，性同大白粉
黄色	含水三氧化二铁	氧化铁黄、铁黄	呈土黄色，遮盖率最强的黄色颜料，着色力与铬黄相等。耐光、耐大气影响、耐污浊气体、耐碱。成本低
	铬酸铅	柠檬黄、铬黄	颜色鲜艳，不同深浅品种齐全，着色力高，遮盖率强，不耐碱。内外抹灰均可
紫色	氧化铁紫		紫红色。可用氧化铁红和群青调配
红色	氧化铁红	红土、铁朱、铁红、西红	有天然和人造两种。遮盖率和着色力强，耐光、耐大气影响、耐高温、耐碱、耐污浊气体侵蚀。成本低，可用于内外抹灰
	甲苯胺红		鲜艳红色粉末。遮盖率和着色力较高，耐光、耐热、耐酸碱，在大气中无敏感性，多用于高级装饰
蓝色	群青	云青、洋蓝、石头青、佛青、优蓝	半透明，色彩鲜艳，耐热、耐光、耐碱，不耐酸，成本低，多用于外抹灰
	铝酸钴	钴蓝	由氧化钴、磷酸钴等与氢氧化铝混合熔烧而成。呈带绿光的蓝色。耐热、耐光、耐酸碱。可用于内外抹灰

续表

颜色	颜料名称	俗称	特　征
绿色	铬绿		铬黄与普鲁士蓝混合而成。颜色变化较大,取决于两种成分配比。遮盖率强,耐光、耐热、耐气候,不耐酸碱,不宜用于以水泥和石灰为胶凝材料的抹灰中
	群青和氧化铁黄配制		耐碱。其他性能同群青和氧化铁黄
棕色	氧化铁棕	铁棕	氧化铁红和氧化铁黑的混合物。可用于内外抹灰
黑色	四氧化三铁	铁黑、氧化铁黑	遮盖率、着色力强,比炭黑稍差,稳定的耐候性,耐碱。可用于内外抹灰
	炭黑	乌烟	依据制造方法不同分为槽黑(硬质炭黑)和炉黑(软质炭黑),抹灰工程常用软质炭黑,密度比氧化铁黑稍小,其他性能基本相同,不宜操作
	二氧化锰	锰黑	黑色无定形粉末,或黑色斜方晶体,遮盖率强
	松烟		松木燃烧后所凝之黑灰。遮盖率和着色力良好
褐色	赭石		氧化物类矿物,多呈不规则的扁平块状。色泽明亮,着色力、耐久性和施工性能良好,适用于外抹灰

二、抹灰砂浆的技术要求

根据使用材料以及装饰效果,内外墙面抹灰工程分为一般抹灰和装饰抹灰。抹灰层一般由底层抹灰,中层抹灰以及面层抹灰组成。各层抹灰用砂浆均应依据基层材料、砂浆品种、工程部位、质量标准和环境状况不同而确定不同的技术要求。各层抹灰作用和技术要求见表 1-0-5。

抹灰砂浆作用与要求　　　　　　　　　　　　　　表 1-0-5

层次	作用	砂浆稠度(mm)	砂子最大粒径(mm)	要求
底层	与基层粘结,初步找平	100～120	2.8	砂浆应粘结力强,抗裂性能好
中层	保护墙体和找平	70～90	2.6	砂浆应粘结力强
面层	装饰	70～80	1.2	砂浆应抗收缩、抗开裂性能好,粘结力强

为了保证砂浆良好的和易性和足够的粘结力。施工时应做到:

(1) 水泥　使用水泥搅拌砂浆时,必须有试验室的试验报告,使用过程中不得混用不同品种的水泥,不得采用未作处理的受潮、结块水泥。

(2) 砂子　砂子必须过筛,含泥量及有害物质必须控制在有关规定的含量内,砂的含水率应根据现场实际情况随时进行测定,以便调整砂浆用水量。

(3) 石灰膏　石灰膏使用时应用筛孔小于 3mm 的筛子过滤,不得含有未熟化颗粒。如石灰膏已冻结,则不得使用。

(4) 拌合砂浆　拌合时应采用重量配合比,材料过磅后搅拌。水泥和有机塑化剂配料精度应控制在 ±2% 以内,砂子、石灰膏应控制在 ±5% 以内。

(5) 搅拌　砂浆必须搅拌均匀,一次搅拌量不宜过多,应随用随拌,搅拌好的砂浆不得长时间堆放。

（6）水砂浆拌制　由于水砂中含有盐分，为了使灰浆中盐分尽快蒸发，水砂灰浆应用热石灰浆拌制，且在淋灰池消解 3～7 天后使用。

三、常用工具与机具

抹灰工程常用的工具与机具有砂浆搅拌机、纸筋灰拌合机、云石锥、麻刀机、筛子、手推车、铁锹、水桶、灰桶、灰槽、刮杠、靠尺板、线坠、托线板、白线、钢卷尺、方尺、托灰板、铁抹子、木抹子、阴阳角捋子、捋角器、软水管、长毛刷、钢丝刷、铝合金水平尺、喷壶、錾子、铁锤、钉子、钳子等。

四、施工作业条件

（1）屋面防水层和上层楼地面已完工，并经检验合格，不渗漏。

（2）基体或基层已经验收合格。

（3）抹灰样板间已完工，并经监理等有关各方确认可作为工程样板。

（4）水电、管道、设备等安装、调试已完成。

（5）作业环境温度不应低于 5℃。当气温低于 5℃ 时，已做好保温、保质量的有效措施。

（6）门、窗框或附框已安装就位，经检查位置正确、缝隙适宜、连接牢固合格。

（7）已对墙面的明显凸、凹部位先行处理，剔凸补凹平整。

（8）已熟悉查勘设计、说明，并对全体作业人员进行详尽技术交底。

（9）马凳、脚手架搭设经检查验收，符合安全规定。

五、施工顺序

抹灰工程施工顺序，一般遵循"先室外后室内，先上面后下面，先顶棚后墙地"的原则。先室外后室内，是指先拆除外脚手架，堵上脚手架眼，复核外窗位置，完成室外抹灰，然后再进行室内抹灰；先上面后下面，是指在屋面工程完成后，室内外抹灰最好从上往下进行，以保护成品，当采取立体交叉流水作业时，必须采取相应的成品保护措施；先顶棚后墙地，是指室内抹灰先完成顶棚部分，再进行墙面抹灰，最后做地面抹灰。高级装饰工程施工顺序应依具体情况而定。

六、质量标准

（1）抹灰所用材料的品种、性能、规格、质量应符合修缮设计和有关规定。水泥的凝结时间和安定性复验应合格。灰浆配合比应符合修缮设计和有关规定。

（2）补抹灰的范围应符合修缮设计的要求，抹灰前应铲除原有抹灰底层，基体表面的灰浆污垢等应清除干净，并洒水润湿。

（3）抹灰厚度过大时，容易产生起鼓、脱落等质量问题，所以抹灰应分层进行。当抹灰总厚度大于或等于 35mm 时，应采取加强措施。不同材料基体交接处，由于吸水和收缩性不一致，接缝处表面的抹灰层容易开裂，应采取防止开裂的加强措施，当采用加强网时，加强网与各基体的搭接宽度不应小于 100mm。

（4）为避免抹灰层脱落，底子灰与基体及各抹灰层之间必须粘结牢固，抹灰层不应空鼓、脱皮，面层应无裂缝和爆灰。

（5）各种砂浆抹灰层，在凝结前应防止快干、水冲、撞击、振动和受冻，在凝结后应采取措施防止砧污和损坏。水泥砂浆抹灰层应在湿润条件下养护。

（6）室内墙面、柱面和门洞口的阳角做法应符合设计要求。设计无要求时，应采用1:2水泥砂浆做护角，其高度不应低于2m，每侧宽度不应小于50mm。

（7）当要求抹灰层具有防水、防潮功能时，应采用防水砂浆。

（8）孔洞、槽、盒周围的抹灰表面应规整、光滑、尺寸准确，管道后面的抹灰表面应平整。

（9）门窗框与墙体间的缝隙，应填塞严实、平顺，护角的做法、高度应符合修缮设计和有关规定。

（10）修补装饰抹灰的分格条（缝）的设置，应符合修缮设计和有关规定，宽度和深度应均匀，表面应平整光滑，棱角应整齐。

（11）有排水要求的部位应做滴水线（槽），滴水线（槽）应整齐顺直，滴水线应内高外低，滴水槽的宽度和深度均不应小于10mm。

（12）一般抹灰表面质量应达到以下标准：

1）普通抹灰表面应光滑、洁净、接槎平整，分格缝清晰。

2）高级抹灰表面应光滑、洁净、颜色均匀，无抹纹，分格缝和灰线清晰。

（13）装饰抹灰表面质量应达到以下标准：

1）水刷石表面应石粒清晰，分布均匀、紧密平整、色泽一致，应无掉粒和接槎痕迹。

2）斩假石表面应剁纹均匀顺直、深浅一致，无漏剁，阳角处应横剁并留出宽窄一致不剁边条，棱角应无损坏。

3）假面砖表面应平整、沟纹清晰、留缝整齐、色泽一致，无掉角、脱皮、起砂等缺陷。

4）拉毛抹灰墙面，应做到拉毛波纹、斑点、毛疙瘩深浅一致，花纹、色彩均匀，层次分明，视觉舒适，无明显接槎。

5）扒拉石饰面应颜色一致，不得漏划、有死坑，不得露底，不得出现接茬，分格条凹陷宽度深度一致，平顺光滑，扒拉石圈边线整齐通顺。

（14）一般抹灰和装饰抹灰允许偏差与检验方法见表1-0-6和表1-0-7。

一般抹灰的允许偏差与检验方法　　　　　　　　　　　表 1-0-6

项次	项　　目	允许偏差（mm）		检验方法
		普通抹灰	高级抹灰	
1	立面垂直度	4	3	用2m垂直检测尺检查
2	表面平整度	4	3	用2m靠尺和塞尺检查
3	阴、阳角方正	4	3	用直角检测尺检查
4	分格条（缝）直线度	4	3	拉5m线，不足5m拉通线用钢直尺检查
5	墙裙、勒脚上口直线度	4	3	同上

注：1. 补抹灰只检查本表第2、3项；

　　2. 普通抹灰本表第3项阴角方正可不检查；

　　3. 顶棚抹灰本表第2项表面平整度不检查，但应平顺。

装饰抹灰的允许偏差与检验方法　　　　　　　　　　　　　表 1-0-7

项次	项　目	允许偏差（mm）				检验方法
		水刷石	斩假石	干粘石	假面砖	
1	立面垂直度	5	4	5	5	用 2m 垂直检测尺检查
2	表面平整度	3	3	5	4	用 2m 靠尺和塞尺检查
3	阳角方正	3	3	4	4	用直角检测尺检查
4	分格条（缝）直线度	3	3	3	3	拉 5m 线，不足 5m 拉通线用钢直尺检查
5	墙裙、勒脚上口直线度	3	3	—	—	拉 5m 线，不足 5m 拉通线用钢直尺检查

（15）清水墙面洁净，灰缝颜色一致，勾缝材料粘结牢固，无开裂、瞎缝、漏勾、孔眼、毛刺等现象。灰缝横平竖直、深浅、宽窄一致，横竖缝接槎处平整，缝线顺直、密实、平整、光滑。

七、冬期施工

当昼夜平均气温低于+5℃，夜间最低气温低于0℃时，抹灰工程应按照冬期施工各项规定组织施工。

房屋内部抹灰工程，一般采用热做法，即利用房屋内部的永久热源或临时热源，提高和保护抹灰环境温度，使砂浆凝结硬化和固结。对于室外抹灰工程，冬期施工时，一般采用冷做法，即在抹灰用砂浆中加入外加剂，降低抹灰砂浆冰点。

1. 热做法施工

热做法施工环境温度应始终保持在+5℃以上，直至抹灰层基本干燥，其施工操作方法与常温基本相同，应注意以下事项：

（1）用冻结法施工的砌体结构，应提前加热，待砌体开冻并下沉完毕后，再进行抹灰施工。

（2）使用抗冻砂浆砌筑的砌体，为避免湿润墙面时结冰，应提前加热到+5℃以上，保障砂浆与墙面的牢固粘结。

（3）使用临时热源（如火炉）加热时，往往会使房屋内部湿度下降，导致抹灰层干燥过快而开裂，因此，应随时观察抹灰层表面湿度，必要时为避免开裂、防止抹灰层空鼓脱落，应进行洒水养护，同时还应该定期打开门窗通风，排除湿空气。

（4）使用火炉加热必须安装烟道管排烟，以免煤气中毒和污染墙面。

（5）搅拌机棚应加装升温设备，抹灰量大时，建议安装锅炉供应蒸汽和热水，蒸汽加热砂子，热水搅拌砂浆，使得砂浆本身温度提高。

（6）对于不能采用热做法施工的项目，可以采用冷做法。

2. 冷做法施工

冷做法施工一般使用的外加剂有：氯化钠、氯化钙、亚硝酸钠、漂白粉等，外加剂的掺加量应根据具体过程特点和要求由实验室测定提出，也可参考表 1-0-8～表 1-0-12 实施。冷做法施工应注意以下事项：

氯化钠掺入量与施工环境大气温度关系　　　　表 1-0-8

项　　目	室外大气温度(℃)				备　　注
	0～-3	-4～-6	-7～-8	-9～-10	
墙面水泥砂浆抹灰	2	4	6	8	氯化钠掺入量按照砂浆用水量计
挑檐阳台雨棚水泥砂浆抹灰	3	6	8	10	
水刷石	3	6	8	10	
干粘石	3	6	8	10	

注：砂浆用水量包括石灰膏和砂子中的含水量。

石灰膏稠度含水率　　　　表 1-0-9

石灰膏稠度(cm)	1	2	3	4	5	6	7	8	9	10	11	12	13
含水率(%)	32	34	36	38	40	42	44	46	48	50	52	54	56

漂白粉掺入量与施工环境大气温度关系　　　　表 1-0-10

大气温度(℃)	-10～-12	-13～-15	-16～-18	-19～-21	-22～-25
100kg 水中加入漂白粉量(kg)	9	12	15	18	21
化成氯化水比重	1.05	1.06	1.07	1.08	1.09

大气温度与砂浆温度关系　　　　表 1-0-11

室外大气温度(℃)		0～-10	-11～-20	-21～-25	低于-26
搅拌后的砂浆温度	有风(℃)	15	20	25	不得施工
	无风(℃)	10	15～20	20～25	

亚硝酸钠掺入量与温度的关系　　　　表 1-0-12

室外大气温度(℃)	0～-3	-3～-7	-10～-15	注：亚硝酸钠掺入量按砂浆水泥用量计
亚硝酸钠掺入量(%)	1	3	5	

（1）冷做法施工应使用水泥砂浆或水泥混合砂浆，砂浆强度等级不低于 M2.5。

（2）采用氯化钠做外加剂时，应由专人配制氯化钠溶液，提前 2 天用冷水配制重量比 1∶3 的浓溶液，沉淀去除杂质，再加清水配制成各种配比溶液，溶液浓度可以使用比重计测定，砂浆中氯化钠掺加量与大气温度关系可参考表 1-0-8。

（3）石灰膏稠度和含水量关系参考表 1-0-9。

（4）氯化钠作为外加剂可用于一般硅酸盐水泥和矿渣硅酸盐水泥，禁止用于高铝水泥。

（5）各种水泥随拌制随用，不得停放，超过 2 小时的砂浆一般不再使用。

（6）当环境气温为 -10～-25℃时，急需工程可使用氯化砂浆。调制氯化砂浆的水温不得超过 +35℃，漂白粉应按照比例加入水中，随即搅拌融化，加盖沉淀 1 至 2 小时，澄清后使用。漂白粉掺入量随大气温度的变化参考表 1-0-10。

（7）氯化砂浆拌制，应先将水泥和砂子干拌均匀，再加入氯化水拌合。如果使用水泥石灰砂浆，石灰膏用量不应超过水泥用量的 1/2。氯化砂浆应随用随拌，一般要求在 2 小时内用完。氯化砂浆使用时环境温度对砂浆温度有一定要求，使用环境大气温度对应的砂浆温度可参考表 1-0-11。

（8）亚硝酸钠作为外加剂具有一定的抗冻、阻锈作用，析盐现象轻微。对于质量要求高的房屋室内抹灰，当用做冷做法施工附加剂时，其掺入量与施工环境大气温度关系参考表 1-0-12。

（9）室内、室外基层表面有冰、霜时，可用热的氯化钠溶液冲刷，进行基层表面处理。抹灰完毕后，可不再浇水养护。

八、成品保护

为了防止各种抹灰在凝结硬化前出现快干现象，或者被水冲、撞击、震动，防止抹灰层面被污染或遭受打凿损坏，应采取如下成品保护措施：

（1）室外抹灰应自上而下进行，高层建筑必须上下分段交叉作业时，应分段隔开采取相应排水措施，同时用塑料布粘墙接灰，避免污染下面作业面的成品。

（2）喷涂色浆时，应采取遮挡措施，防止污染其他成品。

（3）顶层室内抹灰如果是在屋面防水施工前进行，必须采取防水防渗措施，保证抹灰不被污染。

任务一　一般抹灰

【学习目标】

熟悉一般抹灰所用材料和主要施工工具，掌握不同材质抹灰适用范围，掌握一般抹灰工艺要点和操作注意事项。

【任务设置】

搜集天津大光明影院建筑资料，撰写天津大光明影院外墙面水泥砂浆抹灰施工工艺说明。

【背景资料】

天津大光明影院，原名蛱蝶影院，位于天津市和平区曲阜道 1 号，为重点保护等级历史风貌建筑，始建于 1929 年，是由英籍印度人泰莱悌投资兴建、英商永固工程司设计的娱乐性质建筑。为四层混合结构房屋，外檐横向水泥线条抹灰，设有附壁柱，局部坡顶，檐部出挑，有牛腿支撑，檐下设齿饰及云纹抹灰装饰。内部观众厅为阶梯式，呈弧形，平面布局充分考虑了功能需求。整个建筑造型厚重大气。

蛱蝶影院是当时天津规模最大的既能放映电影，又能进行音乐会演出的综合性影剧院，视听效果舒适。1935 年，被东方影片公司租用，更名为大光明影院。1957 年改建成为天津第一座宽银幕立体声影院。

【相关知识】

一般抹灰是指用水泥、石灰、石膏、砂等为主要基础材料混合而成制备的石灰砂浆、水泥砂浆、混合砂浆、聚合物混合砂浆、麻刀灰、纸筋灰以及石膏灰等，涂抹在建筑物内外墙、顶棚或地面的表面上的一种传统施工工艺。施工工艺简单，成本造价低廉，装饰效果朴实，功能需求实用，具有较强的通用性和典型性，在历史建筑中得到了广泛应用，用于现代建筑则突显古朴风格。

按照建筑物使用标准不同，一般抹灰分为如下三级：

1. 普通抹灰

适用于简易住宅、大型设施、厂房等建筑。其构造做法为：一层底子灰，一层罩面灰，面灰应接槎平整。

2. 中级抹灰

适用于一般住宅、办公楼和工业建筑等。构造做法为：一层底子灰，一层中灰，一层罩面灰。要求施工时设置标筋，分层找平，表面整洁，线条顺直、清晰，接槎平整。

3. 高级抹灰

适用于大型商业、宾馆等公共建筑及有特殊要求的建筑。构造做法为：一层底子灰，数层中灰，一层罩面灰。要求抹灰时设置标筋，找方正、顺平和垂直，表面压光，线条清晰、平直，不乱纹。

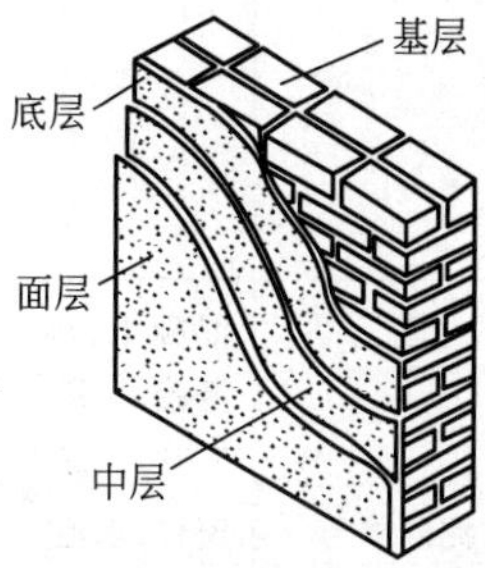

一般抹灰构造通常为两层或三层做法，三层做法构造如图1-1-1所示。在实际操作中，为了满足功能需求，保证抹灰层的粘结可靠，以及良好的装饰效果，应正确选择抹灰种类，同时，在充分考虑基层材料品种的基础上，确定各层抹灰的材料配比、厚度和要求。不同基层材料、不同抹灰材料的分层厚度以及材料配比和施工要点，参考表1-1-1。

图 1-1-1 抹灰饰面构造

常用抹灰分层材料配比与厚度　　　表 1-1-1

抹灰名称	基层材质和部位	各层材料配比	各层厚度（mm）	备注
石灰黏土	土坯墙板条墙	1.草泥打底，分两遍成活 2.1:3石灰黏土罩面	13～15 2～3	应在土坯墙砌好后一周内抹灰
石灰砂浆	砖	1.1:2:8砂浆（石灰膏：砂：黏土）打底或1:3石灰黏土草秸打底 2.1:2～2.5石灰砂浆压光或纸筋灰	13 13～15 6 2～3	
		1.1:2.5石灰砂浆底层 2.1:2.5石灰砂浆中层 3.石灰膏罩面	7～9 7～9 1	底层灰6～7成干，抹后一层灰；中层用木抹子搓平稍干即抹石灰膏；2小时后压光一遍
		1.1:3石灰砂浆打底 2.1:1石灰木屑或谷壳抹面	12 10	锯木屑过5mm孔筛，与石灰膏搅拌均匀后，钙化24小时使用。适用于有吸音要求房间

续表

抹灰名称	基层材质和部位	各层材料配比	各层厚度（mm）	备注
石灰砂浆	砖	1. 1∶3石灰砂浆打底 2. 1∶1石灰砂浆随抹随搓平压光	13 6	
		1. 1∶3石灰砂浆打底 2. 1∶2.5石灰砂浆找平 3. 刮大白腻子	7～9 7～9 1	中层应木抹子搓平,铁抹子压光;大白腻子应满刮两遍,砂纸打磨
	加气混凝土或条板	1. 1∶3石灰砂浆打底 2. 1∶3石灰砂浆中层 3. 刮石灰膏	7 7 1	
水泥混合砂浆	砖	1∶1∶3∶5(水泥∶石灰膏∶砂子∶木屑)分两遍成活	15～18	适用于有吸音要求房间;木屑用法同石灰砂浆
		1. 1∶0.3∶3水泥石灰砂浆打底 2. 1∶0.3∶3水泥石灰砂浆中层 3. 刷漆或刮大白腻子	13 5～8	中层应木抹子搓平,铁抹子压光;大白腻子应满刮两遍,砂纸打磨,刷漆墙面面层砂浆内不得掺入食盐或氯化钙
		1. 1∶3∶9水泥石灰砂浆打底 2. 1∶1∶6水泥石灰砂浆中层 3. 刷漆或刮大白腻子	13 7	同上
水泥砂浆	混凝土、潮湿环境砖、墙裙、踢脚	1. 1∶3水泥砂浆打底 2. 1∶2.5水泥砂浆罩面压光	12 5～8	底灰两遍成活,头遍压实扫毛,5～6成干做二遍
	窗台、水池	1. 1∶2.5水泥砂浆打底 2. 1∶2水泥砂浆罩面压光	13 5	
	加气混凝土	1. 1∶3水泥砂浆打底 2. 1∶2.5水泥砂浆罩面压光	5 5	面灰应在底灰完成两天以后进行
纸灰筋、麻刀灰、玻璃纤维灰	砖	1. 1∶3石灰砂浆打底 2. 纸筋灰罩面	13 2	也可用1∶2.5水泥炉渣砂浆或1∶3水泥石屑打底;高级装修罩面宜两遍成活
	加气混凝土	1. 1∶3∶9水泥石灰砂浆打底 2. 1∶3石灰砂浆中层 3. 纸筋灰罩面	3 7～9 2	
		1. 1∶3∶9水泥石灰砂浆打底 2. 纸筋灰罩面	3～5 2	
		1. 1∶0.2∶3水泥石灰砂浆喷涂成小拉毛 2. 1∶0.5∶4水泥石灰砂浆中层 3. 纸筋灰罩面	3～5 8～10 2	小拉毛完成后喷水养护2～3天
	板条、苇箔、金属网	1. 麻刀灰掺10%水泥打底 2. 1∶2.5石灰砂浆紧压如底灰 3. 1∶2.5石灰砂浆找平 4. 纸筋灰罩面	3 6 2	板条抹底灰时应垂直板条方向,苇箔抹灰时应沿着苇箔方向,并计入缝隙中

续表

抹灰名称	基层材质和部位	各层材料配比	各层厚度(mm)	备 注
石膏灰	高级装修墙面	1. 1:2～1:3麻刀灰打底 2. 13:6:4(石膏粉:水:石灰膏)罩面	13 2～3	面层灰浆应掺加缓凝剂,使其在15～20min内凝结。各层均应两遍成活,最后一遍应用铁抹子溜光,且一次成活
水砂面层	高级内墙抹灰	1. 1:2～1:3麻刀灰打底 2. 1:0.75(热灰浆:水砂重量比)水砂石灰浆罩面	13 2～3	各层均应两遍成活,最后一遍应用钢皮抹子溜光,且一次成活

一、材料与技术要求

(1) 为使修缮部分与旧灰轧成一色,面层用灰,宜适配抹灰样板,干燥后对比色彩,再行采用。

(2) 一般抹灰砂浆通常有水泥砂浆、石灰砂浆、混合砂浆、纸筋灰、麻刀灰等,材料配制比例参考表 1-1-2。

一般抹灰砂浆配比参考   表 1-1-2

砂(灰)浆名称	配合比	1m³ 砂浆材料用量(kg)					备注
		32.5水泥	石灰膏	净细砂	纸筋	麻刀	
水泥砂浆	1:1	760		860			重量比
	1:1.5	635		715			
	1:2	550		622			
	1:2.5	485		548			
	1:3	405		458			
石灰砂浆	1:1		621	644			体积比转换为重量比
	1:2		621	1288			
	1:2.5		540	1428			
	1:3		486	1428			
水泥混合砂浆	1:0.5:4	303	175	1428			近似重量比
	1:0.5:3	368	202	1300			
	1:1:2	320	326	1260			
	1:1:4	276	311	1302			
	1:1:5	241	270	1428			
	1:1:6	203	230	1428			
	1:3:9	129	432	1372			
	1:0.5:5	242	135	1428			
	1:0.3:3	391	135	1372			
	1:0.2:2	504	110	1190			

续表

砂(灰)浆名称	配合比	1m³ 砂浆材料用量(kg)					备注
		32.5 水泥	石灰膏	净细砂	纸筋	麻刀	
水泥石灰麻刀砂浆	1:0.5:4	302	176	1428		16.60	近似重量比
	1:1:5	241	270	1428		16.60	
纸筋石灰			1364		38		本身体积加纤维
麻刀石灰			1364			12.20	
麻刀石灰砂浆			446	1428		16.60	

注：表中砂的密度为 1400kg/m³，石灰膏的密度为 1350 kg/m³，水泥用量富余系数取 1.13。

（3）彩色砂浆中掺入颜料配比可参考表 1-1-3。

彩色砂浆参考配比（体积比）　　　　表 1-1-3

设计颜色	普通水泥	白水泥	石灰膏	颜料(按水泥用量体积百分比)	细砂
土黄	5		1	氧化铁红 0.2～0.3,氧化铁黄 0.1～0.2	9
咖啡	5		1	氧化铁红 0.5	9
浅黄		5		铬黄 0.9	9
浅桃		5		甲苯胺红 0.4,铬黄 0.5	9白砂
浅绿		5		氧化铬绿 2	9白砂
灰绿	5		1	氧化铬绿 2	9白砂
白色		5			9白砂

二、施工工序

1. 各个级别抹灰工序要求和适用范围

对于不同质量要求的普通抹灰、中级抹灰和高级抹灰，工序和适用范围有所不同，参考表 1-1-4。

各个级别抹灰工序要求和适用范围　　　　表 1-1-4

抹灰级别	工序要求	适用范围
普通	一道底灰和一道面灰(或不分层一遍成活)	简易住宅、非居住性房屋(车库、仓库、锅炉房)以及地下室、储藏室
中级	底灰、中灰、面灰各一道(也可底灰、面灰各一道)	住宅、学校、宿舍、办公楼、旅馆以及高级建筑的附属用房
高级	一道底灰、数道中灰和一道面灰	大型公共建筑、宾馆、剧院、高级公寓等

2. 施工主要工序

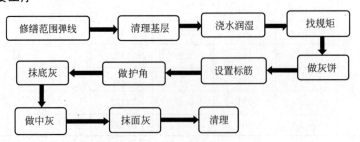

三、新做内墙抹灰施工工艺

1. 基层处理

（1）砖砌基层：清除砖墙面残存的灰浆、舌头灰。用水冲刷表面的灰尘、浮砂、杂物等。

（2）混凝土基层：光滑的混凝土表面应凿毛或涂刷界面剂。表面有油污应用火碱水等清除干净。

（3）粉煤灰加气混凝土砌块和轻燃料混凝土空心砌块基层：对松动及灰浆不饱满的灰缝或梁、板下的顶头缝，用1∶3水泥砂浆填塞密实。将缺棱角的墙面用1∶1∶6水泥石灰膏混合砂浆分层修补平整，表面刷108胶封底。

2. 找规矩

吊垂直、拉通线检查墙面的垂直度、平整度，依据垂直度、平整度状况，按最薄抹灰厚度不小于8mm的要求确定抹灰成活的基准面，对墙面凹度较大的部分分层补抹平整，每层补抹厚度不大于8mm。

高级抹灰则应先用一面墙做基线，用方尺规方，如房间面积较大，应在地面上弹出十字线，并按照墙面基层平整度在地面上弹出墙角（包括墙面）中层抹灰的准线（称之为规方），再在距墙角100mm处用线坠吊直，弹出垂直线，以此垂直线为准，再按地面上已经弹出的墙角准线向墙上翻引，弹出墙角处两面墙上中层抹灰面的厚度线，以此确定标准灰饼厚度。

3. 做灰饼

一般在墙面上距离地面1.5m高度，距墙面两端阴角100～200mm处，用1∶2.5水泥砂浆或混合砂浆，各做一个50mm×50mm的灰饼，然后用线坠或激光划线仪在此灰饼面挂垂直，垂直线的上下两端各补做灰饼一个，两个灰饼距地面和顶棚150～200mm，再将钉子钉在左右灰饼两头的砖缝中，小线拴于钉子上拉横线，沿线间隔1.2～1.5m补做灰饼。见图1-1-2。

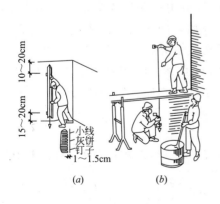

图1-1-2　做灰饼方法

（a）挂线做灰饼；（b）引线做灰饼

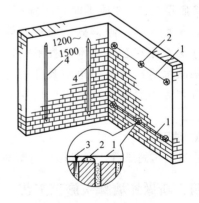

图1-1-3　灰饼、竖向标筋

1—引线；2—灰饼；3—钉子；4—标筋

4. 设置标筋

在灰饼7～8成干，经检查验收合格后，可用与抹灰层相同的砂浆在上、中、下灰饼间

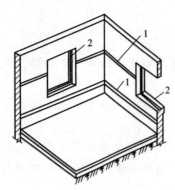

图 1-1-4　水平标筋
1—冲筋带；2—窗框

抹标筋（冲筋），参考图 1-1-3，冲筋宽度厚度与灰饼一致。

标筋也可以做成水平方向（如图 1-1-4），水平标筋通过墙面的阴角、阳角和门窗洞口，使得角部抹灰的垂直度得到保障。

5. 做护角

在室内门窗洞口及墙面、柱子的阳角部位，容易发生磕碰，导致抹灰脱落，为此，应做水泥砂浆护角。水泥砂浆比例 1：2，每侧宽度小于 50mm，护角高度不低于 2m，砂浆收水稍干用捋角器抹成小圆角。

6. 抹底层灰

待标筋有一定强度后，混凝土基层涂刷界面剂；加气混凝土砂块基层刷 108 胶封底；砖砌基层清理干净，提前一天充分浇水湿润。然后在标筋间抹底灰，为使抹灰层与基层粘结均匀、牢固、严实，应用力压抹灰浆，用木抹子搓毛，厚度低于标筋。

7. 抹中层灰

在底层灰 7～8 成干时，抹中层灰，厚度填平并略高于标筋，用铝合金或木杠按标筋刮平，补抹不平处，反复进行，直至完全平直，紧接着用铁抹子压实、木抹子搓毛。墙阴角处，先核对方直，再用阴角器搓平。

8. 抹窗台板和踢脚板（或墙裙）

窗台板可用 1：3 水泥砂浆打底，表面划毛，养护一天后，刷素水泥浆一道，再用 1：2.5 水泥砂浆抹面。面层原浆亚光，上口做小圆角，下口平直，浇水养护。

踢脚板（或墙裙）应按照设计要求高度弹出上口水平线后，做法同窗台板，可用 1：3 水泥砂浆打底，表面划毛，养护一天后，刷素水泥浆一道，再用 1：2.5 水泥砂浆抹面，面层原浆亚光。厚度比墙面突出 3～5mm，上口切齐，压实抹平。

9. 抹面层灰

待底层灰 7～8 成干时，可抹面层灰。如底层灰或中层灰干燥失水，可洒水湿润，刮一道素水泥浆，随即抹罩面灰。操作应从阴角开始，两人共同完成，一人抹灰，另一人紧跟着用铝合金或木杠找平整，并用铁抹子压实赶光，阴阳角用角抹子捋光，并用毛刷蘸水将门窗框护角清理干净。高级抹灰阴角必须用拐尺找方。为防止收缩裂缝，宜在表面无明水稍干时，用软毛刷蘸水垂直于地面方向轻刷一遍，保证面层灰颜色一致。

10. 清理

抹灰工作完成后，应将粘在门窗框、墙面上的灰浆和落地灰及时清理，打扫干净。

四、新做外墙抹灰施工工艺

外墙抹灰各个工序施工工艺与内墙基本相同，施工时应从上部开始，先上后下，先檐口后墙面，其中檐口包括门窗洞口、窗台、阳台、雨篷等。大面积抹灰可同时分片进行，施工段应按层划分，间断施工位置应留在分割线或阴阳角处。具体施工工艺如下：

1. 按照内墙抹灰工艺进行至底灰施工完成

2. 抹中灰

按照施工顺序抹中灰时，应在用木抹子搓平后，用竹刷扫毛，或用铁抹子抹灰顺手划毛。在中灰6～7成干时，弹线分格、粘嵌分格条。即根据设计弹出分格线，用粘稠素水泥浆（最好掺入适量108胶）粘贴分格厘米条，灰与墙面抹成45°八字坡。

3. 抹面灰

面层抹灰应比分格条稍高，抹灰完成即可拆除分格条，并用素水泥浆将分格缝勾平整。采用"隔夜条"的罩面，必须在面层砂浆达到一定强度后，拆除分格条。

4. 细部抹灰

面层抹灰结束后，应按设计檐口、窗台、窗眉、阳台、雨篷、压顶及突出墙面的装饰凸线抹滴水线或滴水槽。滴水线（槽）距外立面距离不应小于30mm。一般突出墙面距离大于等于60mm时，滴水槽深度和宽度均不应小于10mm。抹滴水线（槽）时，应先抹立面，后抹顶面，确保顶面压实立面，再抹底面。突出墙面距离小于60mm时，做鹰嘴滴水线。

五、一般抹灰修缮

1. 墙面抹灰修缮

按查勘设计的修补范围在墙上弹线，先铲除已损坏的面层灰。如底子灰空鼓、开裂，也应铲除，用云石锯和錾子剔锯成直槎。底子灰与面层灰的槎子应留成阶梯形，并错开50～100mm。若墙体损坏，应按剔砌或掏砌的工艺进行处理，清理干净，浇水湿润，先薄薄抹一层1∶3水泥砂浆底子灰，接着再抹第二层灰，用直尺刮平，木抹子搓平压实，并略高于原面层2～3mm。将底层灰与面层灰槎子抹成小坡槎，在新旧接槎处，应先刷好水泥浆或刮一层水泥浆，再抹灰。

新抹灰高出面层部分的水泥砂浆，应用铁抹子刮干净。抹平压实，使接槎处平整、严实。补抹墙面的水泥砂浆，应与旧墙面水泥砂浆颜色一致、表面平整。

2. 窗台抹灰修缮

已损坏的水泥砂浆窗台，如有松动损坏的砖，应拆砌耕缝，浇水湿透抹实25mm细石混凝土（若窗台板为混凝土预制的，用钢丝刷清刷干净，浇水湿润，抹1∶3水泥砂浆底子灰）。稍干后，抹1∶2.5水泥砂浆面层。适时养护2～3天。操作时，应先抹立面后抹平面，大面光平，将边楞捋成顺直、光滑的小圆角。窗台的厚度、宽度和突出墙面的尺寸应符合查勘设计和有关技术规定。

3. 水泥砂浆楼梯踏步修缮

（1）按查勘设计铲抹范围，剔除掉已损坏的楼梯踏步面层。若底子灰空鼓、开裂，也应铲除干净，并用云石锯和快錾子剔锯成直槎；若基体混凝土损坏，应按混凝土补强工艺进行补强处理。

（2）按查勘设计的楼梯起步线和休息平台的止步线，弹一斜线，为分步标准线，画出踏步的高度和宽度尺寸线。

（3）先用钢丝刷清刷混凝土层，再用水冲洗干净，提前一天浇水湿润。

（4）按由上往下、先抹立面后抹平面的顺序，随浇水湿润随刷水泥砂浆，随按八字靠尺抹较干硬性的1:3水泥砂浆底层灰，刮抹平整，做出棱角，并留出面层灰的量。

（5）待底层灰稍干时，按八字靠尺抹1:2.5水泥砂浆面，压实、抹光。并用阴角抹子和阳角拨子，将阴阳角抹捋光平、顺直，同时将踏步、栏杆上粘的砂浆清理干净，经24h后覆盖浇水养护7天，并适当围挡。

（6）当踏步板设有防滑条时，应按查勘设计设置防滑条，在底层灰踏步面上弹横线，将木格条在水中泡透，用较稠的水泥浆将木格条粘贴在横线上，两边抹八字坡。

（7）当底层灰6～7成干时，适当洒水湿润，抹1:2.5水泥砂浆面层灰与木格条厚度相平，搓压平整，再用刷子蘸水轻刷一遍，随即压实、赶光。当水泥砂浆达到一定强度后，轻轻起出木格条，在木格条槽内填抹1:1.5水泥金刚砂条，高出踏步面约4mm，随用半圆溜子捋直、捋实，适时刷水露出金刚砂。

六、施工注意事项

1.抹灰工程不论是顶棚还是墙面，都会由于材料选择不当，或者施工处理不当、操作不当等原因，造成抹灰层面空鼓、开裂、起泡等问题，施工过程中应针对可能出现的质量缺陷加以防治。施工质量缺陷造成原因分析以及施工处理方式参考表1-1-5～表1-1-7。

顶棚抹灰施工质量缺陷分析与防治措施　　　　　　　　　　　　　　表1-1-5

项次	质量缺陷	原因分析	施工要求
1	混凝土板顶棚抹灰空鼓、裂缝	1.顶棚油污、杂物没有清理干净。2.抹灰前浇水润湿不够。3.材料配比不当，底灰与楼板粘结不牢	1.清理干净板底的木丝、油毡等杂物，用加10%火碱溶液洗刷粘有油污和隔离剂的楼板。2.在抹灰前一天喷水湿润楼板，抹灰时再次洒水润湿。3.预制混凝土板安装应"坐浆"放平稳，板缝应清扫冲洗干净后，用细石混凝土填实。板底缝隙应用1:2水泥砂浆勾缝找平，底灰应沿垂直板缝方向施工，厚度控制在2～3mm。4.现浇混凝土板应用1:2水泥砂浆填补凹陷部分，铲平凸出部分。底灰厚度控制在2～3mm
2	钢板网顶棚抹灰开裂	1.材料配比不当，水泥用量偏大，养护环境干燥，水泥砂浆干缩导致开裂。2.开裂往往贯穿到底，潮湿气体沿裂缝侵蚀钢板网，造成钢板网锈蚀破坏。3.抹灰不分层	1.钢板网顶棚抹灰前应进行验收，表面平整，高低差不应超过8mm，起拱以房间短向尺寸为准，一般1/200为宜。2.宜采用混合砂浆，混合砂浆中水泥用量不宜过大，底层与找平层的砂浆配比应基本相同。3.当顶棚面积较大时，应在灰浆中加麻丝，提高抹灰层面抗裂性能。4.顶棚抹灰后，应关好门窗，使其在潮湿空气中养护。5.抹灰如若开裂，在裂缝表面粘20～30mm宽纱布，刮腻子喷浆

注：摘自王朝熙主编的《装饰工程手册》。

内墙抹灰施工质量缺陷分析与防治措施

表 1-1-6

项次	质量缺陷	原因分析	施工要求
1	墙体与门窗框交接处空鼓、裂缝、脱落	1.基层处理不当。 2.砂浆品种不当。 3.操作不当,预埋木砖位置不准,数量不足	1.不同基层材料交汇处应铺钉钢丝网,每遍搭接长度应大于100mm。 2.门洞两侧墙体内预埋木砖不少于3块,木砖尺寸应与标准砖相同,预埋位置准确。 3.门窗框塞缝宜选用混合砂浆,并经浇水湿润后填缝找平,缝隙过大时应多次分层填缝。 4.加气混凝土砌块墙与门窗框连接时,应首先在墙体内钻直径40mm、深100mm孔,再用相同尺寸圆木蘸108胶打入孔内,每侧不少于4个,使门框和墙体牢固连接
2	墙面抹灰空鼓、开裂	1.基层清理不干净,浇水不透。 2.由于墙面平整度偏差过大,找平时一次抹灰过厚。 3.砂浆和易性和保水性差,硬化后粘结强度不足。 4.各抹灰层材料配比相差过大。 5.没有分层抹灰	1.抹灰前对凹凸不平墙面必须剔凿平整,凹陷处用1:3水泥砂浆找平。 2.基层太光滑应凿毛,或用1:1水泥砂浆加10%108胶涂刷。 3.基层表面污垢、隔离剂等必须清除干净。 4.为改善砂浆和易性,可掺入适量石灰膏或加气剂、塑化剂。 5.水泥砂浆、混合砂浆、石灰膏不能前后覆盖混杂涂抹。 6.底灰涂抹前,砖墙至少浇水两遍,加气混凝土应提前一天浇水润湿。 7.应分层抹灰。 8.不同材质墙体交接处应铺钉钢丝网
3	墙裙、踢脚水泥砂浆空鼓、开裂	1.水泥砂浆直接做在石灰砂浆底灰上。 2.上部墙体抹灰抹过了墙面线,做踢脚时没清除或清除不干净。 3.赶工,底灰、面灰同时一天完成。 4.压光面层时操作不当。 5.没有分层施工	1.各层抹灰水泥砂浆配比应相同,或选择水泥用量偏大的混合砂浆。 2.基底处理时,用钢丝刷刷洗干净。 3.底层砂浆终凝前,不抢抹二层砂浆。 4.抹面收水前不得使用抹子搓压;砂浆若已经硬化,则不得再用抹子搓压,可用涂抹薄浆弥补表面不平或印记。 5.应分层抹灰
4	析白	水泥水化过程产生氢氧化钙,在砂浆硬化前受水浸泡渗聚到抹灰面,与空气中二氧化碳反应生成白色碳酸钙,析出于抹灰面。在气温低或水灰比大的砂浆抹灰,析白现象更加严重	1.砂浆中的游离水,是产生氢氧化钙游离渗出的主要原因,因此,保持砂浆足够流动性前提下,掺入减水剂以减少用水量。 2.加分散剂,使生成的氢氧化钙分散均匀,出现均匀的轻微析白,避免成片析白。 3.在低温季节,水化过程时间长,泌水现象普遍,适当考虑加入促凝剂,加快硬化速度
5	起泡、开花或有抹纹	1.抹完罩面,未等砂浆收水就开始压光。 2.石灰膏熟化时间短,过火石灰没有滤净,没有完全熟化石灰在抹灰面内继续熟化,体积膨胀造成表面麻点开花。 3.底灰过分干燥,面灰中水分快速被底灰吸收,面层压光时出现抹子纹	1.待抹灰砂浆收水后终凝前进行压光。 2.纸筋灰罩面时,应在底灰5~6成干后进行。 3.石灰膏熟化时间不少于30天,淋浆时应用小于3mm孔径筛过滤,使用细磨生石灰粉时,宜提前1~2天熟化成石灰膏。 4.对已经开花墙面,应等石灰颗粒熟化膨胀完全后,剔除开花松散部分,重新用腻子刮平喷浆。 5.底灰过干时,应浇水润湿,薄刷一层纯水泥砂浆罩面,压光时如面灰过干,应洒水压光

注:摘自王朝熙主编的《装饰工程手册》。

外墙抹灰施工质量缺陷分析与防治措施　　　　　　　　　　　表 1-1-7

项次	质量缺陷	原因分析	施工要求
1	抹灰层空鼓、裂缝、脱落,窗台抹灰出现裂缝	1.基层杂质清除不干净。 2.墙面浇水不透。 3.一次抹灰太厚或各层抹灰时间间隔过短。 4.夏季施工砂浆失水过快或抹灰后没有适当浇水养护。 5.抹灰没有分层。 6.窗台抹灰较早,结构沉降不完全,或整体刚度不足,窗台抹灰后开裂,雨水沿缝隙渗入,继而引起空鼓,甚至脱落	1.抹灰前应将脚手架孔以及缺棱、掉角、凹洼处修补抹平。 2.基层墙体应提前 1 天浇水润湿。 3.表面光滑的混凝土墙体等,应在抹灰前涂刷 108 胶素水泥浆粘结层,提高抹灰层粘结力,同时去除墙面浮灰。 4.长度较长(如檐口、勒脚)和高度较高(如柱子、窗间墙等)的室外抹灰,为避免开裂和产生接槎,最好设计分格缝。 5.夏季抹灰尽量避免日光暴晒下进行,罩面成活后,第二天开始洒水养护,且不低于 7 天。 6.为加强整体刚度,逐层设置圈梁,窗台抹灰尽可能推迟,且应加强养护
2	外墙面抹灰后向内渗水	1.没有抹底层砂浆。 2.各层砂浆厚度不够,且没有压实。 3.分格缝没有勾缝	1.必须抹 2～4mm 底灰。 2.中灰、面灰厚度均不少于 8mm。 3.各层抹灰必须压实。 4.分格缝应勾缝
3	抹灰接槎明显,色泽不匀,抹纹明显	1.接槎两侧材料配比不统一,砂浆原材料不统一。 2.抹灰面积过大,没有设置分格缝,留槎位置不当。 3.基层或底层浇水养护不均匀。 4.罩面灰压光时间不当	1.抹灰接槎位置应留在分隔缝处,或转角部位,雨水管处。 2.由于外墙面阳光照射下,抹纹明显,所以避免设计成光面,做成毛面为宜。 3.面灰用木抹子搓毛时,要轻重一致,以圆圈搓磨,上下抽拉,方向一致
4	分格缝不直、不平、缺棱错缝	1.没有拉通线,或没有在底灰上统一弹线。 2.采用木制分格线,浸水不透,使用时变形。 3.粘贴分格缝或起条时操作不当,造成缺棱错缝	1.水平线和垂直线均应统一拉线。 2.木制分格条必须充分浸水。 3.严格按照施工工艺操作

注：摘自王朝熙主编的《装饰工程手册》。

任务二　清水墙勾缝

【学习目标】

熟悉清水砖墙勾缝施工工艺与质量要求。

【任务设置】

简述天津南开中学范孙楼建筑概况,撰写天津南开中学范孙楼清水墙面施工说明。

【背景资料】

天津南开中学范孙楼,是天津特殊保护级别历史风貌建筑,位于天津市南开区四马路 20～22 号南开中学校园内,始建于 1929 年,由阎子亨设计。据民国 19 年(1930 年)10

月21日《北洋画报》记载："南开范孙楼，于十九日早举行落成礼，作者得与其盛，因为记如后：楼在南开校门之南，另辟有铁门东向，国徽高揭，彩花结如球。楼凡四层，进门迎壁悬严先生之全身立影。前又有石像一，敷黄色，栩栩如生，像座为玛瑙纹之石柱，其色莹洁，鲜花环之，浓香拂鼻，此楼将备为科学馆之用，第一层为办公室，规模粗具。二三层为教室，实验室，正油漆，尚未竣工。四层为凉台，登高远望，野色满袖底。楼南部划为校友会，而另辟一门，门北向，最下层为传达室。二层东半为游艺室，屋宇宽敞，设施周至。西半为饭厅谈话室。更上一层为办公室，位于南。东半凡宿舍三，厕所，浴室一。西半，宿舍数如之。又书报室一。宿舍中卧榻皆铁制，衣橱，桌椅称之。室雅而小，空气尤流通。此权利惟男校友得享之，女校友无缘凝妆上此楼也。建筑既朴质，而有美术意味，闻设计者亦校友故估价颇廉。"

南开中学范孙楼是在张伯苓的倡议下，为了纪念严修（严范孙）先生，由海内外校友捐赠兴建。三层混合结构，局部四层，带地下室，正立面布局对称，两侧凸出，中间凹进，主入口由四根爱奥尼克柱支撑形成门廊。外檐为红砖清水墙面，设附壁柱，二、三层间设带齿的线脚装饰，平屋顶，出挑檐。

【相关知识】

清水墙在砌体结构外墙面砌成后，只需要勾缝即成为成品，不需要外墙面装饰，砌砖质量要求高，灰浆饱满，砖缝规范美观。

中国古建筑中的糙砖墙、琉璃砖墙和石墙，施工工艺具有上述特征。

糙砖墙砌筑方式又分为带刀缝和灰砌糙砖两种。带刀缝所用砖一般为开条砖或四丁砖，灰是白灰膏，缝宽一般为5～8mm。砌筑时先在砖上抹灰条，就是抹上带刀灰，然后灌浆，最后用瓦刀或溜子划出凹缝。灰砌糙砖与现代施工工艺相仿，满铺灰浆砌筑，灰缝厚度8～10mm，灰缝用小麻刀灰勾缝，颜色可根据设计，为深月白色或月白色。

在近现代建筑中，砖为黏土砖，灰浆一般为混合砂浆或石灰砂浆，灰缝厚度为10mm。为了形成美观的清水砖墙面层效果，有多种砌筑排砖方式：一顺一丁、梅花丁、三顺一丁等。如图1-2-1所示。

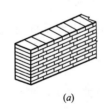 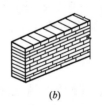 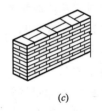

(a)　　　　　　　　*(b)*　　　　　　　　*(c)*

图 1-2-1　砖墙组砌方式

（*a*）一顺一丁；（*b*）三顺一丁；（*c*）梅花丁

一、灰缝形式与色调

灰缝形式应符合修缮设计要求，或与原墙面相同。通常灰缝有以下三种形式：平缝、凹缝和凸缝。凹缝又称洼缝，分为平洼、圆洼、燕口缝和风雨缝（八字缝）；凸缝又称鼓缝，分为带子条、荞麦棱、圆线，样例如图1-2-2所示。外墙面一般勾凹型缝，凹进5～

7mm。内墙面一般勾平缝。

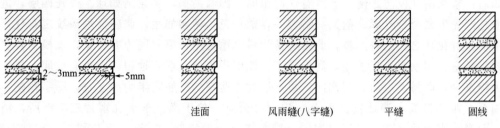

图 1-2-2　砖墙的灰缝形式

灰缝由于材料选择和配比不同会呈现不同颜色，修缮时宜做样板，与原墙面对比，选择最接近的颜色，以达到良好修缮效果。

中国古建筑中多以月白灰、老浆灰等灰色调灰浆，有时也会强调对比，采用灰墙白缝、灰墙黑缝；琉璃砖墙灰缝颜色应根据琉璃砖的颜色而定，一般黄琉璃用红灰，绿色或其他颜色琉璃多用深月白灰或老浆灰；石墙灰缝色彩或处理成与石墙颜色相近，或处理成对比效果，深灰或黑色勾缝。

二、材料与勾缝常用手法

1. 材料

（1）水泥　宜用不低于 32.5 级的普通硅酸盐水泥、矿渣硅酸盐水泥，水泥凝结时间和安定性复验应合格，一幢房屋的墙面应用同一颜色的水泥，修补勾缝应选择与原墙缝颜色一致的水泥。

（2）砂子　宜用洁净的细砂，使用前过筛。

（3）掺合剂　磨细粉煤灰、矿物质、颜料等。

（4）泼浆灰　泼灰过细筛后分层用青灰泼撒，闷至 15 天以上，白灰：青灰＝100：13。存放超过半年以后不宜用于室外抹灰。

（5）月白灰　泼浆浆加水搅拌均匀，如需要可掺麻刀。

（6）深月白灰　泼浆灰加青浆搅匀，如需要可加麻刀。

（7）老浆灰　青浆和生石灰浆过细筛后熟化，青灰与生石灰比例不同可呈现不同颜色。通常可采用 7：3、5：5 或 10：2.5。

2. 勾缝手法

（1）划缝　也称原浆勾缝。首先将砖缝里空虚之处用较硬灰浆填实，再用前段稍尖小木棍顺着砖缝划出凹缝。划缝主要用于带刀缝和灰砌糙砖清水墙。

（2）串缝　用小抹子或小鸭嘴将灰分两次填入砖缝，把砖缝填平（或稍洼），串轧光顺。串缝用灰一般为月白麻刀灰，多用于灰砌糙砖清水墙，或小式石活的台明、阶条、石板墙等。

（3）做缝　将灰缝刻意做出艺术形式叫做"做缝"。一般用于虎皮石墙，把灰缝做成"带子条"、"荞麦棱"、"圆线"等，颜色多与墙面反差对比强烈，如虎皮石墙缝颜色用深灰色或黑灰色；砖墙用白色或黑色。

（4）舱缝　用于重要建筑的防水工程石活。石活砌好后，拼接处剔凿浅沟，浅沟剖面上宽下窄，首先用生桐油将缝口刷湿，再用带麻油灰舱入缝口，最后生桐油反复涂刷缝口，直至饱和。

（5）抹灰做缝 简称做假缝。是在混水墙抹灰面上画出砖缝，远观似清水墙面效果。

（6）喂缝 适用于表面粗糙如陶瓷砖外墙面砖缝处理。用鸭嘴将灰喂入砖缝，在灰浆初步凝结后，用溜子压平，缝成凹缝形式，最后清扫墙面。

一般情况勾外墙水平缝，应用叼缝；勾内墙水平缝应用喂缝。勾内外墙立缝均应用叼缝。

三、主要工序

四、新做黏土砖墙勾缝施工工艺

1. 砖墙清洁润湿

将墙面上粘结的砂浆和污染用钢丝刷或折叠的窗纱轻轻擦刷干净。提前一天，将砖墙浇水湿润，用与墙面同品种规格、颜色的砖堵好脚手眼、孔洞。用与砖同颜色的水泥混合砂浆修补好砖的缺棱、掉角。

2. 耕缝

用粉线包沿砖水平灰缝弹水平线，必要时，还应用线坠吊立线弹竖缝线，使其在一条铅垂线上。用开缝瓦刀或扁子按线开缝，使灰缝横平竖直、宽窄一致。漏耕的缝子也应剔出来。

3. 勾缝、清扫

墙面适当喷水，左手拿托灰板，上放 1∶1 的稠度为 30～50mm 的水泥砂浆；右手拿溜子，从上而下，从左向右勾缝。先用长溜子勾水平缝，后用短溜子勾立缝。勾完一段墙缝后，用笤帚把墙面清扫干净。发现丢缝、搭槎、毛刺等及时进行修整。

查勘设计要求做凸圆缝时，应用特制凹圆心溜子，按预先弹好的缝子线，摆好木靠尺，在其上沿顺序勾出凸圆缝。

五、修补勾缝

（1）用与原墙缝子同颜色的水泥、细砂、粉煤灰、矿物质颜料等准确配制拌和砂浆，稠度为 30～50mm。

（2）将修补缝范围内的墙面清理干净，用小錾子、开缝瓦刀、扁子等将损坏的缝子灰浆剔出来，清扫干净。

（3）按新作黏土砖墙勾缝的操作工艺进行喷水、勾缝，清扫。

六、施工注意事项

（1）外墙堵砌脚手眼和上料口的砖及用水泥砂浆补抹的棱角等，与原墙的颜色一致。阳角水平缝在转角处方正，搭接严实。门窗框边的缝子，应用砂浆或发泡聚氨酯堵塞严实、顺直，平整成八字形。阳台、雨罩两端补砌的砖块应整齐，缝子与墙面一致。作假缝时，应用与砖同色的砂浆补好。

（2）修补缝与原有墙缝接槎应顺直平整，颜色一致。勒脚、过梁上第一皮砖及门窗旁的砖墙侧面容易丢缝，操作时应认真仔细进行，发现丢缝及时勾补。

（3）勾缝前，应在紧靠墙根处铺放脚手板或彩条布，接收落地灰，集中后重新拌和使用。粘在门窗框和墙面的砂浆，应及时清理、清刷干净。

任务三　斩假石抹面

【学习目标】

掌握斩假石抹面施工工艺与质量标准。

【任务设置】

撰写天津解放北路 77～79 号，首层墙面斩假石抹面修缮施工说明。

【背景资料】

天津解放北路 77～79 号，始建于 1921 年，由比商义品公司设计，为金融建筑。三层砖木结构，首层外檐水泥仿石墙面，二、三层清水红砖墙与混水墙面搭配。

【相关知识】

斩假石又称剁斧石，是装饰抹灰的一种。斩假石是一种人造石料，是在水泥砂浆基层上涂抹一层石粒水泥浆，待硬化具有初始强度时，使用齿斧、剁斧以及各种凿子等工具，在表面进行精细加工，剁出清晰的石纹，形成类似花岗岩石的表面形态。

斩假石饰面多用于庄重的纪念堂、城堡等公共建筑的外墙面、勒脚、柱子、台阶以及门窗套等的装饰工程，也多用市政园林各种护栏。施工时技艺高，要求严，费时费工，加工形成的饰面大气、规整、优美。斩假石样式如图 1-3-1 所示。

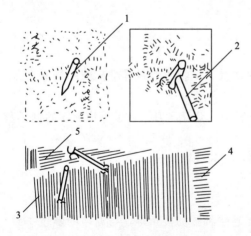

图 1-3-1　斩假石样式

1—尖锥斩假石样式；2—花锤斩假石样式；

3—顺纹斩剁；4—横纹斩剁；5—斜纹斩剁

一、材料与技术要求

（1）水泥、颜料及掺合料要求与前言相同。

（2）骨料宜采用小八厘、2mm 粒径米粒石、0.15～1.0mm 石屑。石粒要求坚硬有棱角，色彩一致，洁净。

（3）面层灰浆材料配比为水泥：石子＝1：1.5。

二、专用机具

机具除一般抹灰用机具设备外，还需专用工具，如：錾子、斩斧、单刃或多刃斧、磨斧石、开口凿、花锤、扁凿、弧口凿、尖锥等，见图 1-3-2。

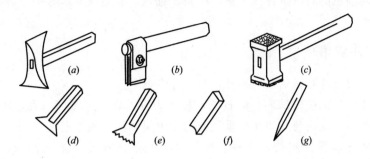

图 1-3-2　斩假石专用工具

（a）斩斧；（b）多刃刀；（c）花锤；（d）扁凿；（e）齿凿；（f）弧口凿；（g）尖锥

三、主要工序

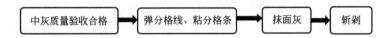

中灰质量验收合格 → 弹分格线、粘分格条 → 抹面灰 → 斩剁

四、新做斩假石施工工艺

1. 涂刷界面剂

中灰验收合格后，充分浇水润湿，满刮掺入水泥重量 10％ 的 108 胶素水泥浆一道。

2. 弹线分格、嵌分格条

按设计分格弹线，在分格线的同一侧粘分格条，及时在分格条两侧抹素水泥浆成 45°八字坡。檐口、阳台、雨篷、窗眉等部位弹线粘滴水槽。

3. 抹面层石渣浆

分两道做，第一道抹薄薄的一层，稍等收水后，再抹一道，石渣浆装填与分格条齐平，边角无空隙，用刮尺刮平，用木抹子横竖反复用力搓压平整，再用铁抹子反复赶平压实，上下顺势溜平，旋即用毛刷蘸水刷去表面水泥浆，露出石屑或石粒致均匀。

4. 养护

抹灰 24 小时后，用喷壶洒水养护，每日不少于 3 次，夏季应适当增加养护次数和时间。

5. 面层斩剁

在常温（15～30℃）条件下，抹好石渣浆面层 3～4 天，达到一定强度等级（约5MPa），或面层石渣浆达到查勘设计强度等级的 60％～70％ 时，即可按照自上而下、由左至右顺序开始进行。先将分格条四周的内边缘和棱角弹线四周仔细剁好，再剁中间大面，先斩剁上一行，再斩剁下行。

完成后的面层，用硬毛刷顺剁纹清刷干净，显露出斩剁后的自然美特色。

五、修补斩假石面

按查勘设计在斩假石墙面弹线划出修补范围，将损坏部分切割、剔凿，清除干净，浇水湿润基层，随刮掺水泥量 10％的 108 胶素水泥浆，注意处理好接槎，随用与原墙同样材、同配比、同颜色的石渣浆补抹平整、压实、赶光，适当浇喷水养护，再按新活操作工艺进行斩剁。

六、施工注意事项

（1）修缮斩假石应接槎密实、平整，与原墙颜色一致。

（2）大面积施剁前应先试剁，以石子不脱落为宜。斩剁应方向一致，斩剁深度均匀。转角和四周边缘的剁纹应与其边棱呈垂直方向，中间墙面斩成垂直纹。

（3）剁石前应先弹控制线，在柱、墙、台阶的阳角和分格条的四周，弹划出 15～20mm 宽的窄边不剁。在墙面的分格条内弹画垂直、平行控制线，在台阶上弹画，平行和垂直控制线，使剁纹与棱线平行或垂直。

（4）斩剁斧刀应坚硬、锋利，用力均匀，动作准快，垂直大面，沿一个方向斩剁，剁绞宽窄、深浅均匀。一般以斩剁掉石碴的 1/3 为宜，使斩剁成的假石面，形似天然石料，美观自然。用细刃花锤剁斧斩剁墙面浮雕饰花时，斧纹应随剁花走势而变化，花饰周围的平面应剁成垂直纹，边缘应剁成横平、竖直的圈边。用立纹剁斧剁一般墙面时，各分格块体中间部分应剁成垂直纹，纹路相应平行，上下各行之间均匀一致。

（5）夏季斩假石面层应采取防暴晒措施，对成活表面应进行适当遮挡覆盖。冬季 5℃以下不宜施工。

（6）斩假石饰面施工常会出现颜色剁纹不匀、面层空鼓等质量问题，质量通病产生原因分析与防治措施见表 1-3-1。

斩假石施工质量缺陷原因分析与防治措施　　　　　　　　表 1-3-1

项次	通病	原因分析	防治措施
1	斩假石面层颜色不匀	1.水泥石屑浆掺用颜料的细度、批号不同，造成饰面颜色不匀。 2.颜料掺入量不准，拌和不均匀。 3.剁完部分又蘸水洗刷。 4.常温施工时，假石饰面受阳光直接照射不同，温湿度不同，都会使饰面颜色不一致	1.同一饰面应选用同一品种、同一批号、同一细度的原材料，并一次备齐。 2.拌灰时应将颜料与水泥充分拌匀，然后加入石屑拌和，全部水泥石屑灰用量应一次备好。 3.每次拌和面层水泥石屑浆的加水量应控制准确。墙面湿润均匀，斩剁时蘸水，但剁完部分的尘屑可用钢丝刷顺剁纹刷净，不得蘸水刷洗。 4.雨天不得施工。常温施工时，为使颜色均匀，应在水泥石屑浆中掺入分散剂木质素磺酸钙和疏水剂甲基硅醇钠
2	斩假石饰面剁纹不均匀	1.斩剁前，饰面未弹顺线，斩剁纹不匀，剁无顺序。 2.剁斧不锋利，用力轻、重不均匀。 3.各种剁斧用法不恰当、不合理	1.面层抹好经过养护后，先在墙面相距 100mm 左右弹顺线，然后沿线斩剁，才能避免剁纹跑斜，斩剁顺序应符合操作要求。 2.剁斧应保持锋利，斩剁动作要迅速，先轻剁一遍，再盖着前一遍的斧纹剁深痕，用力均匀，移动速度一致，剁纹深浅一致，纹路清晰均匀，不得有漏剁。 3.饰面不同部位应采取相应的剁斧和斩法，边缘部分应用小斧轻剁。剁花饰周围应用细斧，而且斧纹应随花纹走势而变化，纹路应相应平行，均匀一致

项次	通病	原因分析	防治措施
3	斩假石抹灰层空鼓	1.基层表面未清理干净,底灰与面层粘结不牢。 2.底层表面未划毛,造成底层与面层粘结不牢,甚至斩剁时饰面就脱落。 3.施工时浇水过多或不足或不匀,产生干缩不均或脱水快干缩而空鼓	1.施工前基层表面上的粉尘、泥浆等杂物要认真清理干净。 2.对较光滑的基层表面应采用聚合水泥稀浆(水泥∶砂=1∶1,外加水泥重5%～10%的108胶)刷涂一道,厚约1mm,用扫帚划毛,使表面麻糙、晾干后抹底灰,并将表面划毛。 3.根据基层墙面干湿程度,掌握好浇水量和均匀度,提高基层粘结力

注：摘自王朝熙主编的《装饰工程手册》。

任务四　水刷石面层

【学习目标】

熟悉水刷石施工工艺,掌握其质量标准。

【任务设置】

简述天津原开滦矿务局办公大楼概况,撰写原开滦矿务局办公大楼外墙水刷石施工说明。

【背景资料】

泰安道5号-1是原开滦矿务局大楼,是天津市特殊保护历史风貌建筑,建于1919～1921年,由英商爱迪克生和达拉斯(同和)工程司设计,为办公建筑。大楼总建筑面积9180平方米,坐南朝北,东西为长向,平面呈矩形。采用严格的古典三段式构图,属典型的古典主义风格建筑,如图1-4-1所示。

建筑为带有地下室的三层混合结构房屋,外形庄严肃穆,室内外装修雍容华丽。正立面设计有14根贯通一、二层的爱奥尼克巨柱式空廊,空廊两端略突出,墙面转角作壁柱装饰,外檐为水刷石断块墙面。门前设有坡道,高石台阶两侧筑有水磨石古典式花盆四座。大楼三层为带阁楼层的檐部,檐口饰齿状。楼内中部是贯通三层的大厅。爱奥尼克大理石立柱,柱头均以紫铜板制成,做工精细。厅顶作半圆形,井字分格镶彩色玻璃。顶拱上有精美雕饰。厅内地面饰彩色马赛克,周围作大理石墙群。办公用房沿周边设置。主房间内设有木制古典壁柱,并装有古典式壁炉。其造型是欧洲古典建筑形式的代表作。

【相关知识】

水刷石饰面是一项传统的施工工艺。该工艺利用石子不同的颜色、形状,进行适当的艺术处理,如分格分色、线条凹凸等,能使饰面达到天然美观、明快庄重的艺术效果,此外,饰面耐久性良好,成本造价较低,装饰效果优良,如图1-4-2。在一个时期,我国不论是住宅还是公共建筑,广泛采用水刷石装饰建筑物外墙、檐口、柱子、阳台栏板、勒

图 1-4-1　泰安道 5 号-1 原开滦矿务局

图 1-4-2　水刷石图样

脚、窗套等。但是，由于施工耗时费工、劳动强度大、湿作业多、技术要求较高等缺点，目前已较少采用。

一、材料与技术要求

（1）石碴的品种、粒径、颜色等按查勘设计选用。石碴的规格有中八厘（6mm）、小八厘（4mm）、米粒石（2mm），颗粒坚实、均匀、色泽一致，不含杂质。彩色石碴使用前应过筛、挑拣，应用同一产地、同一品种、同一规格的石碴。不同效果颜色水刷石面层砂浆配比参考表 1-4-1。

干粘石、水刷石面层砂浆参考配比　　　　　　　　　　　　　表 1-4-1

色彩	42.5水泥（100kg）	石子色彩	颜料（水泥用量%）
白色	白色	白	
浅灰	普通	白	老粉 10
浅黄	白色	米黄（浅黄）	
中黄	普通	米色＋白	氧化铁黄 5

续表

色彩	42.5水泥(100kg)	石子色彩	颜料(水泥用量%)
浅桃红	白色	米红	铬黄0.5 甲苯胺红0.4
品红	白色	白玻璃屑+黑	氧化铁红1
浅绿	白色	绿玻璃屑+白	氧化铬绿2
灰绿	100kg普通	绿+绿玻璃屑+白	氧化铬绿5～10
淡蓝	100kg白色	淡蓝玻璃屑+白	耐晒雀蓝5
淡褐	100kg普通	红+白+褐色玻璃屑	
暗红褐	100kg普通	褐色玻璃屑+黑	氧化铁红5
黑色	100kg普通	黑	炭黑5～10

（2）为了保证刷洗面层施工时不掉色污染墙面，采用的颜料宜为矿物颜料。

二、主要工序

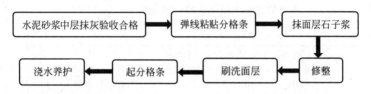

三、新做水刷石抹灰施工工艺

1.水泥砂浆中层抹灰验收合格

2.弹线粘贴分格条

根据查勘设计弹出分格线，将分格条粘于分格线上，之后在分格条两侧用素水泥浆抹成45°八字坡固定。分格条粘贴后应适当洒水养护。

3.抹面层石渣浆

在底层灰七成干时，随刮108胶水泥浆，随抹配合比为水泥：石灰膏：石碴＝1：0.5：3的水泥石灰膏石渣浆。也可随抹配合比水泥：石碴＝1：1.5的水泥石渣浆，随搓压平整。按分格装档，在每格内的水泥石渣浆宜自下向上与分格条抹平，用靠尺及时检查平整度，发现坑凹处及时填补平整，边抹边把露出的石碴尖棱拍打揉平。

4.修整

将石渣浆拍抹压实应使石碴大面朝上，随用软毛刷蘸水轻刷，随用铁抹子溜光压实，反复2～3遍，最后用铁抹子压一遍。拍压时注意保证阴阳角部位石渣浆饱满。

5.喷刷

在石渣浆面层初凝（指压无痕）时，先用毛刷蘸水刷掉面层水泥浆，稍露石碴。再紧随其后用喷雾器将四周相邻部位喷湿，然后自上而下顺序均匀喷水冲洗，喷头一般距墙面100～200mm，喷刷均匀，使石碴露出表面为1～2mm，对于门窗口等，应先喷刷底部后刷大面。最后用喷壶从上往下将石子表面冲洗干净。当石渣浆凝固难喷刷时，可用盐酸5%稀释液洗刷2～3遍，再用清水洗净，使墙面更洁净。

6.起条、勾缝

待墙面水分干后，精心将木制分格条取出，用铁抹子将分格缝溜平抹顺。起分格条后次日，墙面用喷壶洒水养护不少于3天。

四、修补水刷石墙面

（1）按查勘设计在水刷石墙上弹线划出修补范围，将损坏部分用云石锯切割剔除干净。有分格时，应切割剔铲至分格条，无分格条时，应将槎子用云石锯和快錾子锯剔直槎，清刷干净，浇水湿润。

（2）用原墙面同颜色的石渣浆，按新做饰面的操作工艺补抹石渣浆喷刷好。操作时应特别注意将接槎处刷洗干净，浇水湿润，刮好素水泥浆。抹好槎，接好槎，抹压平整。

（3）洒水养护。

五、施工注意事项

（1）水刷石施工时易出现石子颜色不匀、空鼓等，质量通病原因分析与防治措施参考表1-4-2。

表 1-4-2

水刷石施工质量缺陷原因分析与防治措施

项次	通病	原因分析	防治措施
1	水刷石的石子不匀、颜色不一或成"大花脸"	1.底层灰干湿掌握不好。底层灰湿度小，干得太快，不易抹平压实，刷压过程中石子颗粒在水泥浆中不易转动，造成较多石子尖棱朝外，喷洗后显得稀散不匀。不平整，也不清晰。 2.喷洗过早或过迟。喷洗过早，面层很软，石子易掉；喷洗过迟，面层已干，石子遇水易崩掉且喷洗不干净，造成表面污浊。 3.使用水泥品种杂乱，选用石子不均，筛选不严，或同一步墙喷洗有早、有迟，造成洗刷不匀，颜色深浅各异。 4.水刷的工艺不当，以致颜色废水流淌，污染墙面，呈"大花脸"	1.同一部位、同一类型墙面所需原材料应同厂、同规格、同批次，所需数量一次备齐。 2.抹上水泥石子浆面稍收水后，先用铁抹子把露出的石子尖棱轻轻拍平压光，再用刷子蘸水刷去表面浮浆，拍平压光一遍，再刷再压，须在3次以上。达到石子大面朝外，表面排列紧密均匀。 3.开始喷洗时要注意石子浆软硬程度，以手按无痕或用刷子刷石子不掉粒为宜。喷洗时，应从上而下，喷头离墙面10～20mm，喷洗要均匀，洗到石子露出灰浆面1～2mm为宜。最后用小壶从上而下冲洗，不要过快、过慢或漏冲，防止面层浑浊、有花斑及坠裂。 4.刮风天不宜施工，以免混浊浆雾被风吹到已做好的水刷石墙面上，造成花脸。 5.根据操作时的气温控制水灰比，避免撒干水泥粉
2	水刷石墙面空鼓	1.基层处理不好，清扫不干净，墙面浇水不透或不匀，降低底层砂浆与基层的粘结强度。 2.底层未浇水湿润即刮抹水泥素浆粘结层。抹水泥素浆后没有紧跟抹水泥石子浆罩面或刮抹不匀或漏抹，影响粘结效果	1.抹灰前应将基层清扫干净，施工前一天应浇水湿透，并修补严整，刷一道1：4的108胶水溶液，再用1：3水泥砂浆抹平。 2.待底灰有六、七成干时再薄刮一道素水泥浆，然后抹面层水泥石子浆，随刮随抹，不能间隔，否则素水泥浆凝固后，就不能起到粘结层作用，反而造成空鼓

注：摘自王朝熙主编的《装饰工程手册》。

（2）修补部分墙面时，应做样板对比，使色彩与原墙面相同。

（3）门窗套、阳台、雨篷等施工时，应先做小面后做大面；阳角刷石喷水，应由外向里喷刷，最后用水壶冲洗；檐口、窗台旋脸、阳台及雨篷底面，应设滴水槽或滴水线。

（4）外墙若为混凝土预制板，其光滑表面应做处理；应注意墙面与地面及墙与腰线的交接处的杂物清理干净，以防产生烂根等缺陷；起分格条时须注意不要把局部面层拉起。

（5）水刷石面层厚薄应一致，以防止在冲刷时面层厚薄交接处，由于本身自重不同而将面层拉裂，形成坠裂。抹灰层要抹平压密实，以防干缩裂缝或龟裂。

（6）阴角交接处水刷石面宜分两次成活完成水刷石面罩面操作，先做一个平面，再做另一个平面。在靠近阴角处依据罩面水泥石子浆厚度，在底子灰上弹引垂直线，作为阴角抹直的依据，然后在已抹完的一面，靠边近阴角处弹上另一条直线，作为抹另一面的依据。这样保证阴角平直和清晰，也可防止阴角刷石污染。

（7）水刷石留槎应设在分格条或水落管背后或独立装饰组成部分的边缘处，不得在块中甩槎，以避免刷石留槎混乱，整体效果不好。大面积刷石一天完不了时，冲刷新活前应将前一天做的刷石冲湿浇透，避免冲石时将水泥浆喷溅到完成的刷石上，沾污墙面。

（8）在喷刷新墙面时应将其成活相邻墙面覆盖好，接槎部位应精心操作，细心保护。

任务五　甩疙瘩墙面

【学习目标】

熟悉甩疙瘩饰面施工工艺，掌握其质量标准。

【任务设置】

撰写天津历史风貌建筑澳门路 11～15 号外墙甩疙瘩施工说明。

【背景资料】

澳门路 11～15 号，比商义品公司设计，天津市一般保护等级历史风貌建筑，始建于 1925 年，为二层木结构联排式住宅，总建筑面积 1097.61m²，外檐为甩疙瘩抹灰墙面，红砖砌筑窗套，坡屋顶，平板瓦屋面，檐部出挑，如图 1-5-1 所示。

图 1-5-1　澳门路 11～15 号实景照片

【相关知识】

甩疙瘩抹灰墙面做法，在 20 世纪 20 年代的天津历史风貌建筑多见，有外檐全部采用或部分运用，如澳门路 11～15 号外墙面除窗套为红砖砌筑外，其余部分均为甩疙瘩做法，而在永建里 1 号却只在女儿墙部分采用，反应建造师设计思想和街区设计总体风格统一与变化。甩疙瘩墙面使原本生硬呆板的水泥抹灰饰面，带来了灵动的效果。现代建筑已很少见到，各种施工工艺标准书籍中也少有记录，濒临失传，如图 1-5-2、图 1-5-3 所示。

图 1-5-2　甩疙瘩墙面

图 1-5-3　甩疙瘩墙面施工

一、材料与技术要求

由于甩疙瘩饰面多用于室外墙面，灰浆多采用水泥砂浆，水泥与砂子要求见前文，砂子选用粗砂，配比为水泥：粗砂＝1：2。

二、主要工序

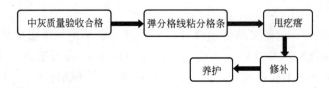

三、新做甩疙瘩抹灰施工工艺

1.弹线分格、嵌分格条

在验收合格的底灰层上，充分浇水湿润，在保证底灰层湿透的前提下，刮水泥素灰浆一道，按查勘设计分格弹线，在分格线的同一侧粘分格条，及时在分格条两侧抹素水泥浆成 45°八字坡。檐口、阳台、雨篷、窗眉等部位弹线粘稳滴水槽。

2.甩疙瘩

将疙瘩灰团成球状，直径为 50mm；从墙面一端开始均匀甩疙瘩灰。

3.修补

在疙瘩之间弹涂，遮盖疙瘩间裸露墙面；用钢刷或竹炊帚将没有开花的疙瘩扎开。

4.养护

终凝后洒水养护，每日不少于 3 次，夏季应适当增加养护次数和时间。

四、修补甩疙瘩抹灰墙面

按查勘设计在甩疙瘩抹灰墙面弹线划出修补范围，将损坏部分切割、剔凿，清除、清理干净，浇水湿润基层，随刮掺水泥量 10％的 108 胶素水泥浆，注意处理好接槎，随用与原墙同样材料、同配比、同颜色的疙瘩灰甩疙瘩，为使与原墙颜色一致，应做样板进行对比，适当浇喷水养护。

五、施工注意事项

（1）在修补和已成活的墙面邻近做新活时应将其成活墙面覆盖好，以防污染。

（2）为了保证疙瘩分布均匀，大小一致，个个开花，甩疙瘩时应做到力度角度一致，大面完成后应对不均匀和没开花疙瘩进行修补。

任务六　弹涂墙面

【学习目标】

熟悉弹涂饰面施工工艺，掌握质量标准。

【任务设置】

撰写弹涂墙面施工说明。

【相关知识】

弹涂饰面多用于外墙，指在墙面涂刷一遍聚合物水泥色浆后，用弹涂器分几遍将不同色彩的聚合物水泥浆弹涂于墙面之上，结成 3～5mm 大小不等的扁圆形花点，再喷罩一层甲基硅醇铜，形成与干粘石大小近似，颜色不同、相互交错的圆粒状色点，或深或浅相互衬托，形成随意中不失规律、装饰并不刻意的效果。当用于外墙，凸显其粗犷和浮雕效果；当用于室内背景墙，在灯光照射下带来炫色的立体效果。

聚合物水泥浆是在普通水泥浆中掺入适量有机聚合物制得，可改善原水泥浆的某些不足。聚合物通常有聚乙烯醇缩甲醛胶（即 108 胶）、聚甲基硅醇钠、木质素磺酸钙等。

掺入聚乙烯醇缩甲醛胶的水泥浆，主要能提高饰面层与基层的粘结程度，减少和防止饰面层开裂、风化、脱落等现象，改善砂浆和易性，减轻砂浆沉淀和离析现象。冬期施工时早期受冻不开裂，而且后期强度仍能增长，适宜冬期施工。

在近代历史建筑中所采用的弹涂饰面，与现代弹涂有所不同，一是饰面层不加有机聚合物，二是没有色彩变化，呈现的是普通水泥的灰色调底色上，凹凸不平均匀分布的水泥浆点。

一、材料与技术要求

（1）所采用的分格条应根据设计宽度备制，宜采用红松或白松。

（2）新做工程，应先将水泥和颜料按配合比干拌均匀，装袋备用，整个工程用料一次配齐。

（3）对于历史建筑，一般面灰为干硬性灰浆，材料配比可采用水泥：粗砂＝1：2.5。

（4）弹涂聚合物水泥砂浆配比参考表1-6-1。

弹涂聚合物水泥砂浆参考配比（重量比）　　　　　　　表 1-6-1

名称		水泥	颜料	108胶	水
白水泥	刷底色水泥浆	100	试配	13	80
	弹花点	100	试配	10	45
普通水泥	刷底色水泥浆	100	试配	20	90
	弹花点	100	试配	10	55

二、主要工序

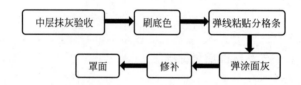

三、新做弹涂饰面施工工艺

1. 刷底色浆

干燥基层洒水湿润，无明水后，从左至右、从上到下刷底色浆一道，面积较大时可采用喷浆器喷涂，要求涂刷均匀，无漏刷，不流淌，不挂坠。以充分保证后续弹涂灰浆色点的附着力，以及底色的均匀。

2. 弹线粘贴分格条

根据查勘设计弹出分格线，将分格条粘于分格线上，之后在分格条两侧用素水泥浆抹成45°八字坡固定。分格条粘贴后应适当洒水养护。

3. 弹浆

待底色浆基本干燥后，将调制好的色浆按照颜色不同分别装入弹涂器内，垂直于墙面弹涂。可分多次弹涂，第一遍色点覆盖70％，第二遍覆盖20％～30％，以保证灰浆色点均匀，同时避免重叠。在第一道弹涂收水后，补弹不均匀或露底部分。

4. 拆除分格条

修补结束，即可拆除分格条，分格缝用线抹子勾色浆，抹顺直。

5. 喷涂保护层

弹涂层干燥后，喷刷一遍防水剂，以提高饰面的耐久性。

四、弹涂墙面修缮施工工艺

弹涂墙面修缮时，为使修缮部分与旧灰轧成一色，面层用灰，宜适配弹涂样板，干燥后对比色彩，再行采用。

1. 弹线

按查勘设计的修补范围在墙上弹线，先铲除已损坏的面层灰。如底子灰空鼓、开裂，也应铲除，用云石锯和快錾子剔锯成直槎。底灰与面层灰的槎子应留成阶梯形，并错开 50～100mm。若墙体损坏，应按剔砌或掏砌的工艺进行处理，清理干净。

2. 修补中灰

将砖墙面洒水浇透，刮水泥素灰浆一道，先薄薄抹一层 1：3 水泥砂浆底子灰，接着再抹第二层灰，用直尺刮平，木抹子搓平压实，并略高于原面层 2～3mm。

3. 弹涂

自墙面一端开始用托灰板、竹炊帚等工具将干硬性灰浆连续弹甩在墙面上；水泥疙瘩均匀、无规则，且疙瘩间紧靠严密，为保证弹涂效果，一遍成活。

4. 养护

成活 24 小时后，浇水养护 3～5 天。

五、施工注意事项

（1）弹涂顺序应为：用量多的先做，小比例的后做，避免少色被完全遮盖。

（2）弹涂墙面时应将不做弹涂的门窗和墙面遮挡；为防止碰撞，弹涂完成后，应及时用木板或小木方将口、角保护，避免补做带来色差。

（3）弹涂饰面施工时易出现色点流坠、异型、不匀，色浆拉丝等问题，质量通病产生原因分析以及防治措施见表 1-6-2。

弹涂饰面质量通病及防治措施 表 1-6-2

项次	通病	产生原因分析	防治措施
1	弹涂色点流坠	1. 色浆料水灰比不准。弹出的色点不能定位成点状，并沿墙面向下流坠，其长度不一。 2. 弹涂基层面过于潮湿，或基底密实，表面光滑，表层吸水少	1. 根据基层干湿程度及吸水情况，严格掌控色浆的水灰比。 2. 面积较大，数量较多的流坠浆点，用不同颜色的色点覆盖分解。 3. 面积较小、数量不多的流坠浆点，用小铲尖将其剔掉后，用不同颜色的色点局部覆盖
2	弹涂操作时色浆拉丝	色浆中水分较少、胶液过多、浆料较稠，或操作时未搅拌均匀	1. 浆料配合比要准确；操作中应随用随搅拌，弹力器速度快慢要均匀。 2. 出现拉丝现象时，可在浆料中掺入适量的水和相应量的水泥调解，以不出现拉丝现象为准
3	弹涂色点出现细长、扁平等异形色点	1. 弹力器距墙面较远，部分弹棒弹力不足，弹出的色点呈弧线形弹在墙上形成细长、扁平的长条形色点。 2. 浆料中胶量过少，或操作中向较稠的色浆内加水时，未按配比加入相应胶液，出现尖形弹点	1. 操作中控制好弹力器与饰面的距离（一般浆料桶距墙面约 300mm），随料桶内浆料的减少应逐渐缩短距离，并经常检查更换弯曲、过长、弹力不够的弹棒，避免形成长条形色点。 2. 为避免尖形点，严格控制好浆料配合比，并应搅拌均匀后再倒入料桶。浆料较稠时，可先将胶与水按比例成胶水并搅拌均匀后掺入搅匀调解，避免产生尖形弹点。 3. 少量分散的条形尖，可用毛笔蘸取不同色浆，局部点涂分解；若面积较大而且集中时，可全部弹涂不同色点覆盖消除，并经常检查更换弹棒。 4. 弹涂中发现尖形点时，应立即停止操作，调整浆料配合比；对已形成的尖形点，应铲平弹补

项次	通病	产生原因分析	防治措施
4	弹涂饰面现弹点过大或过小等不均匀现象	操作技术不熟练,操作中料桶内浆料过少未及时加料,致使弹出的色点细小;或料桶内一次投料过多,弹力器距墙面太近,个别弹棒胶管套端部过长,产生过大的色点	1.弹力器应经常检查,发现弹棒弯曲、过长和弹力不够时应及时更换;掌握好投料时间,使每次投料及时、适量。 2.根据料桶内浆料多少,控制好弹力器与墙面的距离,使色点均匀一致。 3.细小色点可用同种颜色色点全部覆盖后,弹二道色点;过多的色点可用不同色点覆盖分解
5	弹涂色点分布不均;色点未盖住底层砂浆	操作中弹力器移动速度快慢不均或弹棒间隔距离不相等。弹出的色点分布不匀,有的密集,有的松散、露底	1.调整弹棒间距,使之相等。操作时弹力器移动不能太快,第一道色点要求点与点之间紧密。 2.露底面积过大时需重复弹补,待色点分布与周围一致后,弹涂二道色点;露底面积不大时可局部弹补

任务七　雨淋板饰面墙面

【学习目标】

熟悉雨淋板饰面施工工艺,掌握质量标准。

【任务设置】

撰写雨淋板施工说明。

【相关知识】

雨淋板抹灰墙面是在用水泥砂浆做面层抹灰时,将面灰抹制成条状的斜面。抹灰剖面似木工锯锯齿形状,如图1-7-1、图1-7-2所示。雨淋板抹灰施工工艺简单,成本低廉,多见于20世纪早期办公楼、学校、住宅等建筑的外墙面,装饰效果朴素大方。现多用于木制外墙面装饰,如图1-7-3所示(摘自360百科),以及汽车库坡道防滑构造处理,称之为"防滑礓磋"。

图1-7-1　雨淋板抹灰

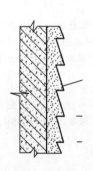

图1-7-2　雨淋板构造

图1-7-3　木制雨淋板外墙

一、材料与技术要求

(1) 水泥、石子与一般抹灰材料要求相同。

(2) 施工前应制作与雨淋板等宽、等长靠尺,靠尺厚度与雨淋板下沿厚度相同。

二、主要工序

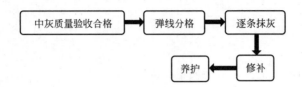

三、雨淋板饰面施工工艺

1. 弹线分格

中灰验收合格后,按照从上到下、从左到右的顺序,用钢卷尺量出分格尺寸;按照分格尺寸点在底灰上弹出分隔尺寸墨线及边框墨线。

2. 逐条抹斜面

(1) 沿边框墨线底线贴靠尺,在底线靠尺上方一条宽度范围内,刮素灰一道,厚度为2~3mm,刮平、刮严;再沿靠尺在素灰面上抹1:2.5水泥砂浆,抹成斜面。斜面与靠尺同宽,厚度与靠尺齐平。抹灰面先用木抹子搓平,再用铁抹子压光。

(2) 抹下沿随后将靠尺轻轻移开,贴在抹好的斜面上;用铁抹子将第一层雨淋板下沿修好抹平。

(3) 完成第一条雨淋板后,按照上述施工方法,逐条抹制,直至完成正面墙体抹灰。

图 1-7-4 雨淋板施工示意

3. 修残补齐

整体抹灰后,对抹灰面缺损部位进行修补。

4. 养护

24 小时后,开始浇水养护,一般不少于 7 天。

四、施工注意事项

(1) 每层雨淋板要均匀一致,保证横平竖直,粘结牢固。

（2）施工也可以采用双靠尺抹灰进行上下翻尺做法。每次翻尺后都要随手将下沿边用铁抹子修好抹平，再进行下一道抹灰。

任务八　拉毛灰墙面

【学习目标】

熟悉拉毛灰饰面施工工艺，掌握质量标准。

【任务设置】

简述天津孙氏旧宅建筑概况，撰写其外墙面拉毛灰饰面修缮施工说明。

【背景资料】

天津孙氏旧宅，现和平宾馆，位于天津市和平区大理道 66 号，是天津特殊保护等级历史风貌建筑。始建于 1931 年，二层砖木结构独立式住宅，局部三层。立面简洁大方，错落有致，外墙面采用水泥抹灰拉毛处理，配以大面积券式门窗，具有西班牙民居建筑特征。

孙氏家族是清末民初新兴的家族实业集团，创办的第一家企业是阜丰面粉厂，1899年成立于上海，后陆续创办了通惠实业公司、中孚银行，此住宅的主人是孙震方，系孙氏家族企业创办人之一孙多森的长子。

孙氏旧宅于 1949 年转为商业用途，更名为和平宾馆，毛泽东、周恩来等许多国家领导人曾在此下榻。

【相关知识】

拉毛灰是在水泥砂浆或水泥混合砂浆抹的中灰上，抹上水泥混合砂浆、纸筋灰或水泥石灰砂浆，用拉毛工具将抹的砂浆拉出波纹和明显的斑点毛头的装饰施工工艺。

拉毛灰饰面具有吸音、施工工艺简单、易操作、就地取材、造价低、饰面效果朴实雅致大方的特点，多见于历史建筑剧院、礼堂的外檐，其他民用建筑的阳台栏板、围墙等。

拉毛分为细毛、中毛、粗毛三种。拉细毛时，宜用白麻缠绕制作的刷子，正对墙面一点一拉，依靠灰浆的塑性及吸力顺势轻慢拉出一个个毛头；拉中毛时，一般使用硬棕毛刷子，垂直对正墙面，粘上后顺势拉毛；拉粗毛时，用铁抹子即可，抹子轻按面层灰浆上，待抹子被粘附有吸力时，顺势慢慢拉起抹子，即形成粗毛头，见图 1-8-1。

此外，还有用专用硬毛棕刷做条筋拉毛，用于内墙面装饰抹灰，形成类似树皮的美感，见图 1-8-2。

一、材料与技术要求

（1）拉毛灰一般采用普通水泥掺加适量石灰膏的素浆。小拉毛灰中石灰膏掺入量为水泥用量的 10%～20%；大拉毛灰中石灰膏掺入量为水泥用量的 30%～50%。为防止素水

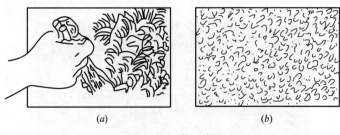

图 1-8-1　拉毛灰
（a）粗拉毛；（b）细拉毛

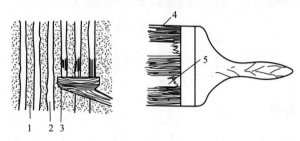

图 1-8-2　条筋拉毛
1—小拉毛；2—条筋；3—弹线；4—刷条筋棕毛；5—刷小拉毛棕毛

泥浆开裂，可加入少量砂子和细纸筋。

（2）面层为纸筋灰拉毛时，石灰膏必须熟化一个月，膏体细腻洁白，不得含有未熟化颗粒。100kg 石灰膏中掺入 3.8kg 细纸筋，且搅拌均匀。

（3）专用工具有硬棕毛刷子、白麻制作的圆形刷子（刷子直径依据拉毛大小而定）。

二、主要工序

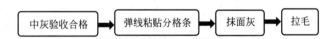

三、施工工艺

1. 弹线粘贴分格条

中灰验收合格后，根据查勘设计弹出分格线，将分格条粘于分格线上，之后在分格条两侧用素水泥浆抹成 45°八字坡固定。分格条粘贴后应适当洒水养护。

2. 抹面层灰、拉毛

待底灰 6～7 成干时，抹面层灰。操作时两人合作进行，一人在前抹面层灰，另一人随即拉毛，如图 1-8-3 所示。拉毛时应"轻触慢拉"，用力均匀，快慢一致；切忌用力过猛、提拉过快，致使底灰外露。此外，在一个平面内应一气呵成，避免中断留槎。如遇毛头不匀、底灰外露时，应即刻抹平重新拉毛。

做条筋小拉毛时，应先将选用的硬棕刷处理成锯齿形，齿宽 20mm，间距 30mm，如图 1-8-2 所示，小拉毛做出后，旋即用处理好的棕刷蘸 1:1 水泥石灰浆，垂直墙面刷条筋，条筋凸出拉毛面 2～3mm，宽窄不要太一致，应带有自然毛边，稍干用钢皮抹子压一下。效果如图 1-8-3 所示。

3. 取分格条

拉毛结束及时取出分格条，在分格缝内抹浆上色。

图 1-8-3 拉毛墙面

4. 养护

24h 后，开始浇水养护，一般不少于 7 天。

四、施工注意事项

（1）基层必须清理干净，提前 1～2 天浇水湿透，每天不少于 2 次，灰浆稠度控制均匀，严格按照分格缝或工作段施工，一次成活，不得中途停顿或甩槎。抹罩面灰时，如失水过快，应洒水润湿。

（2）施工时容易出现凹陷部分附着色浆多、颜色深，凸出部分附着色浆少、颜色浅，或者光滑部分色浆粘不住，粗糙部分色浆过多等问题，形成色彩不均匀饰面。为此，拉毛时要做到用力平稳均匀，快慢一致。

（3）条筋拉毛应做到线条平直、通顺、清晰，深浅一致，毛边自然。拉毛前应在墙面弹垂直线，遇较高墙面，应分组连续拉条筋，一次成活。

任务九　扒拉石饰面

【学习目标】

熟悉扒拉石饰面工艺，掌握扒拉石饰面质量标准。

【任务设置】

撰写扒拉石施工说明。

【相关知识】

扒拉石抹灰饰面是在厚度 10～12mm 水泥细砾石浆面层上，用特制钉耙子均匀扒拉其表面，砾石扒拉掉的地方形成凹进砂坑，无砾石的地方形成凸出的水泥砂浆瘤的一种装饰抹灰。为了效果更加美观，通常将墙面分格，分格条围成的四边留出 10～50mm 不扒拉区域，同时，四角做成剪子股或弧线等各种形状，每块围成的区域做扒拉石处理，墙面形成规则块状装饰，如图 1-9-1 所示。

该工艺做法在我国有较长的历史，多见于办公楼、住宅、学校、医院等建筑的外墙面装饰工程。特点是用材节省，工艺简单，成本低廉，装饰效果明显。

图 1-9-1 扒拉石饰面

一、材料与技术要求

（1）细砾石宜选用粒径为 3～5mm 的砂粒。颗粒坚硬，无杂质，含泥量小于 1%。
（2）面灰配比为水泥：细砾石＝1：2。

二、专用工具

钉耙子：耙板尺寸 100mm×50mm×15mm，板上钉子为 20mm 小圆钉，钉子间距 7～8mm，如图 1-9-2 所示。

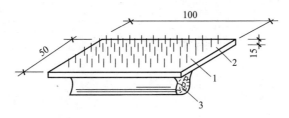

图 1-9-2 钉耙子
1—1英寸钉子；2—耙板；3—手柄

三、主要工序

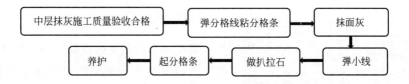

四、施工工艺

1. 弹线粘贴分格条

中灰干至六七成验收合格后，根据设计弹出分格线，将分格条粘于分格线上，之后在分格条两侧用素水泥浆抹成45°八字坡固定。

2. 刮素水泥浆

满刮素水泥浆一道。

3. 抹面灰

水泥细砾石灰浆抹面灰，厚度10～12mm，与分隔条齐平；先用木抹子搓平，再用铁抹子反复压实压平。

4. 弹小线

等面灰强度达到手指摁压无指痕时，用小线沿分格条两侧各退进10～50mm，弹出扒拉石圈边线。

5. 做扒拉石

当面灰不粘钉耙子时，在圈边线内用钉耙子扒拉。

6. 起分格条

扒拉石墙面操作完成后，旋即将粘贴的分格条用铁抹子尖扎住轻轻摇晃后起出；对凹槽两侧损坏部位用水泥砂浆进行修补，勾缝交活。

五、施工注意事项

（1）细砾石水泥砂浆不宜太稀，略比水泥砂浆抹面灰干。

（2）为了保证砂浆强度，扒拉时石子不脱落，找平后应用铁抹子反复压实。

（3）用钉耙子扒拉石子时，若扒拉时间过早，会出现颜色不均匀、露底现象，扒拉效果杂乱无章；若扒拉晚，会扒拉不动。施工时可用锯条或钉子试验，不粘灰又能扒拉动为最佳时机。扒拉时应力度均匀，保证施工质量。

任务十　席纹饰面

【学习目标】

熟悉席纹饰面施工工艺。

【任务设置】

撰写外墙面席纹外墙饰面施工说明。

图1-10-1　席纹饰面

【相关知识】

席纹出自古代陶器纹饰。是陶坯未干时放在席子上印出的席子编织印痕，多见于器物底部。席纹后来从陶器装饰领域扩展到其他领域，如服饰、建筑装饰等。在建筑装饰中常用于墙面修饰，如图1-10-1所示。席纹饰面与水泥砂浆饰面相比较，材料相同，工艺上仅是增加了用模具压出花纹一道工序，从而使得呆板的水泥砂浆抹灰墙面呈现出别样的装饰效果。

席纹饰面施工工艺简单，成本造价低廉，装饰效果朴素大方、不做作，普遍适用于学校、医院、住宅等建筑外墙面。

一、材料与技术要求

（1）面灰采用 1∶3 水泥砂浆。

（2）压花模具应根据设计要求花纹制作。

二、主要工序

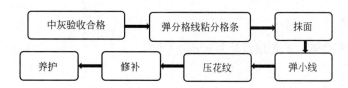

三、施工工艺

1. 弹线粘贴分格条

中灰干至六七成验收合格后，根据设计弹出分格线，将分格条粘于分格线上，之后在分格条两侧用素水泥浆抹成 45°八字坡固定。

2. 刮素水泥浆

满刮素水泥浆一道，厚度 1～2mm。

3. 抹面灰

厚度 10～12mm，与分隔条齐平，分两次成活，先用木抹子搓平，再用铁抹子压光。

4. 弹网格控制线

压光后，按照席纹花饰设计大小分格，弹出席纹网格控制线。

5. 做席纹墙面

待砂浆强度达到手指摁无指纹时，用席纹模具按压抹灰面，印出席纹图案，如图 1-10-2 所示。

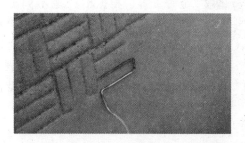

图 1-10-2 压席纹花

6. 修补

用水泥砂浆，将损坏的墙面修补。

7. 养护

洒水养护。

四、施工注意事项

（1）在网格控制线范围内应按照从上到下、从左到右的顺序压制花纹。

（2）花纹模具可做成如图 1-10-2 所示的单条样式，也可依据设计制作成以组为单位的整体模具。

任务十一　河卵石饰面

【学习目标】

了解河卵石饰面施工工艺以及质量标准。

【任务设置】

撰写河卵石施工说明。

【背景资料】

天津市九龙路 1 号，建于 20 世纪 20 年代，为二层砖木结构联排式住宅。外檐为卵石抹灰墙面，多坡屋顶，平板瓦屋面。建筑造型高低错落富于变化，如图 1-11-1 所示。

图 1-11-1　天津市九龙路 1 号

【相关知识】

卵石是自然形成的无棱角岩石颗粒，为风化岩石经水流长期搬运而成，粒径为 60～200mm，呈卵形；大于 200mm 者则称漂石。卵石的形状多为圆形，表面光滑，颜色有红奶油、青奶油、广红、咖啡、黑底白、螺纹奶油、杭灰、黄洞石、米黄洞石、绿宝、丹东绿、大花绿、米黄玉、黄水晶、雨山红、汉白玉、墨玉、金香玉等。根据出产地不同分为河卵石、海卵石和山卵石。卵石品质坚硬，色泽鲜明古朴，具有抗压、耐磨耐腐蚀的天然石特性。同时，有人将它比喻成石头中的西施，来赞美她的晶莹剔透、色彩之丰富、表面之光滑。卵石是一种理想的绿色建筑装饰材料，装饰效果如图 1-11-2 所示。

我国卵石资源较为丰富，北方包括河南济源、洛阳的黄河边上，兰州黄河边上，其他的如山东、辽宁等；南方包括贵州、重庆、广西等。各地的卵石资源各具特点，且种类丰富，其中南京的雨花石全国闻名。卵石除了用于建筑装饰和艺术欣赏外，更多的是用作水处理。（摘自百度百科）

图 1-11-2　河卵石饰面

一、材料与技术要求

（1）面灰采用 1：2 水泥砂浆。

（2）河卵石应根据设计中要求的产地、化学成分或色彩选用。

二、主要工序

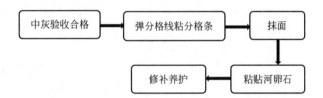

三、施工工艺

1. 弹线粘贴分格条

中灰干至六七成验收合格后，根据设计弹出分格线，将分格条粘于分格线上，之后在分格条两侧用素水泥浆抹成 45°八字坡固定。

2. 刮素水泥浆

满刮素水泥浆一道，厚度 1～2mm。

3. 抹面灰

厚度 10～12mm，与分隔条齐平，分两次成活，用木抹子压严压实搓平。

4. 粘贴河卵石

将河卵石洗净后，先粘素灰浆，后逐个摁压在墙面砂浆层内，石子侵入深度为石子整体的 30％（含三露七），如图 1-11-3 所示。随粘随用木板或木抹子将石子摁牢。

5. 修补养护

石子脱落部位进行补粘，一天后洒水养护。

四、施工注意事项

应按照由下向上的顺序粘贴河卵石；石子要挤严，石子间隙越小越好，且模板按压后石子应在同一平面内。

图 1-11-3　粘贴河卵石

学习情境二　楼地面修缮

　　楼地面是建筑首层地面和楼层地面的总称。没有地下室的一楼地面通常由基层、垫层和面层组成。其中，基层一般多为土，垫层有灰土垫层、水泥砂浆和混凝土垫层等，面层和楼面相同。楼面则是在混凝土楼板上做面层。面层种类繁多，按照施工方法可分为整体地面、块材地面、卷材铺贴地面和涂刷地面。

　　整体地面有水泥砂浆地面、细石混凝土地面、现浇水磨石地面；块材地面有大理石地面、地砖地面、陶瓷锦砖地面、木地板地面、塑料板等；卷材地面主要有地毯和塑料地毡。

　　楼地面构造层次分为三个：结构层、垫层、面层，如图 2-0-1 所示。结构层是承重构件，楼面一般采用钢筋混凝土材料，在历史建筑中有木制结构层，当修复设计允许时，基于防火安全，应改建为钢筋混凝土楼板；地面是首层地坪，以地基为支撑结构，地面和楼面的区别正在于此。

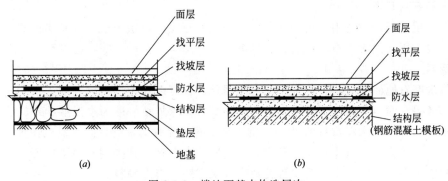

图 2-0-1　楼地面基本构造层次

（a）地面；（b）楼面

　　垫层应有较好的刚度和韧性，并满足特殊功能需求，如防水、防潮等。

　　面层是直接经受各种荷载作用和外界环境因素侵蚀的面层，应同时满足使用功能需求和装饰效果要求，应具有足够的强度和耐磨耐冲击性，表面应平整光洁、易于清洁。有些功能房间中的面层还需具有隔声、保温和弹性功能。

　　在本学习情境中，我们不仅要学习至今仍然广受大家喜爱的许多地面做法，如大理石地面、陶瓷锦砖地面、地毯、木地板等，也要学习只有历史建筑修复时才会呈现的一些地面做法，如现浇水磨石地面。

一、常用材料

1. 水泥

用于整体地面面层、无机板块地面嵌缝和结合层，一般选用普通硅酸盐水泥、矿渣硅酸盐水泥、白色硅酸盐水泥、彩色硅酸盐水泥。主要质量要求与适用范围见表 2-0-1。

水泥质量要求与适用范围 表 2-0-1

项次	水泥品种	标号	质量要求	适用范围
1	普通硅酸盐水泥	42.5	安定性合格、无结粒	水泥砂浆地面、现浇水磨石地面、水泥色浆涂抹地面、无机板块地面嵌缝、结合层
2	矿渣硅酸盐水泥	42.5	安定性合格、无结粒	
3	白色硅酸盐水泥	42.5、32.5	不低于二级白度（80％）无结粒	
4	彩色硅酸盐水泥	42.5	色彩鲜艳,无结粒	

彩色水泥是在白色硅酸盐水泥熟料中加入无机或有机颜料共同磨细而成，或是在白色硅酸盐水泥生料中加入少量金属氧化物着色剂，经煅烧后磨细而成。常用无机颜料有氧化钛（白色）、氧化铁红、氧化铁黄、氧化铬绿、钴青等。

为使地面颜色一致，同一单项地面工程，宜采用同一批号水泥。

2. 砂

地面工程用砂应选用河砂或江砂，除无机地板灌缝用细砂，一般应选用粗砂或中砂。砂的质量要求颗粒坚硬、洁净，泥土含量不大于 3％。

3. 水

应选用符合饮用水标准水，严禁使用工业废水、海水、污水。

4. 水磨石用石子

水磨石用石子，应选用质地坚硬、磨面光亮的石粒，组织疏松、容易渗色的石子不宜选用。一般采用天然大理石、白云石、方解石、花岗岩、玄武岩等石材破碎加工而成。

5. 颜料

制作水磨石地面面层时，除选用彩色水泥外，也可以在现场将颜料加入水泥中，达到预期色彩效果。颜料应耐碱、耐光，且为矿物颜料，掺加量一般为水泥重量的 5％～10％，最大掺加量不宜超过水泥重量的 12％。常用矿物颜料品种有氧化铁红、氧化铁黄、氧化铁绿、群青、氧化铬绿、氧化铁蓝，其中的氧化铁蓝不耐碱，宜少用。为了保证水磨石面层的色光和着色力一致，一个单项工程的地面宜采用统一批次颜料。

6. 预制水磨石板

预制水磨石板是以水泥和彩色石子拌合，经成型、养护、研磨、抛光等工艺制成的块状面砖。强度高、坚固耐用、美观、施工工艺简单。由于较之目前多见的地面砖和天然大理石地面，其价格并不具有较大优势，在家装领域已少有应用，但在高级公共建筑装修中还有应用。品种有平板、踢脚板、楼梯踏步板、脚线、欧式柱等。现在加工工艺还可使预制水磨石板具有特殊功能性，如防静电不打火、用作外檐保温等。

7. 天然大理石、花岗岩

天然大理石板材分为两大类：一类是普通型板材（代号为 N），为正方形或长方形板材；另一类是异型板材（代号为 S），为其他形状的板材。大理石板材依据板材的规格尺寸、平整度和角度的允许极限公差、外观质量、镜面光泽度分为优等品（代号为 A）、一等品（代号为 B）和合格品（代号为 C）3 个等级。

天然花岗岩（又称花岗石）属于岩浆岩，有时也称麻石。据不完全统计，花岗岩石有 300 多种。天然花岗岩按板材的形状分为普型板材（正方形或长方形，代号 N）和异型板材（其他形状的板材，代号 S）。按板材厚度分为薄板（厚度≤15mm）和厚板（厚度＞15mm）。根据使用部位不同，按板材表面加工程度可分为剁斧板、机刨板、粗磨板、磨光板。天然花岗岩板材按荒料的长度、宽度和高度的极限公差及外观质量分为优等品（代号为 A）、一等品（代号为 B）和合格品（代号为 C）。

8. 陶瓷锦砖

陶瓷锦砖又名马赛克，是用优质瓷土磨细成泥浆，经脱水至半干压制成型入窑焙烧而成的。

9. 陶瓷地砖

陶瓷地砖是以陶土为主要原料，配料制浆后，经成型、高温焙烧制成的饰面陶瓷。质地较密实、强度高，吸水率小，热稳定性、耐磨性及抗冻性均较好，具有较强的抗冲击性和耐磨性。通过配料和改变制作工艺，可制成平面、麻面、毛面、磨光面、抛光面、纹点面、仿花岗岩面、压花浮雕表面、无光釉面、有光釉面、金属光泽面、防滑面、耐磨面等不同制品。地砖常用规格（单位：mm）有 300×300、400×400、500×500、600×600、800×800、1000×1000，厚度根据地砖规格不同为 7～12mm。

陶瓷墙地砖的技术要求主要是指产品的尺寸、表面质量、物理性能和化学性能。

10. 塑料地板

塑料地板按其使用状态可分为块材（或地板砖）和卷材（或地板革）两种，按其材质可分为硬质、半硬质和软质（弹性）三种，按其基本原料可分为聚氯乙烯（PVC）塑料、聚乙烯（PE）塑料和聚丙烯（PP）塑料等数种。具有价格适度，装饰效果好，足感舒适，有暖感，能隔热、隔音、隔潮，施工铺设方便，易擦、易洗、易干，耐磨性好，使用寿命长的优点。常用厚度为 3～5mm；常用板块尺寸为 500mm×500mm、600mm×600mm；常用卷材尺寸为 1200mm×（10000～20000）mm、1000mm×（10000～20000）mm 等。塑料地板应薄厚均匀、平整、密实、光滑、色泽均匀，无裂纹、无孔眼，储存和运输时不得受暴晒、雨淋、重压、高温和撞击。

11. 实木地板

实木地板是天然木材经烘干、加工后形成的地面装饰材料。它具有木材自然生长的纹理和色彩图案，给人以自然、柔和、富有亲和力的质感，是热的不良导体，能起到冬暖夏凉的作用，脚感舒适，使用安全，是卧室、客厅、书房等地面装修的理想材料。实木地板常用的国产材料有桦木、水曲柳、枫木、柞木等；常用的进口材料有甘巴豆、印茄木、香脂木豆、重蚁木、古夷苏木、李叶苏木、二翅豆、四籽木、鲍迪豆、铁线子等。实木地板依据产品的外观质量、物理力学性能分为优等品、一等品和合格品 3 个质量等级。

实木地板的外观质量要求，主要包括木板有无疵病及疵病的数量与尺寸、主要尺寸及偏差、翘曲度和拼装高度差；实木地板的物理力学性能指标包括含水率、涂膜的附着力及耐磨程度。

12. 地毯

地毯，是以棉、麻、毛、丝、草等天然纤维或化学合成纤维类原料，经手工或机械工艺进行编结、裁绒或纺织而成的地面铺敷物。它是世界范围内具有悠久历史传统的工艺美术品类之一，可用于住宅、宾馆、体育馆、展览厅、车辆、船舶、飞机等的地面，有减少噪声、隔热和装饰效果。（摘自 360 百科）

13. 其他材料

(1) 嵌条　水磨石地面面层的分格条通常采用玻璃条、铝条或铜条，玻璃条规格为 1000mm×10mm×3mm；铝条规格为 1200mm×10mm×2mm；铜条规格为 1200mm× 10mm×(1.2~2)mm。加工时，嵌条宽度应依据设计调整，金属嵌条使用前应进行调直处理，保证形成的水磨石地面格网横平竖直；铝条在使用前应做防腐处理，在铝条的两侧涂刷 1~2 遍白色调合漆或清漆。

(2) 草酸　草酸即乙二酸，是无色的柱状晶体，易溶于水而不溶于乙醚等有机溶剂，皮肤接触和吞食有害，在建筑行业中用于墙面碱性较强时的除碱处理和水磨石地面抛光。使用前应用热水将草酸融化成浓度为 10%~25% 的溶液，冷却后使用。

(3) 地板蜡　地板蜡的主要成分是硅油，常用于实木地板、复合地板、大理石、陶瓷砖及硬质塑料、油漆等地面的保护层。地板蜡能够分解污垢，清除地板深层的顽固污渍和污垢，达到高效去污效果。房屋地面上蜡，既美观又便于打扫清洗，而且可以保护地板，使其经久耐用。

(4) 108 胶　108 胶是一种新型高分子合成建筑胶粘剂，是以玉米淀粉为基本原料，加入氢氧化钠、自来水等制成。外观为微白色透明胶体，施工合易性好、粘结强度高、经济实用，防霉变、抗强碱、与其他水溶性胶的相容性好，清晰透明，抗冻融，成膜性好，具有广泛用途适用于室内常温环境中墙、地砖的粘贴。(摘自 360 百科)

二、施工作业条件

(1) 楼地面结构层已经验收合格；上层楼面已经封闭，且不渗不漏；墙上水平基线已弹好。

(2) 室内门口已经安装、校正、固定，弹簧门、金属转门、自动门的弹簧、设备盒、轨道已预设完成，并验收合格。暗敷管线及地漏、地插座按照设计要求安装完毕。

(3) 预留孔、预埋件的位置尺寸检查符合设计要求，穿过地面和楼面的立管套管周围用膨胀水泥砂浆或细石混凝土填塞完毕。

三、主要施工工具

主要施工工具包括有：滚筒、木槌、橡皮锤、粗细砂轮片、油石、刮板等，常用机具有：抹光机、磨石机、手持式砂轮机、木地板刨平机、砂纸机等。

四、质量标准

1. 整体面层

整体楼地面面层包括有水泥砂浆、水泥钢屑、细石混凝土面层、现制水磨石面层，其质量标准如下：

(1) 面层与下一层应结合牢固，无空鼓、裂纹。面层表面的坡度应符合设计要求，不得有倒泛水和积水现象。

(2) 面层表面应洁净，无裂纹、脱皮、麻面、起砂等缺陷。

(3) 踢脚线与墙面应紧密结合，高度一致，出墙厚度均匀。

(4) 楼梯踏步的宽度、高度应符合设计要求。楼层梯段相邻踏步高度差不大于

10mm，每踏步两端宽度差不应大于 10mm。楼梯踏步齿角应整齐，防滑条应顺直。

（5）整体楼地面面层的允许偏差应符合表 2-0-2 的规定。

整体楼地面面层的允许偏差和检验方法　　　　　　　　　表 2-0-2

项次	项目	允许偏差（mm）			检验方法
		水泥砂浆、水泥钢屑、细石混凝土	普通现制水磨石	高级现制水磨石	
1	表面平整度	4	3	2	用 2m 靠尺和楔形塞尺检查
2	踢脚线上口平直	4	3	3	拉 5m 通线和用钢直尺检查
3	缝格平直	3	3	2	拉 5m 通线和用钢直尺检查

2. 块材面层

块材楼地面面层包括有陶瓷锦砖、缸砖、水泥花砖、大理石、碎拼大理石面层，其质量标准如下：

（1）面层与下一层的结合（粘结）应牢固，无空鼓。

（2）块材面层的表面应洁净、图案清晰，色泽一致，接缝平整均匀，深浅一致，周边顺直。板块无裂纹、掉角和缺楞等缺陷。板缝应清晰、顺直、平整、光滑、深浅一致。地面涂蜡应磨至表面光亮、整洁、颜色一致。

（3）面层邻接处的镶边用料及尺寸应符合设计要求，边角整齐、光滑。

（4）踢脚线表面应洁净、高度一致、结合牢固、出墙厚度一致。

（5）楼梯踏步和台阶砖板块的缝隙宽度应一致、齿角整齐；楼层梯段相邻踏步高差不大于 10mm；防滑条顺直。

（6）面层表面的坡度应符合设计要求，不倒泛水、无积水；与地漏、管道结合处应严密牢固，无渗漏。

（7）块材面层的允许偏差应符合表 2-0-3 的规定。

块材面层的允许偏差和检验方法　　　　　　　　　表 2-0-3

项次	项　目	允许偏差（mm）					检验方法
		陶瓷锦砖	缸砖	水泥花砖	大理石	碎拼大理石	
1	表面平整度	2	4	3	1	3	用 2m 靠尺和楔形塞尺检查
2	缝格平直	3	3	3	2	—	拉 5m 通线和用钢直尺检查
3	接缝高低差	0.5	1.5	0.5	0.5	—	用钢尺和楔形塞尺检查
4	踢脚线上口平直	3	4	—	1	1	拉 5m 通线和用钢直尺检查
5	板块间隙宽度	2	2	2	1	—	用钢尺检查

3. 塑料板面层

（1）面层与下一层的粘结应牢固，不翘边、不脱胶、无溢胶。

（2）塑料板面层应表面洁净，图案清晰，色泽一致，接缝严密、美观。拼缝处的图案花纹吻合，无胶痕，与墙边交接严密，阴阳角收边方正。

（3）板块的焊接，焊缝应平整、光洁，无焦化变色、斑点、焊瘤和起鳞等缺陷，其凹凸允许偏差为±0.6mm。焊缝的抗拉强度不得小于塑料板强度的75%。

（4）镶边用料应尺寸准确、边角整齐、拼缝严密、接缝顺直。

（5）塑料板面层的允许偏差应符合表2-0-4的规定。

塑料板面层的允许偏差和检验方法　　　　　　表 2-0-4

项次	项　目	允许偏差（mm）	检验方法
1	表面平整度	2	用2m靠尺和楔形塞尺检查
2	缝格平直	3	拉5m通线和用钢直尺检查
3	接缝高低差	0.5	用钢尺和楔形塞尺检查
4	踢脚线上口平直	2	拉5m通线和用钢直尺检查

4. 木质楼地面

（1）木格栅、垫木和毛地板等必须做防腐、防蛀处理。安装应牢固、平直。在混凝土基体上铺设木格栅时，间距必须符合设计要求。

（2）面层铺设应牢固无松动；粘结无空鼓、溢胶、表面洁净。

（3）面层应刨光、磨光，无明显刨痕和毛刺等现象；图案清晰、颜色均匀一致。

（4）面层缝隙应严密、宽度均匀；接头位置应错开。

（5）踢脚线表面应光滑，接缝严密，高度一致。

（6）木板面层的允许偏差应符合表2-0-5的规定。

长条（拼花）实木板面层的允许偏差和检验方法　　　　　　表 2-0-5

项次	项　　目	允许偏差（mm）		检验方法
		长条实木板	拼花实木板	
1	板面缝隙宽度	0.5	0.2	用钢直尺检查
2	表面平整度	2.0	2.0	用2m靠尺和楔形塞尺检查
3	踢脚线上口平齐	3.0	3.0	拉5m通线和用钢直尺检查
4	板面拼缝平直	3.0	3.0	拉5m通线和用钢直尺检查
5	相邻板材高差	0.5	0.5	用钢直尺和楔形塞尺检查
6	踢脚线与面层的接缝	1.0	1.0	楔形塞尺检查

5. 地毯地面

地毯的铺设应符合如下质量要求：

（1）地毯的品种、规格、色泽、图案应符合设计要求，且符合现行国家标准和产品说明书的规定。

（2）地毯表面平整、洁净，无松弛、起鼓皱褶、翘边等缺陷。

（3）地毯接缝粘结牢固，接缝严密，无明显接头、离缝、露线、毛边。

（4）毯面干净，无污染和损伤，颜色光泽一致，无明显错花、错格现象。

（5）地毯周边与倒刺板嵌挂牢固、整齐，门口、进口处收口顺直、稳固。

（6）踢脚板处塞边严密，缝口平整。

五、安全技术保障措施

为了保障安全生产，项目必须建立安全生产责任制，强化安全生产工作的领导和教育，实行安全考核合格才能进入操作岗位制度与安全技术交底制度。施工人员应认真贯彻安全操作规程，听从安全员指挥，对施工中有可能发生的安全问题提出预防措施。楼地面工程主要是在材料搬运加工、机具使用、防火防毒等方面采取必要措施。

1. 材料搬运加工

水磨石、大理石等材料搬运，应轻拿轻放，防止砸伤手脚；块材切割，操作人员必须戴防护眼镜和手套；随时清理加工场地和操作地点，余、废料严禁从窗口、楼梯口向外倾倒。

2. 机具使用

电动机具应由经过培训的专人使用，电源电压应与电动机具名牌标注相符，胶皮线应完整无缺，设备应接地接零，必须安装漏电保护装置；砂轮机、切割机上的固定螺帽及轴，每次均应先检查后使用，防护罩应坚实可靠；水磨石机的胶皮线应架空绑扎，不应在浆水中拖拽，操作人员应戴绝缘手套穿橡胶鞋；机具移动，应先切断电源，使用完毕或下班，必须拉闸断电，闸箱上锁。

3. 防火防毒

易燃性胶粘剂和溶剂，使用后应将容器盖子盖严密封，存放于阴凉处，并远离热源；木地板安装操作场地严禁吸烟，并配备消防器具；有毒胶粘剂使用时，应佩戴防毒口罩，开窗通风换气，连续作业 2 小时，应到室外透气，下班后应先漱口后进食，若为较密闭房间作业，应安装换气扇。

六、成品保护

（1）地面工程施工中，运输物料的小车，切勿撞损门框和墙壁。

（2）楼梯踏步完工后，其表面应砌砖或用角钢包钉保护，以防撞坏棱角。

（3）楼、地面基层或面层施工时，必须用木塞或水泥纸将地漏或水池管口临时封闭，严防水泥砂浆和杂物坠入管内堵塞管道，影响排水。

（4）地面施工中，水泥砂浆不得污染已完工的地面或其他装饰。凡遭水泥砂浆污染的部位，应立即用抹布擦干净。

（5）铺贴陶瓷锦砖时，操作人员应穿软底鞋，并垫踏脚板操作。

（6）预制水磨石块、劈离砖、缸砖等地面，施工中不得有金属硬物冲撞。

（7）新铺设的地面，应临时封闭通道，以防踩坏。地面强度未达 5MPa，不得在上行走。

（8）大理石地面完工后，应认真保护。保护方法：在表面覆盖一层锯末或席子；当房间内其他项目尚未完工并足以破坏地面时，可在大理石表面粘贴一层纸，现浇厚约 8～10mm 的石膏保护，其配合比为石膏粉：水：纤维素（pH_7）＝3：1：（0.003～0.005）。先将纤维素与水拌匀再与石膏粉拌合浇抹，能有效地防止重物撞击的损伤。

（9）严禁在已完工的地面上拌合水泥砂浆或堆放水泥、砂、石等物料。

（10）严禁在块材需水泥嵌缝的地面上，采用"扫水泥浆"的方法灌缝，以免板块受污染变色。

（11）水磨石地面所用水磨石机必须装罩板，防止水泥浆溅污墙面；水磨石浆不得从楼梯口下流污损楼梯、墙面和窗子。

（12）塑料地板施工时，操作人员应穿洁净的软底鞋；非操作人员不得进入操作场地；预防胶粘剂胶液污染塑料板面，如面层沾胶，应随即擦拭洁净；塑料地面不得接触温度60℃以上的物品，如开水壶和电炉等；如受油腻子污染，可用肥皂水擦洗或用溶剂（汽油）轻轻擦拭，不得用热水或碱水擦洗。

（13）普通地毯不得淋雨、浸水，以防麻底变腐；严禁将烟头、火柴抛在地毯上；钉地毯倒刺板时，不得损坏墙面或踏步板；钉室内倒刺板，可用薄钢板保护墙面；地毯铺设时，入口处应设地席、地垫，以防泥沙带入污损毯毛。

任务一　水泥砂浆地面

【学习目标】

掌握水泥砂浆地面施工工艺。

【任务设置】

撰写水泥砂浆地面施工说明。

【相关知识】

水泥砂浆地面是整体式地面的一种，是以水泥、砂子、水为主要材料，经现场混合、搅拌、浇筑而成的楼地面面层。在 20 世纪 50～80 年代，是各种民用建筑地面的主流。在保证用材合格，施工工艺精准的前提下，饰面平整光滑，易于清洁，不起灰，施工工艺简单，成本造价低廉。

水泥砂浆楼面的构造为在结构层上做找平层之后做面层即可；对水泥砂浆地面，为了保证其强度和刚度，则应进行垫层的多层处理，方可做面层，可参考图 2-1-1。

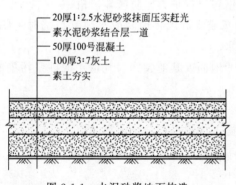

　　—— 20厚1：2.5水泥砂浆抹面压实赶光
　　—— 素水泥砂浆结合层一道
　　—— 50厚100号混凝土
　　—— 100厚3：7灰土
　　—— 素土夯实

图 2-1-1　水泥砂浆地面构造

一、材料与技术要求

（1）水泥采用硅酸盐水泥、普通硅酸盐水泥，强度等级不低于 32.5，不同品种、不同等级水泥严禁混用。

（2）水泥砂浆面层的体积比、强度等级必须符合设计要求，且体积比应为 1：2，强度等级不低于 M15。

（3）砂浆的配合比应根据查勘设计经试验确定；投料必须过斗或过磅，严格控制配合比及用水量，搅拌均匀。砂浆的稠度不应大于 35mm。

二、主要工序

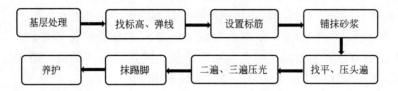

三、新做水泥砂浆地面施工工艺

1. 基层处理

把垫层、楼板上的浮浆、落地灰等清理、打扫、刷洗干净，且在抹砂浆的前一天洒水润湿。

2. 找准标高

根据标高控制线和查勘设计厚度，在四周柱上、墙上弹画出地面标高线。

3. 弹线、做标筋

按标高线拉水平线，用与地面同种水泥砂浆抹做找平墩，找平墩 50mm×50mm 见方，间距双向不大于 2m。有坡度要求的房间应按查勘设计坡度拉线，抹做找坡度墩。

面积较大的房间为保证地面平整度，还要抹做冲筋，高度与灰饼同高，形成控制标高的"田"字格，用刮尺刮平，作为控制砂浆面层厚度的标准。

4. 铺设

在基层上刷素水泥浆或界面剂一道，随刷随摊铺砂浆，随用木抹子拍实，用刮杠依找平墩或冲筋将砂浆刮平，再用木抹子压实搓平，并随时用 2m 靠尺检查平整度。

5. 头遍压光

在木抹子搓平后再用铁抹子轻轻抹压直至出浆，如浇浆较多可撒 1:2 水泥砂干料抹压，确保面层均匀，与垫层结合紧密牢固。

6. 第二遍抹压

当面层砂浆初凝指按不下陷时，用铁抹子把凹坑、砂眼脚印填实抹平，注意不得漏压，消除表面气泡、孔隙。

7. 第三遍抹压

在面层砂浆终凝前再用铁抹子用力抹压。把所有抹纹压平压光，使面层表面密实光洁。

8. 养护

在抹做完成后，一般一昼夜左右进行覆盖和洒水养护，每天不少于 2 次，严禁上人，养护期不得少于 7 天。

四、水泥砂浆地面修补工艺

（1）按查勘设计核查地面损坏部位，用色笔划出应修范围，用快錾子轻轻剔凿或用云石锯锯掉损坏部位的面层。同时检查垫层、基层，如有松动、空鼓和开裂等，应剔除干净。

（2）做好留槎：当地面有分格缝时，其留槎可以以分格缝为准；当为整体地面时，其留槎应大面规整，水平方向平直，垂直方向留小坡槎。当垫层、基层也损坏时，其留槎应与面层留槎适当错开 50～100mm，呈台阶形。

（3）将剔凿的槎子、垫层、基层用钢丝刷反复刷洗干净，并浇水润湿。

（4）在铲抹、补抹的部位，随刷水泥浆（特别注意要刷好接槎处的水泥浆），随铺 1：2.5 较干硬的与原有地面同一颜色的水泥砂浆，随用木抹子拍实，用木刮杠刮平，用木抹子搓平。再按上述新作地面（4）～（8）条的操作工艺进行。

五、新做与修补水泥砂浆踢脚板、墙裙

（1）清理墙面上残留的灰砂，剔除墙面上的凸出物，补砌或分层抹好较大的凹陷孔洞，并用钢丝刷清扫干净。

（2）按踢脚板、墙裙的查勘设计高度和墙面的水平控制线，弹画出其上口的水平线。

（3）将墙面提前浇水润湿，用 1：3 水泥砂浆打底，再用 1：2.5 水泥砂浆抹面，抹平、压实、赶光，用柳叶阳角抿子将其上口捋压顺直，用阴角抿子将踢脚板与地面相交处，捋成顺直的小圆阴角。适当洒水养护。

（4）修补水泥砂浆踢脚板、墙裙，应按查勘设计用快錾子轻轻剔除已损坏部位的面层或基层，将原有的石灰砂浆等清除干净，使墙面基层全部裸露，所有接槎均剔成小八字坡槎，再按照上条工艺施工。

六、施工注意事项

（1）面层施工温度不应低于 5℃，否则应按照冬期施工要求采取措施。抹面水泥不得使用受潮或过期产品，砂浆必须搅拌均匀，水灰比应掌握准确。

（2）基层处理必须凿毛，特别是必须将油污、脏污清除干净。修补地面时，垫层、基层所留的槎子与面层槎子不得在一个垂直面上。基层刷素水泥浆后，应掌握好抹灰时间，即刻压抹面灰，避免空鼓脱壳。

（3）水泥砂浆铺抹时，即使砂浆局部过稀，也不得撒干水泥；也不得为贪图省力，面层加素水泥胶浆压光，否则会造成面层强度降低、颜色不匀、龟裂起皮。

（4）铺抹砂浆时，应从房间里边退着向外摊铺；抹压完毕，夏季应防止暴晒雨淋，冬季应防止受冻。压抹砂浆应适时，厚薄一致，用力均匀，不得漏压或超压，防止强度不匀或起皮。

（5）当面层出现局部起砂时，可用 108 胶水泥腻子修补，修补层厚度应控制为 0.7～1.5mm，且洒水养护。

（6）铲抹、补抹水泥砂浆地面时，必须与原有地面接槎平整一致。在接槎处应用木抹子揉搓平整，用铁抹子压实、赶光。接槎平整，不起棱，无凹陷。同时清理干净粘污在原地面上的砂浆。铲抹和补抹踢脚板、墙裙的大面及上口，应与原有的踢脚板、墙裙接槎平整、通顺一致。

（7）水泥砂浆地面施工时容易出现起砂、起皮、空鼓现象，其产生原因以及防治措施

参考表 2-1-1。

水泥砂浆地面施工质量缺陷分析与防治措施　　　　　　表 2-1-1

项次	通病	产生原因	防治措施
1	起砂	1. 水泥标号低,受潮结块,安定性不合格。 2. 砂子过细,含泥量过大。 3. 砂浆太稀。 4. 砂浆终凝后抹压。 5. 养护过晚,养护期不足或受冻。 6. 地面强度未到便上人干活	1. 采用不低于 32.5 号的新鲜水泥;复验合格后方可使用。 2. 中砂(平均粒径 0.35～0.5mm)筛选,含泥量不大于 3%。 3. 按配合比计量配料,净拌不少于 2min。 4. 初凝前抹光,终凝前压光,收压至少 3 遍;不准收压过夜砂浆。 5. 手压砂浆不沾手,无压印迹立即盖草包,每天浇水三次,日夜保持草包潮湿,不得少于 7 昼夜。冬季应闭窗防冻,但仍应盖草包洒水养护,养护期间,不准上人
2	起皮	1. 撒干水泥面压光。 2. 洒水抹压。 3. 养护时浇水过早。 4. 表面早期受冻	1. 如砂浆表面泌水过多,只能撒 1∶1 干水泥砂子面压光,水泥砂子面应拌匀。 2. 严禁洒水收压,如砂浆过干,稍洒水,加搅拌均匀的水泥砂浆拍实压光。 3. 手压砂浆无压印迹再盖草包养护,冬施期间采用 42.5 或 52.5 普通硅酸盐水泥;水泥中可掺抗冻剂,但仍应注意养护
3	空鼓	1. 基层表面酥松。 2. 基层没有清洗干净。 3. 压实不够	1. 结构基层表面应坚实,如有酥松,应彻底铲除浮层,并清扫干净。 2. 基层应清除杂碴,冲洗干净,晾干,扫水泥素浆随即铺抹砂浆。 3. 砂浆刮平,搓平时应先压实

任务二　混凝土地面

【学习目标】

熟悉混凝土地面施工工艺。

【任务设置】

介绍津浦路西沽机场建筑概况,撰写混凝土地面施工说明。

【背景资料】

天津津浦路西沽机场由德国人于 1909 年承建,是当时中国火车机车车辆修理的重要基地。现存厂房为两坡顶大罩棚机修车间,砖木结构,外檐墙为硫缸砖清水墙。每个开间由砖砌半圆拱券支撑,并由三联拱券组成窗口。砖砌竖向线条装饰墙面,四个转角处由砖砌成出屋顶砖柱,如图 2-2-1 所示。

图 2-2-1　天津津浦路西沽机场

【相关知识】

混凝土地面一般是指细石混凝土地面，用 C20 普通细石混凝土做地面或楼面面层。其具有良好的整体性，较高的强度和耐磨性能，施工工艺简单，成本造价低，多用于工业与民用建筑一次抹面的地面工程。构造做法如图 2-2-2 所示。

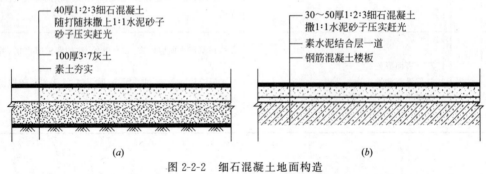

图 2-2-2　细石混凝土地面构造

（a）细石混凝土地面构造；（b）细石混凝土楼面构造

一、材料与技术要求

（1）水泥和砂浆要求见本情境概述。

（2）石子应选用坚硬、耐磨，良好级配的碎石或卵石，粒径不大于 15mm 及面层厚度的 2/3，含泥量小于 2%。

（3）细石混凝土的强度等级不得低于 C20。应使用机械搅拌，搅拌时间不少于 1min，要求拌合均匀，坍落度不大于 30mm，且随拌随用。

二、主要工序

三、新做细石混凝土地面施工工艺

1. 基层处理

把基层上的浮浆、落地灰等清理、打扫、刷洗干净；如有油污，应用 5％～10％浓度火碱水溶液清洗干净。并提前浇水润湿。

2. 找准标高

根据标高控制线和查勘设计厚度，在四周墙、柱上弹画出地面标高线。

3. 做饼冲筋

按控制标高拉水平线抹做找平墩，用与地面同种混凝土制作成同厚的找平墩 70mm×70mm 见方，其间距双向不大于 2m。有坡度要求的房间应按查勘设计坡度拉线，抹做坡度墩。面积较大的房间为保证地面平整度，还要做冲筋，形成控制标高的"田"字格，用刮尺刮平，作为混凝土面层厚度控制的标准。

4. 摊铺混凝土

在清理干净的基底上随刷素水泥浆随摊铺混凝土，从房间里边退着向外摊铺。

5. 振捣

摊铺混凝土的厚度略高于找平墩或冲筋，随摊铺随用平板振捣器振捣，至混凝土表面出现泌水为宜。

6. 找平撒干灰

混凝土振捣密实后，以墙柱上的水平线和找平墩、冲筋为标准，用刮杠将混凝土刮平，浮浆过多应用海绵吸走，再撒 1∶1 水泥砂子，用木抹子压平整。有坡度要求的地面，应按查勘设计的坡度用抹子搓压找坡。

7. 压光

当干撒水泥砂吸水后，用木抹子搓、压、抹，进行第一遍压光，使干拌水泥砂与混凝土的灰浆紧密接合，抹压致干水泥砂揉入混凝土出浆为止。

当面层混凝土灰浆初凝，即上人有脚印但不下陷时，用铁抹子把凹坑、砂眼填实抹平，完成第二遍压光。

再当面层混凝土灰浆终凝前，即上人有轻微脚印时，再用铁抹子用力抹压，进行第三遍压光，把所有抹纹压平压光，使面层表面平整、密实、光洁。

8. 养护

在抹做完成后，一般一昼夜左右进行覆盖和洒水养护，每天不少于 2 次，严禁上人，养护期至少 7 天。

四、细石混凝土地面修缮工艺

（1）按查勘设计核实地面损坏部位，用色笔圈画应修缮的范围，用快錾子轻轻剔掉损坏部位，同时检查垫层、基层，如有松动、空鼓、开裂等现象，也应剔除，并按照基层施工工艺补做好基层。

（2）基层完好的用钢丝刷刷洗干净，并浇水润湿。

（3）在铲抹或补抹部位，随刷水泥浆，随铺比较干硬的、与原地面同一颜色的混凝土，用木抹子拍实，比原地面略高一些用木刮杠刮平整，用木抹子搓压出浆，再撒 1∶1

或 1∶2 水泥砂干粉，待水泥砂吸水后，用木抹子搓抹平整。

（4）抹压和养护按上述新作细石混凝土地面工艺操作。

五、施工注意事项

（1）为防止面层空鼓开裂，施工中不得使用强度等级不够或过期水泥，砂子不得过细，应选用中砂和粗砂，配置混凝土应严格控制水灰比，坍落度不得过大。

（2）当铺抹厚度超过 200mm 时，应用插入式振捣器，插入振捣间距不应大于作用半径的 1.5 倍，应做到不漏振，确保混凝土振捣密实。

（3）三遍压光过程中，不得漏压欠压；振捣出浆后，不得撒干水泥面代替撒干水泥砂，确保均匀密实，避免起皮裂缝。

（4）为了防止空鼓开裂，每一道工序间衔接时间，必须严格把握，涂刷素水泥浆必须均匀，之后应即刻铺抹混凝土，每一遍压光应掌握好时间，三遍压光结束，应及时养护，以防地面起砂。

（5）修缮地面养护时，应注意地面接槎处的覆盖、洒水养护，防止收缩裂缝。剔凿留槎时，应大面规整，水平方向平顺，垂直方向成小坡槎。当垫层、基层也损坏时，其剔凿留槎与面层留槎应错开 50～100mm，成台阶形。铺抹混凝土前，应特别注意刷好接槎处的水泥浆，保证补做混凝土与原地面的粘结可靠。

（6）卫生间、厨房等有地漏的房间，应在冲筋和做灰饼时找好泛水，铺抹混凝土按照冲筋和灰饼控制高度。

任务三　现浇水磨石地面

【学习目标】

掌握现浇水磨石地面施工工艺。

【任务设置】

阐述天津原东莱银行建筑概况，撰写营业大厅彩色水磨石地面施工说明。

【背景资料】

天津原东莱银行，坐落于和平区平路 287 号，1997 年 6 月 2 日被天津市人民政府列为《天津市文物保护单位》，2009 年 4 月 3 日被天津市人民政府列为重点保护等级历史风貌建筑。

该建筑建于 1930 年，由贝伦特工程司设计，金融建筑，三层混合结构房屋，局部四层，外檐为混水墙面。主入口两侧为贯通两层的科林斯柱廊，檐部为山花，具有典型的仿希腊古典复兴建筑特征。三层为阁楼层，配方柱廊，入口处的阁楼层上设高耸的重檐圆形塔楼，使建筑主入口突出，同时建筑形式也增加了折中主义的成分。室内装饰考究，营业大厅内为彩色水磨石地面、大理石护墙板，充分显示了银行的实力，如图 2-3-1 所示。

东莱银行为中资银行，成立于 1918 年，1919 年设立天津分行。该行经营存、贷款及兑换外币、有价证券买卖等业务，1953 年结业。

图 2-3-1　天津市和平区平路 287 号原东莱银行

【相关知识】

现浇水磨石地面是在基层上铺抹水泥石粒浆，硬化后磨光而成（图 2-3-2），起源于 20 世纪，50 年代多用于有防尘和保洁要求的医院、实验室、候车室等，发展到 20 世纪 80 年代，普遍应用于学校、医院、办公楼甚至住宅等空间。水磨石地面面层可根据设计，拼成艺术图案，美观大方，平整光滑，坚固耐久，防水、防尘、防爆，易于清洁，施工质量易于控制，成本造价相对较低。但是，水磨石地面具有施工周期长，现场湿作业，用水量大，这些缺点导致今天已很少使用。今天水磨石多见预制块材，在工厂完成水磨石的材料拌制、铺贴、养护、打磨，现场进行镶贴，其施工工艺见块材地砖学习任务。

图 2-3-2　原天津市房管局职工大学教学楼地面

现浇水磨石地面，可分为普通水磨石地面和艺术水磨石地面。艺术水磨石地面是将地面设计成理想图案，用分格条将不同色彩和形状的水磨石分隔开来，凝结硬化后，整体打磨而成，如图 2-3-2 所示；普通水磨石地面是用分格条将配置好的石粒水泥浆，分隔成 1m×1m 或其他尺寸的方格，凝结硬化后打磨而成。现浇水磨石地面构造层次如图 2-3-3 所示。

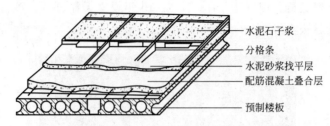

图 2-3-3　现浇水磨石地面构造

右侧标注（从上到下）：
水泥石子浆
分格条
水泥砂浆找平层
配筋混凝土叠合层
预制楼板

　　不论是艺术水磨石还是普通水磨石，均使用分格条，将地面分成格子或图案，其目的是减缓石粒浆在凝结硬化时的体积收缩开裂，同时，便于分块施工，且形成美丽图案，特别是选用铜条做分格条时，铜条金光闪闪，凸显其华丽。图 2-3-2 所示的原天津市房屋管理局大学教学楼大厅、走廊地面，使用至今已近三十年，仍保持原有色彩和光泽。

一、材料与技术要求

　　（1）水泥、颜料、分格条见本学习情境概述。

　　（2）石粒不应有风化石，表面不得有水锈及其他颜色，应洁净无瑕。使用前必须按照不同品种、规格、颜色分批在清水中淘洗，去除灰土杂质，晾干后，分仓存放，用苫布盖严。

　　现浇水磨石用石子最大粒径应根据水磨石面层厚度选定，一般宜比面层厚度小 1～2mm，通常选用的石子粒径有大三分（约 22～28mm）、大二分（约 20mm）、一分半（约 15mm）、大八厘（约 8mm）、中八厘（约 6mm）和小八厘（约 4mm）。此外，洁净的螺壳、贝壳，也可用于水磨石地面面层。

　　（3）草酸：草酸为白色结晶，块状或粉末均可。

　　（4）白蜡：应选用川蜡或成品地板蜡。

　　（5）铁丝：宜用 22 号铁丝。

　　（6）水磨石面灰材料参考体积配比见表 2-3-1。

水磨石面灰材料参考体积配比　　　　　　　　　　　　表 2-3-1

项次	石子规格	配比（水泥＋颜料：石子）	面层厚度（mm）	适用部位
1	一分半（约 15mm）	1：2	16～18	楼地面
2	大八厘（约 8mm）	1：（1.5～2.0）	12～15	楼地面
3	中八厘（约 6mm）	1：（1.2～2.0）	8～15	楼地面
4	小八厘（约 4mm）	1：（1.25～1.5）	8～10	楼地面
5	小八厘（约 4mm）	1：1.3	10	楼梯踏步

　　（7）水磨石彩色地面参考配色用料重量比见表 2-3-2。

水磨石彩色地面参考配色用料重量比　　　　　　　　　表 2-3-2

项次	水磨石颜色	水泥		颜料		石子	
		品种	用量	品种	用量	颜色	粒径（mm）
1	粉红	白水泥	100	氧化铁红	0.80	花红	4～6
2	深红	本色水泥	100	氧化铁红	10.30	紫红	4～6

续表

项次	水磨石颜色	水泥		颜料		石子	
		品种	用量	品种	用量	颜色	粒径(mm)
3	浅红	本色水泥	100	氧化铁红	2.06	紫红	4
4	深黄	本色水泥	50	氧化铁黄	7.66	奶油	4～6
		白水泥	50				
5	浅黄	白水泥	100	氧化铁黄	0.48	奶油	4～6
6	深绿	白水泥	100	氧化铬绿	9.14	绿色	4
7	翠绿	白水泥	100	氧化铬绿	6.50	绿色	4
8	深灰	本色水泥	50			花红	4
		白水泥	50				
9	浅灰	白水泥	100	氧化铁黑	0.30	灰色	4
10	咖啡色	本色水泥	50	氧化铁黑	2.90	紫红	4
		白水泥	50	氧化铁红	10.30		
11	黑色	本色水泥	100	氧化铁黑	11.82	黑	4
12	浅粉红	白水泥	100	东北红 氧化铁红 氧化铁黄	140 适量 适量	白	60kg
13	浅黄绿	白水泥	100	十三陵黄 丹东绿 氧化铁黄 氧化铬绿	100 100 0.04 0.015		
14	浅橘黄	白水泥	100	十三陵黄 氧化铁红 氧化铁黄	140 适量 0.02	白	60kg
15	黑白	白水泥	100			白 黑	180kg 20kg
16	绿色	白水泥	100	丹东绿 氧化铬绿	160 0.005	黑	40kg
17	赭石色	白水泥	100	晚霞 氧化铁黑 氧化铁红	160 0.04 0.02	黑	40kg

二、主要工序

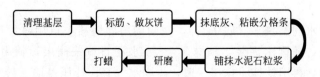

三、新做水磨石地面施工工艺

1. 基层清理

用钢丝刷清理基层，用水刷洗干净，在做找平层前一天浇水湿透。

2. 标筋、做灰饼

地面：按查勘设计地面找平层的标高、坡度拉线，刷水泥浆一道，用较干硬水泥砂浆做找平灰饼，以灰饼厚度为基准，用较干硬性水泥砂浆做出纵横标筋。标筋硬化后，浇水湿透基层，在两筋之间随刷水泥浆，随铺 1∶3 水泥砂浆找平层，用木抹子拍实，通长木杆刮平，待砂浆稍收水，用木抹子按标高、坡度线在表面搓毛打平。表面平整度偏差不超过 3mm。

墙裙：按查勘设计墙裙的高度弹线，用托线板靠吊找垂直定出灰饼厚度，刷水泥浆一道，用较干硬水泥浆做灰饼，拉线刷水泥浆用较干硬性水泥砂浆做标筋，标筋硬化后，刷水泥浆，随即在两筋之间随用 1∶2.5 水泥砂浆薄薄抹一遍底子灰，紧跟着抹第二遍灰，随用木杆刮平，用木抹子搓抹平整。做到墙面垂直，阴阳角方正。

3. 抹底灰粘嵌分格条

底灰铺抹 12~24h 后，按设计要求，在找平层上弹画出图案分格线，设计无要求时，按照 1m×1m 分格，从中间向四周分格弹线，非整块设在四周。粘嵌分格条时，用靠尺板紧靠分格线，把分格条紧贴靠尺板，用稠水泥浆抹成 30°角，比分格条低约 3mm（粘七露三如图 2-3-4 所示）。移开靠尺板，立即在玻璃条的另一侧同样抹上稠水泥浆，再用毛刷蘸水轻轻刷一遍。若为铜条应用打眼穿钉固定，铝条应先经氧化处理后再镶嵌。镶条后，应拉 5m 长通线检查，不合格的及时处理。镶条一天后，洒水养护 3 天，并做好围挡保护，防止碰坏。分格条粘嵌示意见图 2-3-4。

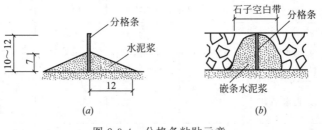

图 2-3-4 分格条粘贴示意

（a）正确粘贴；（b）错误粘嵌

4. 铺抹石粒浆面

地面：清除积水，随刷与地面颜色相同的水泥浆，随抹 1∶2 水泥石粒浆。先抹好镶条边，再由中间向四周扩散抹平。罩面石粒浆应高出镶条约 1~2mm。搓抹找平后，在表面均匀地撒一层石粒，随即用压辊横竖压两遍，压出浆后，在用铁抹子抹平。在滚压过程中，如发现表面石粒偏少、不均匀可在水泥浆较多处补撒石粒拍平、压实，次日开始养护。

墙裙：提前浇水润湿找平（底子灰），在阴阳角即墙裙上口用靠尺按水平线、垂直线找规矩贴好靠尺板，随刷水泥浆，随抹 1∶1.5 水泥石粒浆面层，随用木抹子拍压抹平。用毛刷蘸水刷一遍，再用铁抹子抹压一遍，再刷水一遍，抹压一遍。最后用毛刷蘸水，将表面水泥浆轻轻刷去，均匀地露出石粒。注意切勿刷得太深。

5. 养护

石粒浆抹完一天后，地面满铺锯末，墙裙盖麻袋片浇洒水养护，防止踩踏、磕碰损坏。当温度在 20～30℃时，机磨养护 2～3 天，人工磨养护 1～2 天；温度在 10～20℃时，机磨养护 3～4 天，人工磨养护 1.5～2.5 天；温度在 5～10℃时，机磨养护 5～6 天，人工磨养护 2～3 天。

6. 研磨

地面：研磨一般采用"三磨二浆"法。大面磨光应使用磨石机磨光。

（1）首先用粒度 60 号～90 号粗金刚石砂轮，按"8"字形磨第一遍，边磨边洒水，边清扫磨浆，保证磨盘下有水，随时用 2m 靠尺检查平整度。用清水刷洗干净，经检查合格稍干后，涂擦上与面层同色水泥浆，填补砂眼、凹坑、气泡孔和个别掉落的石粒坑。一天后洒水养护，常温 2～3 天。

（2）用粒度 90 号～120 号金刚石砂轮磨第二遍，方法同第一遍。研磨至石粒显露均匀、表面光滑为止，面层清洗晾干后，涂擦第二遍同色水泥浆，养护 2～4 天。

（3）再用粒度 180 号～200 号金刚石砂轮磨第三遍，方法同第一遍。磨至表面石子颗颗显露均匀，平整光滑，无磨纹和细孔。用清水刷洗干净后，满涂草酸溶液（热水：草酸＝1：0.35，重量比，溶化冷却后用）一遍。随即用粒度 240 号～300 号油石磨光，酸洗露出水泥和石粒本色再用清水冲洗干净。

墙裙：在罩面抹石粒浆后，常温 1～1.5 天，低温及冬季 2～3 天，即可用粒度 60 号～90 号金刚石砂轮手磨第一遍。先竖磨后横磨，将石粒磨平、磨透、磨均匀，阴阳角磨圆，经检查合格后，涂擦水泥浆。养护 1～2 天后，用粒度 90 号～120 号金刚石砂轮磨第二遍，涂擦水泥浆，再同样进行养护。用粒度 180 号～200 号金刚石砂轮磨第三遍，磨至表面石粒显露，平整光滑，用清水刷洗干净。满涂草酸溶液，用 240 号～300 号油石磨光。酸洗露出水泥和石粒本色用清水冲洗干净。

7. 打蜡

将水磨石地面、墙裙、踢脚板刷洗晾干至表面发白后，用干布擦净。将蜡包在洁净的薄布或包布蘸成品蜡，薄薄地满涂一层在地面上。干后，用钉有细帆布（或麻布）的定型木块，装在磨盘上进行打磨。以同样方法涂蜡打磨第二遍，人工涂蜡打磨也是两遍。地面涂蜡磨至表面光亮、整洁、颜色一致。墙裙成活，铺打蜡也用包布涂蜡，人工打磨出光亮。

四、修补水磨石地面

（1）按查勘设计划定损坏的应修部位，用云石锯切割和合金钢块錾子剔凿掉损坏部位的水磨石地面。有分格条的地面以分格块为准，并保护好原有保留的分格条；没有分格条的地面、墙裙，以切割、剔凿掉损坏部位为准，应大面槎子规整，水平方向顺直，垂直方向宜为小坡槎。

（2）检查原有垫层找平层，剔除松散、空鼓、开裂等部位。按上述基层清理工艺补抹好找平层，同时应特别注意接槎处需要刷好水泥浆，接槎严密、平整。

（3）按样板配比拌制水泥石粒浆，铺抹水泥石粒面层。新抹的水泥石碴面层应比原有面层高出 2～3mm，并仔细处理好新旧接槎，再按研磨打蜡工艺进行水磨、打蜡。

五、施工注意事项

1.粘嵌十字交叉分格条时，应紧靠成十字，距十字中心点 14～20mm 范围不抹水泥浆，以使得石粒能够嵌入十字交叉分格条周边，保证石粒分布均匀，避免在十字交叉分格条区域形成无石粒区。分格条粘嵌时，应每粘嵌完成一条，拉线检查分格条平直度和上口水平度，误差不超过 1mm。如图 2-3-5 所示。

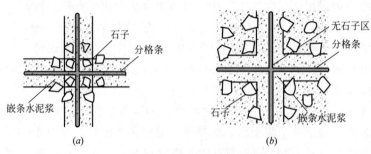

图 2-3-5　分格条交叉处粘嵌
（a）正确做法；（b）错误做法

2.对于结构为预制孔板或房心土回填首层地面，梁顶和门槛墙体的两边，时常发生不规则裂缝，严重影响最终装饰效果，建议粘嵌并排双分格条，使得面层水泥收缩在双分格条处产生。待裂缝稳定，可用软膏封闭分格条间缝隙。

3.当同一面层出现多种颜色时，应先做深色，后做浅色；先做大面后做小面。并且，应在前一种色浆凝固后，再抹后一种色浆。不同颜色色浆不可同时铺抹。磨石应先擦深色浆，后涂浅色浆。彩色石粒浆养护时，不可使用锯末覆盖，避免锯末颜色污染面层。

4.水泥石粒浆应按设计和试做样板配料，并应计量准确、搅拌均匀。特别是修缮工程，必须试做样板，干燥后和原地面进行对比，施工时按照试做样板配料。

5.开磨时间，应依温度、水泥品种、强度等级不同，进行试磨，以石粒不松动，磨不掉为准。磨石机应用力均匀，行走平稳，使石粒磨透、磨平，均匀无磨纹，无道痕，全部分格条露出，边角处用手工磨出。

6.由于踢脚线与地面相连，所以施工工艺与地面相同，并应与地面同时完工。此外，房间与走道的水磨石面层也应同时施工，使室内外面层平整度一致。

7.现制水磨石地面施工时易出现分格条不直、显露不全、偏歪以及面层颜色不匀、石子分布不均，靠近分格条处缺石子等质量问题，质量通病产生原因分析与防治措施参考表 2-3-3。

现制水磨石地面施工质量缺陷与防治措施　　　　　　　　　　　　表 2-3-3

项次	质量通病	产生原因	防治措施
1	空鼓	1.底层（找平层）与基层粘结不牢。 2.面层与底层粘结不牢	1.结构层应铲除浮层，并清洗干净；采用 42.5 号普通硅酸盐新鲜水泥，粗（中）砂，含泥量不大于 3%，砂浆稠度不大于 35mm；计量配料，并搅拌 2min；铺砂浆前应先湿润基层，扫水泥素浆一层。 2.底层（找平层）砂浆必须浇水养护坚实，表面应搓毛；铺水泥石子浆前底层应浇水湿润，扫新鲜水泥素浆薄薄一层，不应有积水；水泥石子浆铺后应压实

续表

项次	质量通病	产生原因	防治措施
2	裂缝	1. 地基夯土下沉。 2. 预制圆孔板刚度差,灌缝不密实	1. 地基回填土应分层夯实,分层取样检验密实度,并保证密实度合格;填土较深时,混凝土垫层应加厚加钢筋网。 2. 采用预应力圆孔板坐浆安装,提高楼板刚度;楼板端头及两侧灌缝,应采用不低于 C20 细石混凝土,板缝先清除灰渣浇水湿润,浇灌时插捣密实,浇水养护5~6 天;梁顶及门槛墙体两边嵌双嵌条,裂缝在嵌条之间发生,处理简便
3	分格嵌条不顺直、显露不全、不清晰、边缘缺石子	1. 嵌条后未检查平直度。 2. 底层砂浆表面不平,嵌条后未检查上口水平度。 3. 嵌条粘贴方法不当	1. 底层分格条弹线后应跟线压靠尺,嵌条贴尺粘贴,每条应拉线检查,调整平直度。 2. 底层应弹标高线,做灰饼,标筋;铺抹砂浆时,严格控制平整度;分格条粘贴后应检查嵌条上口水平度,不合格处应返工调平。 3. 粘贴分格条的水泥浆应按"埋七留三"法操作,十字交叉处留 20mm 不粘水泥浆,使石子能铺入嵌条边缘
4	玻璃嵌条断缺、偏歪	1. 玻璃嵌条被滚筒压断、压碎。 2. 玻璃条被挤偏	1. 铺水泥石子浆时应高出嵌条 1~2mm;在滚压时及时清除玻璃条上的石子。 2. 水泥石子浆宜稠不宜稀,填入玻璃条两边的石子应饱满均匀一致;滚压时专人负责检查在空隙部位填补石子
5	石子地面颜色不一,石子分布不均匀	1. 材料批号改变,配料计量不准。 2. 石子浆搅拌不均匀	1. 所用材料应同一批号,同一规格,同一颜色,色浆石子,水泥加颜料应一次配齐过筛装包,按规定的配合比,专人计量配制。 2. 应采用机械搅拌,拌合应均匀,每机搅拌时间应一致
6	彩色污染	1. 两种不同颜色的石子浆互串。 2. 被结合层素浆污染。 3. 被覆盖物污染	1. 严格控制石子浆的水灰比,不能过稀;多种色彩的地面,先铺深色石子浆,后铺浅色石子浆;严格控制不同颜色的石子浆漫过嵌条。 2. 刷素浆的水泥,应与石子浆同颜色。 3. 彩色水磨石养护不应覆盖锯末,避免木质色素污染石子
7	表面光洁度差,有细孔	磨光遍数不够,擦浆不严实	坚持"三磨二浆"法,每次磨完,应冲洗洁净,晾干,补浆应用擦浆法,填实细孔;涂草酸后用 320~340 号油石再细磨一遍
8	室内与走道门洞口平整度误差较大	1. 走道与室内地面没有一同施工。 2. 磨光时没有跨门洞检查平整度	1. 走道与室内地面应一次弹好底层标高线,并同时施工。 2. 头遍、二遍磨光时,应随时用靠尺跨门检查平整度,保证内外一致

任务四　缸砖、陶瓷砖和水泥花砖地面

【学习目标】

掌握缸砖、陶瓷砖和水泥花砖地面施工工艺与质量标准。

【任务设置】

撰写陶瓷砖和水泥花砖地面施工说明。

【相关知识】

1. 关于缸砖、陶瓷砖、水泥花砖

缸砖是用陶土为主要原料烧成的地面砖。具有强度高、耐磨、化学稳定性好、易清洗、不燃烧、耐久性好等许多优点，工程中应用较广泛。一般有方形或多边形，呈暗红色。

水泥花砖其主要原料为普通水泥或白水泥，并掺加适量的各种颜料，经机械拌合，压制成型并在其上雕刻花纹，经充分养护而成。它质地硬、光滑耐磨、色彩鲜亮、价格低廉，适用于做楼地面和台阶面层。

陶瓷砖是由黏土和其他无机非金属原料，经成型、烧结等工艺生产的板状或块状陶瓷制品，通常在室温下通过干压、挤压或其他成型方法成型，然后干燥，在一定温度下烧成。陶瓷砖依据施釉状况分为有釉砖和无釉砖，可用于室外也可用于室内。（摘自360百科）

选择地砖的时候，可根据设计风格和使用空间的功能要求，根据实地布局，从地砖的规格、色调、质地等方面进行筛选。质量好的地砖规格大小统一，厚度均匀，地砖表面平整光滑、无气泡、无污点、无麻面、色彩鲜明、均匀有光泽、边角无缺陷、不变形，花纹图案清晰，抗压性能好，不易坏损。

选购陶瓷墙地砖时，应注意以下几点。

（1）从包装箱中任取一块，看表面是否平整完好。有釉面的其釉面应均匀、光亮、无斑点、无缺釉、无磕碰，四周边缘规整，图案完整。

（2）取出两块砖，拼合对齐，中间缝隙越小越好。再看两砖图案是否衔接、清晰，有些图案上用四块砖拼合完整的，把这一箱砖全部取出，平摆在一个大平面上，从稍远的地方看这些砖的整体效果，其色泽应一致，如有个别砖的颜色深浅不一，出现色差，就会影响整体装饰效果。

（3）把这些砖一块挨一块摞起，观察这些砖是否有翘曲变形现象，比较各砖的长、宽尺寸是否一致。

（4）拿一块砖敲击另一块砖，或用其他硬物去敲击，如果声音异常，表明砖内有重皮或裂纹。

2. 新型地砖

（1）仿花岗岩地砖

仿花岗岩地砖是一种全玻化、瓷质无釉墙地砖。它以高塑性黏土、石英、长石和一些添加剂为原料，经配料、粉碎、造粒、成型、干燥，最后在辊道窑内快速一次烧成。该种墙地砖玻化程度高、坚硬、吸水率低（<1%）、抗折强度高、耐磨、抗冻、耐污染、耐久。可制成麻面、无光面或抛光面。

仿花岗岩墙地砖的规格有200mm×200mm、300mm×300mm、400mm×400mm、500mm×500mm等，厚度为8mm或9mm。可用于会议中心、宾馆、饭店、图书馆、商

场、车站等的墙地面装饰。

（2）渗花砖

渗花砖的生产不同于在坯体表面施釉的墙地砖，它是采用焙烧时可渗入到坯体表面下1～3mm 的着色颜料，使砖面呈现各种色彩和图案，然后经磨光或抛光表面而成。渗花砖强度高、吸水率低，特别是已渗到坯体的色彩图案具有良好的耐磨性，用于铺地经长期磨损也不脱落、不褪色。

渗花砖常用的规格有 300mm × 300mm、400mm × 400mm、450mm × 450mm、500mm×500mm 等，厚度为 7～8mm。渗花砖不仅强度高、耐磨、耐腐蚀、不吸脏、经久耐用，而且表面抛光处理后光滑晶莹，色泽花纹丰富多彩，可以做出仿石、仿木的效果，广泛应用于各类高级建筑和现代住宅的室内外地面和墙面的装饰。

3. 玻化墙地砖

玻化墙地砖也称全瓷玻化砖，是坯料在1230℃以上的高温下，使砖中的熔融成分呈玻璃态，具有玻璃的亮丽质感的一种新型高级铺地砖。玻化砖烧结程度很高，坯体致密。虽然表面不上釉，但吸水率很低（小于 0.5%）。该种墙地砖具有强度高（抗压强度可达46MPa）、耐磨、耐酸碱、不褪色、易清洗、耐污染等特点。主要色系有白色、灰色、黑色、黄色、红色、蓝色、绿色、褐色等。调整其着色颜料的比例和制作工艺，可使砖面呈现不同的纹理、斑点，使其极似天然石材。玻化砖有抛光和不抛光两种。主要规格有300mm×300mm、400mm×400mm、450mm×450mm、500mm×500mm 等。适用于各类大中型商业建筑、旅游建筑、观演建筑的室内外墙面和地面的装饰，也适用于民用住宅的室内地面装饰，是一种中高档的饰面材料。

一、材料与技术要求

（1）缸砖、陶瓷砖、水泥花砖的品种、颜色、规格、尺寸按查勘设计选择。

（2）釉面砖釉面平滑、细腻、晶莹亮泽；无光釉面柔和、舒适；产品之间色调基本一致。

（3）地砖规格尺寸统一，边直面平；花色图案细腻、逼真、没有明显的缺色、断线、错位等缺陷。

（4）铺地砖要有一定的粗糙度和带有凹凸花纹的表面，增加防滑性。

二、主要工序

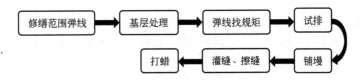

三、拆做缸砖、陶瓷砖或水泥花砖地面施工工艺

（1）用合金钢块錾子剔凿掉原有缸砖地面，并清理干净。当垫层找平层损坏时，按前述有关操作工艺修补好垫层和找平层。

（2）用钢丝刷清刷垫层、基层，用水洗刷干净。在做找平层前一天，将垫层、基层适当浇水。

（3）按墙面弹画的水平控制线，在基层上刷水泥浆做灰饼，有地漏的房间应找好坡度做灰饼，依灰饼的厚度，刷水泥浆用 1∶2.5 较干硬性水泥砂浆冲筋，其间距约 1.5m。在两筋之间随刷水泥浆，随铺 1∶3 较干硬性水泥砂浆找平层（稠度不大于 30mm），随用木抹子拍实，木杠刮平，再用木抹子搓压平整。

（4）按查勘设计或原状的碰缝与留缝要求，在找平层上的纵横两个方向摆砖排缝；找好方正，弹好纵横控制线。

（5）铺墁地砖：

1）留缝铺墁：先浇水湿润找平层，有镶边时，应先铺墁圈边。大面铺墁应根据摆砖排缝尺寸拉线，从距门口远端到近或中间开始向两边进行。随刷水泥浆，随在横向薄薄铺水泥砂浆，随铺墁几行砖，找好规矩再按顺序退着铺墁。纵缝以线为准。铺墁缸砖、陶瓷砖时，应随铺墁随调直拔缝，用木锤垫硬木板，按铺砖顺序轻轻敲打拍平、拍实，及时更换坏砖，取出分格条。

2）碰缝铺墁：也应先浇水湿润找平层，从距门口远端开始，按摆砖排缝拉线。随刷水泥浆，随薄薄铺水泥砂浆随铺墁，随用木槌垫硬木板敲实、找平。在第二遍垫硬木板用木槌敲平、拍实。

（6）一天后，留缝地砖用 1∶1 水泥中细砂浆轻轻勾缝，并凹进 2～3mm，随即将砖面刮擦干净。碰缝地砖用 1∶1 水泥细砂浆灌满缝，再用 1∶1 水泥细砂干粉扫缝，同时修整不平的面砖，并轻轻刮擦清扫干净。

（7）铺墁刮擦清扫干净一天后，满铺锯末或盖草袋洒水保持湿润，养护 5～7 天，在养护中不准上人踩踏。

四、补做缸砖、陶瓷砖或水泥花砖地面

（1）选择与原有地面的品种、规格、尺寸、颜色一致的缸砖、陶瓷砖或水泥花砖。按查勘设计，用云石锯和合金钢块錾子切割、剔凿掉已损坏的缸砖、陶瓷砖或水泥花砖及损坏的找平层。按有关操作工艺修补好已损坏的垫层、找平层。

（2）用钢丝刷清刷垫层找平层，用水刷洗干净，并提前浇水湿透。

（3）按原有地面的缝隙、标高、图案拉线，在找平层上随刷水泥浆，随用 1∶1 较干硬性水泥砂浆，将缸砖、陶瓷砖或水泥花砖补墁就位，随用木槌垫硬木板拍敲平整，挤紧密实牢固。

（4）按勾缝或灌缝操作工艺勾缝，将表面的灰浆等轻轻刮擦干净。

（5）补铺墁、刮擦干净缸砖、陶瓷砖或水泥花砖，一天后，满铺锯末或盖草袋，适当洒水保持湿润，养护 5～7 天。

五、施工注意事项

（1）屋顶平台面砖的缝子应适当加大，并勾实、勾严；铺墁前必须先修补做好防水层，特别应处理好根、边、檐等，确保屋面不渗漏。

（2）摆砖弹线时，应注意图案花纹衔接、对称准确。当设置分格条时，应提前按查勘设计在找平层上弹线，稳固好分格条后再行墁砖。勾缝刮擦时，脚下适当垫板，动作要

轻，防止把砖踩活动、碰走样。

（3）补做地砖切割、剔凿时，动作要稳、准、快，不得损坏拟保留的缸砖、陶瓷砖或水泥花砖的棱角。刷水泥浆时，应特别注意刷好接槎处的水泥浆，水泥砂浆找平层，其标高应低于原找平层约 5mm。

（4）缸砖、陶瓷砖和水泥花砖地面施工时常会出现空鼓、起拱，相邻砖块高低不平，房间出现大小头等问题，质量通病原因分析和防治措施参考表 2-4-1。

缸砖、陶瓷砖和水泥花砖地面施工质量缺陷和防治措施　　　　　表 2-4-1

项次	通病	产生原因	防治措施
1	空鼓、起拱	1. 结合层施工时，水泥素浆干燥或漏刷。 2. 结合层砂浆太稀；或粘结浆处理不当。 3. 块材未浸泡。 4. 外地面受温度变化胀缩起拱	1. 铺结合层水泥砂浆时，基层上水泥素浆应刷匀；不漏刷，不积水，不干燥；随刷随铺摊结合层。 2. 结合层砂浆必须采用干硬性砂浆；铺砖粘结采用湿浆板底括浆法或撒干水泥时应浇湿，铺贴后，砖必须压紧。 3. 铺块前，块材应用洁水浸泡 2～3h，取出晾干即用。 4. 外地坪必须设置分仓缝断开
2	相邻两块板高低不平	1. 材料厚薄不一。 2. 个别厚薄不均的块材未作处理	1. 剔除不合格产品。 2. 个别厚薄不均者，可用砂轮打磨或挑出不用
3	铺贴房间面层出现大小头	1. 房间本身宽窄不一。 2. 受铺砖缝隙影响	1. 做内粉刷时，房间内的纵横净距尺寸，必须调得一致。 2. 铺砖时，严格按施工控制线控纵、横缝隙一致
4	砖面污染	1. 砖面受水泥浆污染。 2. 未及时擦除砖面水泥浆	1. 无釉面砖有强吸浆性，严禁在铺好的面砖上直接拌合水泥浆灌缝；可用浓水泥浆嵌缝。 2. 缝隙中挤出的水泥浆应即时用棉纱擦干净

任务五　大理石、花岗岩地面

【学习目标】

掌握大理石、花岗岩地面的施工顺序，能够撰写大理石、花岗岩地面施工说明。

【任务设置】

收集天津市张福运旧宅建筑资料，撰写张福运旧宅正门门厅大理石地面修缮施工说明。

【背景资料】

常德道 2 号（张福运旧宅）这处宅院是以张福运之妻、李鸿章嫡孙女李国秦的名义购地兴建，为二层砖木结构独立式住宅，外立面为红砖砌筑墙面，多坡筒瓦屋顶。建筑立面在主入口处呈对称布局，其拱券式雨篷设计新颖别致，引导性强。建筑内部装修精美，正门门厅铺彩色大理石地面，入口有两根水磨石饰面的圆柱，承托着井字格筒顶拱券，线条流畅，工艺精美。一楼过道及各房间为人字地板，房间内设有不同风格的壁炉。二楼卧室带阳台和卫生间，条形木地板，顶棚中间和周边用花饰灰线装饰，走廊附墙壁柱为罗马塔司干柱式。建筑尺度舒适，比例匀称，功能齐全，外观大方。建筑四周辅以绿树成荫的花园，是典型的欧洲庭院式住宅。

该建筑于 2013 年保护修缮后，现为商业用房对外开放。

【相关知识】

天然大理石其主要成分以碳酸钙为主，由于大理石一般都含有杂质，而且碳酸钙在大气中受二氧化碳、碳化物、水气的作用，也容易风化和溶蚀，而使表面很快失去光泽。所以少数的，如汉白玉、艾叶青等质纯、杂质少的比较稳定耐久的品种可用于室外，其他品种不宜用于室外，一般只用于室内装饰面。天然大理石具有质地组织细密、坚实，抛光后光洁如镜，纹理多比花岗岩舒展、美观。

天然花岗岩结构均匀，抗压强度大，耐磨性好，耐酸性好，抗风化性及耐久性高，使用年限为数十年至数百年，高质量的可达千年。但耐火性差，容易爆裂；质地坚硬，不易开采和加工；且质量大，容易增加建筑物的负荷。花岗岩的颜色由石英石、云母等矿物的种类和数量决定，通常有灰、白、黄、粉、红、纯黑等多种颜色，具有很好的装饰性，其中以深色的花岗岩较为名贵。另外花岗岩经磨光处理后光亮如镜，质感强，有华丽高贵的装饰效果，而细琢板材有古朴坚实的装饰风格。由于花岗岩不易风化变质，多用于墙基础和外墙饰面，也用于室内墙面、柱面、窗台板等处。又因其耐磨性好，常用于宾馆、饭店、礼堂等大厅的地面，如图 2-5-1 所示。此外，花岗岩还是露天雕刻的首选之材。花岗岩板材的表面加工程度不同，表面质感也不一样，一般镜面板材和细面板材表面光洁光滑，质感细腻，多用于室内墙面和地面，也用于部分建筑的外墙面装饰，铺贴后形影倒映，顿生富丽堂皇之感；粗面板材表面质感粗糙、粗犷，主要用于室外墙基础和墙面装饰，有一种古朴、回归自然的亲切感。

图 2-5-1　大理石地面

一、材料与技术要求

（1）块材品种、规格、花色等应符合查勘设计和有关技术规定，外观颜色一致、表面平整，边角齐整，无翘曲、裂纹等缺陷。

（2）粘贴块材所用水泥、砂浆等材料符合设计要求，设计无要求时应遵循本学习情境前言所述。

二、主要工序

三、新做（翻修）大理石、花岗岩楼地面施工工艺

1. 基层处理

用钢丝刷清刷垫层、基层，用水洗刷干净，在抹找平层的前一天将垫层、基层浇水闷透。按查勘设计地面找平层的标高、坡度拉线，刷水泥浆用较干硬水泥砂浆做找平灰饼，再拉线刷水泥浆，用较干硬性水泥砂浆冲筋。在两筋之间随刷水泥浆，随铺 1∶3 水泥砂浆找平层，随用木抹子拍实木杠刮平，再用木抹子按标高、坡度搓压平整。

2. 弹线找规矩

根据墙面水平基准线，在四周墙面上弹出楼地面面层标高线和水泥砂浆结合层线。结合层厚度一般为 25～30mm，据此控制结合层的厚度、面层平整度和标高，对有坡度要求的地面，应弹出坡度线。

3. 试排、试拼

按查勘设计和弹出的标高线，在找平层上从房间四周找方、找中、弹好十字线，在房间地面纵横两个方向，铺两条略宽于板块的干砂带，根据图样摆放大理石（花岗石），拉线校正方正度，以及校正房间、走道、门口边角等较复杂部位之间的位置关系，缝宽控制在 1mm 以内。为了保证铺板时图案准确，面板搭接规整，经查勘设计和有关技术部门人员检查合格后，将试铺的大理石板按纵横两个方向排列编号，然后按编号将大理石板分类码放整齐。

4. 铺板

待涂刷防护剂的大理石（花岗岩）提前在水中浸泡、阴干、找平层洒水湿润后，按大理石（花岗岩）板试铺拼排时的编号和分段标准块、标筋拉线。由房间远端从中间向两侧退着镶铺。随刷水泥浆，随摊铺较干硬性的 1∶3 或 1∶4 水泥砂浆层，用木抹子拍实、抹平，随搬挪大理石（花岗岩）板试铺，对好纵横缝，用橡皮锤轻轻敲打大理石（花岗岩）板，铺平、找直，挤实水泥砂浆达到设计标高和坡度后，再轻轻搬起大理石（花岗岩）板，移至一旁，及时修补其下的水泥砂浆层。随在砂浆层上满浇水泥浆结合层，随将大理石（花岗岩）板四角同时平稳放在砂浆层上，或在大理石（花岗岩）板底面满刮铺水泥素灰浆，再将大理石（花岗岩）四角同时平稳放在砂浆层上，用橡皮锤轻轻敲打，随用水平尺和直尺找直找平。铺好一块，再镶铺另一块，再依次退着镶铺。

5. 灌缝、擦缝

镶铺一天后，盖塑料薄膜或麻袋片洒水养护，保持湿润，经检验合格后，用同色水泥浆勾缝灌缝，灌缝1～2h后，用棉纱蘸色浆擦缝，之后用棉纱将板面上的灰浆擦干净，铺上湿锯末养护，3天内不得上人。

6. 打蜡

待水泥砂浆结合层强度等级达到70％以上，首先用草酸溶液清洗，清水冲净晾干，晾干至表面发白后，用干布擦净，再将蜡包在洁净的薄布或包布蘸成品蜡，薄薄地满涂一层在地面上。干后，用钉有细帆布（或麻布）的定型木块，装在磨盘上进行打磨，两遍成活。

四、大理石（花岗岩）地面修补

（1）按查勘设计划定的修补范围，用云石锯和合金钢块錾子精心切割、剔凿掉损坏部位的大理石（花岗岩）板块，同时将损坏的垫层也切割、剔除，露出新槎。

（2）检查找平层，如有损坏也应用云石锯、合金钢块錾子切割剔去损坏部位，刷洗干净，浇水湿润，刷好接槎处的水泥浆，修补好找平层。

（3）将找平层浇水湿润后，按照新作大理石（花岗岩）地面操作工艺镶铺与原大理石（花岗岩）地面的品种、规格、尺寸、颜色一致的大理石（花岗岩）板块，铺板、养护、灌缝擦缝、打蜡。

五、大理石、花岗岩踢脚板镶贴

（1）按已做好的大理石（花岗岩）地面或墙面的水平控制线，弹画好踢脚板的上口水平线。

（2）先将墙面清理干净，提前浇水湿润，按弹画好的踢脚板上口水平线，用1∶3水泥砂浆打底找规矩，用木抹子压实、搓平搓毛底层灰。

（3）在底层灰上由阳角向两侧镶贴，阴阳角的交角处各锯割成45°角。镶贴时，上口挂水平线，将已湿润阴干的大理石（花岗岩）踢脚板背面抹上1∶1水泥砂浆或2～3mm厚的水泥素浆，随按水平挂线镶贴，随用木槌轻轻敲击挤实，用水平尺找平、靠尺找直，及时将踢脚板面和上口的灰浆、污染擦拭干净。

（4）第二天，用与大理石、花岗岩踢脚板相同颜色的水泥浆擦缝，并将板面擦拭干净。待水泥砂浆达到查勘设计强度等级的70％时，再涂擦草酸、洗净、打蜡、擦亮。

六、施工注意事项

（1）在房间四周有镶边装饰时，应先镶铺圈边，再镶铺大面。凡与走道直接连通的房间，应拉通线分块布置对称，走道与房间颜色不同时，分色线应留在门扇下。

（2）当镶铺大理石（花岗岩）板对缝大面局部不平时，应磨平、磨光。

（3）修补大理石地面剔凿损坏地面时，不得损伤损坏部位四周的大理石（花岗岩）板块的棱角。

（4）粘贴大理石和花岗岩地面时常出现板块空鼓、相邻板块有高低差等施工质量缺陷，质量问题出现原因分析和防治措施参考表2-5-1。

大理石和花岗岩地面施工质量缺陷与防治措施　　　　　　　　表 2-5-1

项次	质量通病	产生原因	防治措施
1	板块空鼓	1.基层处理不洁净,结合不牢。 2.结合层砂浆太稀。 3.基层干燥,水泥素浆刷得不匀或已干。 4.结合层砂浆未压实。 5.铺贴不当	1.基层应彻底消除灰渣和杂物用水冲洗干净、晒干。 2.必须采用干硬性砂浆。砂浆应拌匀、拌熟,切忌用稀砂浆。 3.铺砂浆先湿润基层,水泥素浆刷匀后,随即铺结合层砂浆。 4.结合层砂浆应拍实揉平搓毛。 5.面板铺贴前,板块应浸湿、晾干,试铺后,浇水灰比为0.45的水泥素浆正式铺镶。严禁撒干水泥面铺贴。定位后,将板块均匀轻击压实
2	板接缝高低差偏大	1.板块直角度偏差大,板厚薄不均匀。 2.操作检查不严	1.用"品"字法挑选合格产品,剔除不合格品;对厚薄不匀的板块,采用厚度调整器在背面抹砂浆调整板厚。 2.应采用试铺方法,浇浆宜稍厚一些,板块正式就位后,用水平尺骑缝搁置在相邻的板块上,边轻捶压实边检查接缝,直至板面齐平为止

任务六　碎拼大理石（花岗岩）地面

【学习目标】

掌握碎拼大理石地面修缮施工工艺和质量标准。

【任务设置】

撰写碎拼大理石地面修缮施工工艺。

【相关知识】

碎拼大理石（花岗岩）地面是工厂生产和工地施工中产生的不规则、不同颜色的天然大理石（花岗岩）板块边角碎块，铺墁成各种花色图案的地面面层，具有乱中有序、清新、奇特、美观的特点，使废料得以利用，且造价低，装饰效果好，可用于高级住宅、展览馆、宾馆地面和通廊部位地面。如图 2-6-1 所示。

图 2-6-1　碎拼大理石地面

一、材料与技术要求

（1）铺墁所用大理石边角碎块，应选用颜色协调、厚度一致、不带有尖角的板块。

（2）用于灌缝的石粒，可根据设计选用白石粒或色石粒，也可使用边角碎料破碎后的石粒，粒径根据碎拼大理石（花岗岩）地面缝宽选用。

二、主要工序

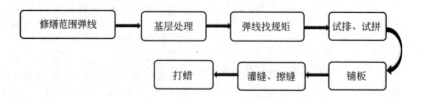

三、大面积碎拼大理石（花岗岩）地面翻修施工工艺

（1）按查勘设计和修缮方案划定的范围，用云石锯和合金钢块錾子锯和剔凿掉旧有地面或损坏部位的地面，清除干净。其垫层、保留层的损坏部位，并修补垫层。

（2）用钢丝刷清刷基层，用水刷洗干净，在做找平层的前一天，将基层浇水闷透。

（3）按现浇水磨石地面找平层操作工艺修补抹做好找平层。

（4）按查勘设计和墙面的水平控制线，找中、弹线、定出地面标高线。做出碎拼大理石（花岗岩）地面分段标准块基准筋。

（5）按查勘设计图案拼摆大理石（花岗岩）板块，协调大理石（花岗岩）板块的颜色、形状和大小，参照大理石地面操作工艺碎拼、镶铺。

（6）当水泥浆结合层具有一定强度后，按查勘设计要求的石碴品种、规格和配合比拌制石渣浆，灌填到碎拼大理石（花岗岩）板块的缝隙中。随灌填随将缝隙中石渣浆拍振密实，抹压平整。如果采用磨光磨平面层，其灌填缝隙的石渣浆，应略高出大理石（花岗岩）板面约 2mm，待达一定强度时磨平。

（7）碎拼大理石（花岗岩）地面的开磨，参照现浇水磨石地面的操作工艺，先用 80 号～100 号金钢石轮磨第一遍；再用 100 号～160 号金钢石轮磨第二遍；用 240 号～280 号金钢石轮磨第三遍，达到平整光亮。

（8）参照现浇水磨石地面操作工艺打蜡、擦亮，覆盖保护。

四、碎拼大理石地面修补施工工艺

（1）按查勘设计、修缮方案划定的范围，用云石锯和合金钢块錾子精心切割、剔凿损坏部位的大理石（花岗岩）板块和缝隙的石渣浆层。

（2）修补损坏的垫层、基层和找平层。

（3）浇水湿润找平层后，碎拼镶铺与原有地面的颜色、厚度、规格、尺寸相协调的大理石（花岗岩）板块。以原地面标高为准，用水平尺、直尺找平整，将大理石（花岗岩）板块的花纹好面朝上，用水泥浆粘结牢固。

（4）用石渣浆灌填碎拼大理石（花岗岩）板块的缝隙，拍振密实，抹压平整。

（5）按照前述工艺进行磨光、打蜡、擦亮和覆盖保护。

五、施工注意事项

(1) 应选择大理石板块的花纹好面朝上，平稳、牢固地粘结在结合层上。

(2) 在基层处理时，垫层和找平层有空鼓、开裂、损坏的应切割剔除干净。

(3) 修抹找平层时，注意一定要刷好水泥浆，处理好接槎。

任务七　陶瓷锦砖（马赛克）地面

【学习目标】

掌握陶瓷锦砖（马赛克）地面施工工艺和质量标准。

【任务设置】

撰写陶瓷锦砖（马赛克）地面施工说明。

【相关知识】

陶瓷锦砖俗称马赛克，是由各种颜色、多种几何形状的小块瓷片（长边一般不大于50mm），铺贴在牛皮纸上形成色彩丰富、图案繁多的装饰砖，故又称纸皮砖。陶瓷锦砖的基本特点是质地坚实、色泽美观、图案多样，而且耐酸、耐碱、耐磨、耐水、耐压、耐冲击、耐候，近年来在建筑物的内、外装饰工程中获得广泛的应用，不仅用于地面也用于外墙、内墙的装饰。但马赛克的典型用途仍是室内地面装饰。这主要是取其不渗水、不吸水、易清洗、不滑等特点。

经工厂预拼后的陶瓷锦砖，一般每联的尺寸为 305.5mm×305.5mm，每联的铺贴面积为 0.093m²。陶瓷锦砖出厂时一般以 40 联为一箱，约可铺贴 3.7m²。当然，由于生产厂家不同，陶瓷锦砖的基本形状、基本尺寸、拼花图案等均可能不同。从表面的装饰方法来看，陶瓷锦砖亦有施釉与不施釉两种，但目前国内生产的陶瓷锦砖主要是不施釉的单色无光产品。

一、材料与技术要求

陶瓷锦砖（马赛克）图案品种、花色、规格、尺寸符合查勘设计要求，颜色一致、纸板完整，颗粒齐全，缝距均匀。

二、主要工序

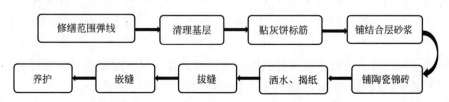

三、新做（翻修）陶瓷锦砖地面施工工艺

（1）按查勘设计和修缮方案划定的范围，切割、剔凿铲去原有地面，并清除干净，其垫层、基层，其损坏的部位，参照地面垫层有关操作工艺进行修补。

（2）将垫层、基层用钢丝刷清刷冲洗干净，在作业的前一天浇水闷湿。

（3）按查勘设计图案从房间四周找方、找中，弹十字线，根据房间、门口等部位的关系拉线。进行纵横档试铺，计算出陶瓷锦砖（马赛克）的张数。

（4）按墙面水平控制线，找出地面的最高、最低标高和坡度，拉线刷水泥浆做灰饼，依灰饼的厚度用 1∶2.5 水泥砂浆冲筋，其间距约 1.5m。有坡度的房间，冲筋应坡向地漏或排水孔眼呈放射状。

（5）刷水泥浆，随在两筋之间抹 1∶3 较干硬性水泥砂浆抹找平层（稠度不大于35mm），随用木抹子拍实，用木杠刮平，再用木抹子抹平搓毛，同时找好坡度。

（6）按控制线随刷水泥浆，随抹 1∶1 水泥砂浆（粗砂细筛），随即铺上预先排好，背面刷水润湿用湿布擦干净的陶瓷锦砖，调整好缝子，垫上硬木板用木槌拍实。

（7）镶铺 24h 后，洒水将护面纸浸透，依次揭掉护面纸。并清洗掉纸毛，用水刷洗干净，干后用 1∶1 水泥砂干粉灌缝，灌严缝后扫掉余灰砂用棉纱擦干净。

当需要调缝或拨缝时，应在铺完 2～3h 后，将局部纸面均匀洒水，浸透揭下清洗纸毛，按缝子大小用开刀挤缝或展缝拨直拨匀，表面不平的，垫硬木板用木槌拍平。再用 1∶1 水泥砂干粉（砂过窗纱筛）灌缝，适当淋水后，垫硬木板用木槌拍平。再用开刀拨竖缝、横缝，普遍找平，边拨边拍实。

（8）铺潮湿锯末养护 3～4 天，最后清刷干净。

四、陶瓷锦砖地面修补

（1）按查勘设计用云石锯和合金钢錾子切割、剔凿掉损坏部位的陶瓷锦砖，将找平层、垫层或基层清理干净，用水刷洗干净。

（2）做好找平层或补抹损坏的找平层。

（3）大面积修缮陶瓷锦砖地面，按照翻修操作工艺进行。小面积修补时，可在找平层上用建筑胶粘剂镶铺补贴牢固、平整一致，缝子均匀。用水泥浆擦缝，刮擦干净后，适当养护。

五、施工注意事项

（1）两房间连通时，宜从门口中间开始，向两边展开镶铺；单房间宜从距门口远端的墙边开始退着镶铺。四周有镶边的房间，宜先镶铺圈边，后镶铺大面。镶铺时，先用方尺由墙面找好方位控制线，将找平层洒水湿润，当需要破砖时，可用云石锯裁条嵌齐。此外，要随时注意陶瓷锦砖的平直、均匀，地漏、排水孔处，须将陶瓷锦砖切割、剔裁镶嵌平顺。

（2）洒水揭纸时，用喷壶洒水至纸面完全浸湿为宜，湿水过多会使粒片浮起，过少不易揭纸。常温下经过 15～25min 便可依次将纸揭掉。

（3）揭纸、拔缝过程中，操作人员应在木踏板上行走，不宜直接踩踏地面。为避免砂

浆硬化，从铺贴到揭纸、拔缝，应依据气温在 5～6h 内完成为宜。

（4）修补的陶瓷锦砖，应与原有地面的陶瓷锦砖图案、品种、规格、尺寸、颜色一致。

（5）陶瓷锦砖地面施工时易出现分格不匀、缝隙不顺直错位、空鼓、脱落等质量问题，问题产生原因分析与防治措施参考表 2-7-1。

陶瓷锦砖地面施工质量缺陷与防治措施　　　　表 2-7-1

项次	通病	产生原因	防治措施
1	地面标高超高	1. 控制不严。 2. 标筋上平未复查	1. 按标筋上平，控制结合层砂浆不超高。 2. 标筋完成，应按地面水平标高线加一块陶瓷锦砖厚度，复查标筋顶面符合要求
2	缝格不均匀	选料不严	同一房间使用的陶瓷锦砖长、宽尺寸必须相同；不合格的产品应剔除
3	缝隙不顺直、纵横错缝	1. 拔缝不认真。 2. 未及时检查调整	1. 揭纸后，拉线用开刀把缝隙拔直、拔匀。 2. 坚持按水平标高线，拉纵向、横向线进行检查，发现错缝，立即纠正
4	有地漏的房间地面积水	标筋没有做成泛水	地漏房间的地面，其标筋应朝向地漏，做成放射状；铺贴后，应检查泛水
5	空鼓、脱落	1. 结合层砂浆摊铺后，未及时铺贴。 2. 未认真压实，或门口等部位过早踩踏	1. 结合层水泥砂浆铺完后，接着铺陶瓷锦砖；撒干水泥应洒水润湿，陶瓷锦砖背面应刷湿。 2. 每铺贴一块，应认真拍实至素水泥浆挤出；门口铺贴后应垫木板过人

任务八　塑料地面

【学习目标】

熟悉塑料地面施工工艺和质量标准。

【任务设置】

撰写塑料地面施工说明。

【相关知识】

塑料从总体上看是由树脂和添加剂两类物质组成。具有密度小、比强度高、导热性低、耐腐蚀、电绝缘性好、装饰性好的特点，常用品种有聚氯乙烯（PVC）、聚乙烯（PE）、聚丙烯（PP）、聚苯乙烯（PS）、ABS 塑料。

塑料制成的地板柔韧性好、脚感舒适、隔音、保温、耐腐蚀、耐灼烧、抗静电、易清洗、耐磨损并具有一定的电绝缘性。其色彩丰富、图案多样、平滑美观、价格较低、施工简便。是一种受用户欢迎的新型地面装饰材料。适用于家庭、宾馆、饭店、写字楼、医院、幼儿园、商场等建筑物室内和车船等地面装修与装饰。塑料地板有塑料地板砖和塑料卷材地板两种。

（1）塑料卷材地板是以聚氯乙烯树脂为主要原料，加入适当助剂，在片状连续基材上经涂敷工艺生产的地面和楼面覆盖材料，简称卷材地板。

（2）塑料地板砖称为半硬质聚氯乙烯块状塑料地板，简称塑料地板。以聚氯乙烯及其共聚树脂为主要原料，加入填料、增塑剂、稳定剂、着色剂等辅料经压延、挤出或热压工艺所生产的半硬质块状塑料地板，适用于建筑物内一般地坪敷面。

塑料地板砖一般分为单层和同质复合地板；按颜色分为单色与复色；按使用的树脂分为聚氯乙烯树脂型、氯乙烯-醋酸乙烯型、聚乙烯树脂型、聚丙烯树脂型等。一般商业上通常分为彩色地板砖、印花地板砖和石英地板砖。石英地板砖是由树脂、增塑剂、稳定剂和颜料制成，引入改性的石英砂作为增强填料，其表面光洁、耐磨性好、寿命长。

塑料地板砖主要有半硬质 PVC 地砖、印花 PVC 地砖。

① 半硬质 PVC 地砖不论是素色抑或是杂色拉花的均具有表现为表面比较硬，但仍有一定柔性；脚感较硬，但与水磨石相比略有弹性，无冷感，步行的噪声较小；耐烟头性是各种 PVC 地板中最好的一种，一般说将烟头在它上面踩灭时会烧焦，略有发黄，深色的几乎看不出，浅色的有黄斑，但表面基本上仍是平的，黄斑用细砂纸一打就能去除；耐凹陷性、耐玷污性好，但复合的因底层和面层收缩性不同会发生翘曲，机械强度较低，抗折强度低，有的较易折断。

由于具有以上特点，半硬质 PVC 块材地砖适宜用于公共建筑，包括车站、机场候机楼、影院、剧场休息室、餐厅、饭店、舞厅、各种商店、超级市场、医院、学校、试验室、办公大楼等。在工业建筑中它可应用于要求洁净的生产车间，如电子产品生产车间、医药产品生产车间。在有铲车通行的车间内这种地板也能承受动负载。

② 印花 PVC 地砖硬性有的接近于半硬质 PVC 地砖，有的较软；装饰性比单色地砖好；耐刻划性和耐磨性比半硬质地砖优，较硬的印花地砖收缩性小，不易发生翘曲，但耐烟头性、耐玷污性不佳。

印花 PVC 地砖可用于民用建筑的地面，烟头危害较轻的公共建筑和工业建筑也可使用，如图书馆、试验室、学校等。

一、材料与技术要求

（1）塑料地板及塑料卷材地板，应按查勘设计选用品种、颜色、花纹，印花 PVC 地砖的印刷图案不应有漏印、白点等缺陷，多色套印的套印误差应小于 1mm，肉眼观察不明显；底面层复合有足够的强度，不允许有分层现象。

（2）焊条宜用等边三角形截面，抗张强度不小于 10MPa。在 15℃ 时弯到 180° 后不得有裂纹。焊条表面应平整、光洁。无孔眼、节瘤、裂纹、皱皮等，焊条内部不得有气泡等。

（3）胶粘剂宜用与产品配套专用胶粘剂。胶液应避免日光直射，远离火源，室内温度尽量低些。胶液稠度应均匀，颜色一致，无其他杂质和胶团。出厂三个月后，应取样复验合格后方可使用。

（4）脱脂剂宜用丙酮或其他溶剂，用于塑料板的去污、脱脂。

（5）施焊技术参数：

焊枪宜用 36V，功率为 400～500W，枪嘴直径与焊条直径相等，焊枪出口气流温度为 180～250℃；每把焊枪需要配置一个 1kVA 的调压变压器，如焊枪较多时，可配较大容量的调压变压器；空气表压值 0.051～0.1MPa，每把焊枪空气消耗量为 4～6m³/h，如用 4～6 把焊枪，可选用一台排气量为 0.6m³/min 的空气压缩机。

二、主要工序

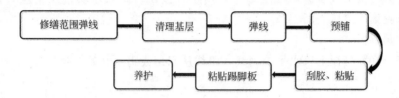

三、塑料地板铺粘施工工艺

1. 清理基层

对于新地面清除找平层的灰渣、污物、灰尘等，如遇有已硬化的水泥砂浆等，应剔凿洗刷打磨干净；对于旧地面上的裂缝、凹陷、起砂和空鼓等部位，应清除污垢、老浆渣，刷洗干净，将空鼓剔凿处理干净，补做水泥砂浆找平层；对于大面积凹陷处，可用建筑胶与 42.5 级水泥以 1：1.5 的比例配成砂浆批刮。每次批刮的厚度宜在 2mm 以下，稍干燥后，用粗砂布打磨，再批刮第二遍砂浆，再打磨，再批刮直至平整；小凹陷处，可直接用 1：2 水泥腻子批刮平整；对应于旧磨石、缸砖和陶瓷锦砖地面，应用碱水刷洗去污垢，再用稀硫酸腐蚀表面或用砂轮打磨，增加基层的粗糙度。将砖缝等清理干净，用 1：1.5 水泥砂浆批刮平整。

2. 弹线、切割材料

按查勘设计板块、卷材尺寸，在地面上弹画分格线。弹线时一般按查勘设计在室内四周留出 150～200mm 的镶边，再以房间中心点为中心，弹出两条相互垂直定位线。对于两个相连房间不同的地板，分色线应设在门框踩口线外，分格线宜设在门中。

块材或卷材裁割时，应将其平铺在地面上，根据尺寸用刀裁割成块进行试铺编号。塑料板、卷材边缘应切割成平滑的切口，两板拼合成与焊条相适应的 V 形坡口。

3. 预铺

软质聚氯乙烯塑料地板宜放入 75℃ 的热水中浸泡 10～20min，板面松软伸平后取出晾干待用。半软质聚氯乙烯塑料地板，宜用丙酮：汽油＝1：8 的混合溶液进行脱脂除蜡，用棉纱擦净板上的蜡脂，按铺贴前处理好的板块试铺编号，由里向外，由中心向两侧或从室内较远一角开始铺贴，先铺贴地面，后粘贴踢脚板。

4. 刮胶

采用水乳型胶粘剂粘铺熟料地板时，应先在基层上用齿形刮板涂胶，再用配套专用胶在塑料板背面纵向刷胶一道，待涂刷的胶干燥至不粘手时，用鬃刷横向涂刷一遍，稍干即可铺贴。

采用溶剂型胶粘剂粘贴时，只需用齿形刮板在地面基层上均匀刮胶一道，在常温 10～35℃ 时，静置 5～15min，手触胶面不粘手时即可铺粘。

胶粘剂涂刷厚度一般不超过 1mm，涂刷面积不宜过大，以免胶液干涸。涂胶时，应使胶液涂满基层，并超过分格线约 10mm，而在塑料板上涂胶时，应涂至离板边缘 5～10mm。

5. 铺贴

从十字中心线或对角线中心开始，逐行铺贴，排缝一般 0.3～0.5mm，双手斜拉塑料板使其一边与分格线或已经粘好的地板对齐挨紧，再将左边板边与分格线或粘好板块对齐，然后顺势将整块板慢慢贴在地面上，用手掌按压，用软木块推压平整，挤出板下空气，再用橡胶滚筒滚压表面。

6. 粘贴踢脚板

首先应弹好踢脚板上口水平控制线，跟线从阳角或阴角开始，顺序粘贴，方法与地面相同。

四、塑料地板焊接贴施工工艺

（1）查勘设计要求塑料地板焊接贴时，首先完成与前述塑料地板粘贴相同的施工工程，静置两天后先将焊缝内的污物和胶水用刀刮除干净，或用丙酮、松节油等溶剂清洗干净，也可用不加热的焊枪吹去缝中的灰尘。

（2）根据焊条规格，先行试验，确定坡口尺寸，用直尺和割刀切割坡口，坡口要求顺直，宽窄角度一致。

（3）施焊前，先将喷枪喷嘴向白纸喷射 20～30s，无水迹和油迹，说明压缩空气纯净可用，再在塑料板上焊几段，冷却后用力剥离不能撕开，说明施焊温度合适，焊条熔化的黏性物质与板缝的结合良好，可以施焊。

（4）施焊时，操作者左手持焊条，右手持焊枪，保持焊枪喷嘴与被焊物表面成 25°～30°角，喷嘴与焊条、焊缝距离 5～6mm，以 0.1～0.5m/min 速度移动，另一人随即用压辊滚压焊缝。

（5）粘贴塑料板踢脚板的做法与贴塑料板地面的方法相同。做塑料板踢脚板阴角时，先将塑料板用两块对称组成的木模顶压在阴角处，然后去掉一块木模，将塑料板转角重叠裁剪合适后，再把水平面45℃相交的裁口焊好，做成阴角部件，然后进行焊接或粘贴。阳角塑料板踢脚板，需在水平面转角裁口处补焊一块软板作成阳角部件，再进行焊接或粘贴。

（6）修整：对于烧焦、焊接不平、焊接不牢的焊缝，应切除重新焊接；对于漏焊部分，补焊；当焊缝冷却至室温时，将凸出面层的焊包用刨刀切削平整。

五、施工注意事项

（1）作业环境的温度为 15～30℃，相对湿度不大于 75%。操作人员应戴口罩、手套，室内门窗全部敞开，保持良好通风，现场不准吸烟，胶料必须密封。施工中不得带入尘土、砂粒等杂物，必须保持基层干净。

（2）排块分格时尽量少裁割，对有规则的印刷图案各块地砖相互应该能准确对花。不允许地砖有明显翘曲现象。

（3）应将塑料板、卷材提前一天运至现场放置在作业地点 24h 以上，使其保持与作业地点相同的温度。如用丙酮等脱脂清洗塑料板时，应随清洗随擦拭干净。

（4）铺贴时，操作人员应穿软底洁净的鞋，刷胶刷得要薄而均匀，不得漏刷，铺贴时，应与基层一次准确就位铺贴密实，切忌用力拉伸或揪扯塑料板，每粘贴完成一块，应及时将板缝内挤出液体擦干净。粘贴后 24h 内不准上人，10 天内作业地点温度须保持在 15～30℃，室内的相对湿度不大于 75%。

（5）焊条在使用前应用碱水进行去污除油，然后用清水洗净、晾干。施焊时，在压辊向前推进的同时，要绷紧焊条，以免焊条松弛而偏离压舌或扭曲打滚，影响焊接质量。

（6）修整焊缝时，刨刀不得刨伤两边塑料板面。

任务九　实木板面层

【学习目标】

掌握实木板面层地面的施工工艺和质量标准。

【任务设置】

撰写常德道 2 号（张福运旧宅）二楼卧室实木板面层地面的施工说明。

【背景资料】

天津和平区常德道 2 号（张福运旧宅），是以张福运之妻、李鸿章嫡孙女李国秦的名义购地兴建，为二层砖木结构独立式住宅，外立面为红砖砌筑墙面，多坡筒瓦屋顶。建筑立面在主入口处呈对称布局，其拱券式雨篷设计新颖别致，引导性强。建筑内部装修精美，正门门厅铺彩色大理石地面，入口有两根水磨石饰面的圆柱，承托着井字格筒顶拱券，线条流畅，工艺精美。一楼过道及各房间为人字地板，房间内设有不同风格的壁炉。二楼卧室带阳台和卫生间，条形木地板，顶棚中间和周边用花饰灰线装饰，走廊附墙壁柱为罗马塔司干柱式。建筑尺度舒适，比例匀称，功能齐全，外观大方。建筑四周辅以绿树成荫的花园，是典型的欧洲庭院式住宅。

该建筑于 2013 年保护修缮后，现为商业用房对外开放。

【相关知识】

表面粘贴或铺钉木板而成的地面称之为木质楼地面，按照材料可分为实木地板、实木复合地板、强化木地板、竹地板、软木地板等；按照施工构造不同分为架空式、粘贴式和实铺式。

1. 实木地板

实木地板是由硬木树种（如水曲柳、柞木、樱桃木等）和软木树种（如落叶松、杉木等）经加工处理而制成的木板面层。由于其天然的木材质地，具有润泽质感、柔和触感、自然温馨、冬暖夏凉、脚感舒适、高贵典雅等特点，深受人们的喜欢。实木地板可分为平口实木地板、企口实木地板、拼花实木地板、竖木地板等。

（1）平口实木地板，六面均为平直的长方形。它一般是以纵剖面为耐磨面的地板，生产工艺简单，可根据个人爱好和技艺，铺设成普通或各种图案的地板。但加工精度较高，整个板面观感尺寸较碎，图案显得零散。主要规格有 155mm×22.5mm×8mm、250mm×50mm×10mm、300mm×60mm×10mm。平口实木地板用途广，除作地板外，也可作拼花板、墙裙装饰以及天花板吊顶等室内装饰。

（2）企口实木地板，板面呈长方形，其中一侧为榫，另一侧有槽，其背面有抗变形槽。由于铺设时榫和槽必须结合紧密，因而生产技术要求较高，木质也要求要好，不易变形。该板规格甚多，小规格为 200mm×40mm×（12～15）mm，250mm×50mm×（15～20）mm，大规格的长条企口地板可达（400～4000）mm×（60～120）mm×（15～20）mm。目前市场上多数企口实木地板是经过油漆的成品地板，一般称"漆板"，漆板在工厂内加工、油漆、烘干，质量较高，现场油漆一般不容易达到其质量水平，漆板安装后不必再进行表面刨平、打磨、油漆。

（3）拼花实木地板，由多块条状小木板以一定的艺术性和有规律性的图案拼接成方形，它是利用木材的天然色差，拼接成工艺美术性很强的各种地板图案，如图 2-9-1 所示。故其生产工艺比较讲究，精度要求高。拼花木地板的木块尺寸一般为长 250～300mm，宽40～60mm，板厚 20～25mm。有平头接缝地板和企口拼接地板两种。适用于高级楼宇、宾馆、别墅、会议室、展览室、体育馆和住宅等的地面装饰。

图 2-9-1　实木拼花地板拼花图案

（4）竖木地板，以木材的横切面为板面，用呈矩形，正方形，正五、六、八边形等正多面体拼成。目前，竖木地板一般采用整张化工序，即在工厂先拼成 400mm×400mm、500mm×500mm、600mm×600mm 的单元图案，其中的小单元有四、六、八边形，边长尺寸为 5cm、7cm、9cm。竖木地板图案美观、立体感强。用于宾馆、饭店、招待所、影剧院、体育场、住宅等场所。

2.实木复合地板

随着天然林资源的逐渐减少，特别是优质装饰用的阔叶材资源日渐枯竭，木材的合理利用已越来越受到世界各地人们的高度重视，实木复合地板应运而生。实木复合地板是以实木板或单板为面层、实木条为芯层、单板为底层制成的企口地板和以单板为面层、胶合板为基材制成的企口地板称为实木复合地板。

实木复合地板与传统的实木地板相比，使用少量的优质木材起到实木装饰效果，又由于结构的改变，使其使用性能和抗变形能力有所提高；规格尺寸大、不易变形、不易翘曲、板面具有较好的尺寸稳定性；整体效果好，铺设工艺简捷方便、阻燃、绝缘、隔潮、耐腐蚀。实木复合地板使用的胶粘剂中含有一定的甲醛，对人体有害，必须严格控制，严禁超标。

3. 强化木地板

强化木地板是浸渍纸层压木质地板的商品名称，是以一层或多层专用纸浸渍热固性氨基树脂，铺装在刨花板、中密度纤维板、高密度纤维板等人造板基材表面，背面加平衡层，正面加耐磨层，经热压而成的地板。

与实木地板相比，强化地板的特点是耐磨性强，表面装饰花纹整齐，色泽均匀，抗压性强，抗冲击、抗静电、耐污染、耐光照、耐香烟灼烧、安装方便、保养简单、价格便宜，便于清洁护理。但弹性和脚感不如实木地板，水泡损坏后不可修复，另外，胶粘剂中含有一定的甲醛。

4. 竹地板

竹地板是近年来开发的一种新型装饰材料。它是指把竹材加工成竹片后，再用胶粘剂胶合、加工成的长条企口地板。它采用天然竹材和先进加工工艺，经制材、脱水防虫、高温高压碳化处理，再经压制、胶合、成型、开槽、砂光、油漆等工序精制加工而成。

竹地板的主要特点有色差比较小，因为竹子的成材周期短，竹子的直径也比树木要小得多，所以竹子受日照影响不严重，没有明显的阴阳面的差别，因此竹地板有丰富的竹纹，而且色泽匀称；表面硬度高也是竹地板的一个特点，竹地板因为是植物粗纤维结构，它的自然硬度比木材高出一倍多，而且不易变形，理论上的使用寿命可达20年以上；在稳定性上，竹地板收缩和膨胀都要比实木地板小；另外，由于竹子热导率比较低，所以给人以冬暖夏凉的感觉；竹地板的格调清新高雅，在装饰效果上能产生古朴自然的特有效果。

5. 软木地板

软木并非木材，而是从栓皮栎（属阔叶树种，俗称橡树）树干剥取的树皮层，是一种性能独特的天然材料，具有密度小、热导率低、密封性好、回弹性强、无毒无臭、不易燃烧、耐腐蚀不霉变，且耐强酸、耐强碱、耐油等优良的物理性能和稳定的化学性能性能，产品特性和与众不同的天然纹理色泽给人们带来回归自然的享受。

目前市场上有三种软木地板：第一为纯软木地板：厚度仅有4～5mm；第二种软木地板，从剖面上看有三层，表层与底层为软木，中间层夹了块带锁扣的中密度板，厚度可达10mm左右；第三种被称为软木静音地板，它是软木与复合地板的结合体，中间层同样夹了一层中密度板，厚度达13.4mm，有吸声降噪的作用，保温性能也较好。

6. 实木板构造

实木地板构造一般有实铺和架空两种，如图2-9-2～图2-9-5所示。对于舞台、体育比赛场地有减震及整体弹性要求的实木地板，应在木垫块上增加弹性橡胶垫块，以满足使用要求。

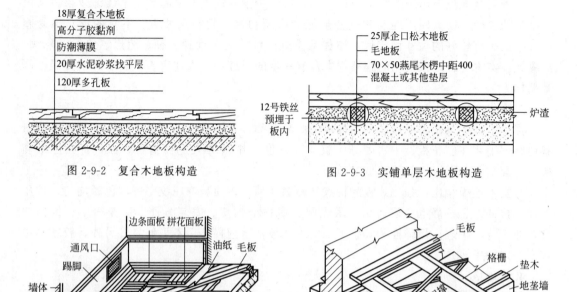

图 2-9-2　复合木地板构造　　　　图 2-9-3　实铺单层木地板构造

图 2-9-4　实铺双层木地板构造　　　　图 2-9-5　架空实木地板构造

一、材料与技术要求

1. 格栅、椽木、剪刀撑

采用红、白松或杉木制作，规格尺寸按设计要求加工，应经干燥和防腐处理，不得有扭曲变形，含水率不宜大于 15％。

2. 毛地板

采用红、白松或杉木制作，可以使用钝棱料，一般厚度 25mm，宽度在 120mm 以下，应经干燥和防腐处理，不得有扭曲变形，含水率不宜大于 12％，且厚薄一致。

3. 实木板

应选用水曲柳、柞木、核桃木、麻栎、栎树、榆木等坚硬耐磨，纹理清晰美观，不易腐朽、变形、开裂的同批树种制作，花纹颜色力求一致。木板应经烘干处理，含水率控制在 10％～14％，按照设计要求加工成规格料（宽度不宜大于 120mm），厚度、长度尺寸一致。

4. 踢脚板

宽度和厚度符合设计要求，材质与木地板相同，花纹颜色应与面层硬木板一致，含水率不得超过 12％，背面应涂刷防腐剂。

5. 隔热、隔音材料

可采用膨胀珍珠岩、干炉渣、矿渣棉、石灰炉渣等，要求轻质、耐腐、无味、无毒。

6. 胶粘剂

可用胶粘剂有 10 号白胶（聚酯乙烯乳液）＋水泥，重量比为 7∶3；FS801＋聚氨酯胶＋白水泥，重量比 7∶1∶2；过氯乙烯＋丙酮＋二丁酯＋白水泥，重量比 1∶2.5∶7.5∶1.5；SL-2 氯丁橡胶；冷沥青胶（10 号石油沥青∶滑石粉∶汽油＝100∶150∶30）和热石油沥青胶，质量符合相关规定，并有出厂合格证。

7. 其他材料

防潮沥青纸、氟化钠、8～12 号镀锌铁丝、镀锌木螺丝、φ8～φ10 螺栓、φ8～φ10 钢筋、1mm 厚铝片（覆盖通风孔用）、50～100mm 长钉，丙酮、汽油、氯化钙复合剂（冬季在白胶中加少量用做促凝剂）、酒石酸（夏季在白胶中加少量用做缓凝剂），质量均应符合设计要求和相关规定。

二、主要工序

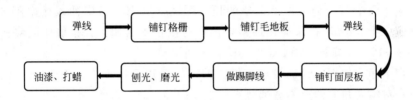

三、架空实木地板面层施工工艺

（1）在地垄墙上用预埋铁丝捆绑沿椽木，再在沿椽木上划出各格栅的中线，在每根格栅的两端也划出中线，从两边开始对准椽木上画好的线摆放格栅，离墙边留出 30mm 缝隙，以利于隔潮通风，依次摆好每根格栅。

（2）为防止格栅移动，在找正固定好的木格栅表面钉临时木拉条。

（3）在格栅上按照剪刀撑的间距弹线，按线将剪刀撑逐个钉在格栅侧面，同一行剪刀撑应对齐在一条线上，上口低于格栅上表面 10～20mm。

（4）当为双层板做法时，在格栅上钉毛地板，板与格栅成 30°～45°斜向铺钉，以增强地板刚度，接头应锯成斜口。木材髓心向上，板缝不大于 3mm，与墙间距为 8～12mm，用 2m 靠尺检查平整度，表面刨平。在其上铺设防潮纸，油毡防潮纸搭边宽度不少于 100mm。

（5）从墙的一侧开始，距离墙面 10～20mm 开始钉铺，每排紧一块，即在木格栅上钉扒钉一个，在扒钉与实木板间放一对硬木楔子，打紧硬木楔子，排紧木板，再将钉从板的凹角处斜向打入，钉长为板厚的 2.0～2.5 倍，钉头砸扁，依次排紧每块木板，格栅上的临时固定用木条，应随钉实木板随拆除。

（6）间隔 750mm 用膨胀螺栓在墙面固定防腐处理过的木块，木块厚度尺寸为 120mm×120mm×20mm，然后将踢脚板用明钉钉牢在防腐木块上，钉帽砸扁嵌入板内。在踢脚板与墙面交接处，钉三角木条遮盖缝隙。

（7）用地板刨光机先斜着木纹，后顺着木纹将板表面刨平刨光。再用地板磨光机向斜纹后顺纹磨光。

（8）磨光后应立即上漆，满批腻子两遍，砂纸打磨平整洁净，涂刷清漆两遍，干后，打蜡擦亮，方法同现制水磨石地面。

四、实铺实木地板面层施工工艺

（1）在混凝土楼板上按照设计弹出木格栅位置线，按线将木格栅放平放稳，把预埋在混凝土楼板内的钢筋或镀锌铁丝拉出拴牢木格栅，或在楼板上打孔用膨胀螺栓固定木格栅。按照设计要求在木格栅之间铺放干炉渣或其他保温隔热材料。

（2）按照上述架空实木地面施工工艺（4）～（8）进行施工。

五、拼花实木地板面层

（1）按照上述实铺实木地板面层施工工艺方法铺钉木格栅。

（2）铺设毛地板：当面层为席纹时，毛地板与木格栅成30°或45°角斜向铺钉，如图2-9-4；当面层为人字纹时，毛地板与木格栅垂直铺钉。板髓心向上，每块毛地板在每根木格栅上，应用两个钉长为板厚2.5倍的长钉固定，钉帽应砸扁冲入板内不少于2mm，板间缝隙不应大于3mm，接头应锯成斜口，且搭接在木格栅上，接缝应间隔错开，板与墙面应留有8～12mm缝隙。用2m靠尺检验板面平整。

（3）清扫干净毛地板，铺沥青油毡纸。油毡纸搭边宽度不少于100mm，角部四层叠加时，应将一对斜对角的两层油毡纸剪成斜角相拼。

（4）在油毡纸上弹划房间中心线和圈边线，从中心线开始，按照设计图案、尺寸分格放线。

（5）从一角或中心开始铺钉面板，凹榫紧贴前板凸榫，选用钉长为板厚2.0～2.5倍长钉，从板侧边斜向钉入毛地板中，板边长小于300mm时，每边钉两个钉子，边长大于300mm时，应钉三颗钉子，钉头打扁嵌入板内，逐块钉牢，板块相互排紧。

（6）房心板铺钉完成后，铺钉镶边板，镶边板与房心板应结合紧密。

（7）踢脚板铺钉，以及面层的刨光、磨光、油漆、打蜡各工艺与架空实木地板相同。

六、施工注意事项

（1）摆设格栅时，应保证其表面平直，当顶部不平整时，用经防腐处理过的垫木垫平，并将其顶牢在沿椽木上。

（2）实木板的木材年轮弧线应横向向下。最后一条木板无法斜向着钉牢，可采用明钉钉牢，砸扁钉头，并使其嵌入板内。实木板接头必须留在格栅中间，相邻接头必须错开，错开距离不小于200mm。直条板铺至距离前面1m时，核算是否为板宽整倍数，不能达成时，应将实木板逐块均匀刨窄，保证宽窄均匀。拼花实木板为人字纹时应顺房间进深方向排列，以中一列为准向两边展开铺钉，铺钉时应拉通线，控制每块板的角点在一条线上，保证拼花图案的整齐。

（3）踢脚板背面应开有凹槽，且每间隔1m钻直径6mm小孔，用于通风以保证木地板干燥，表面预先刨光。踢脚板接缝应在防腐木块上；在墙的阴阳角处，应将踢脚板锯成45°；踢脚板应板面垂直，上口水平，与抹灰墙面密贴，无脱空。

（4）使用地板磨光机和抛光机处理不到的地方，应用手工工具刨磨。

（5）实木地板面层常会出现行走有声音、板缝不严、不平，板面局部翘曲等质量问题，质量通病原因分析与防治措施参考表2-9-1。

实木地板施工质量缺陷与防治措施 表 2-9-1

项次	通病	产生原因	防治措施
1	行走时有响声	1.木材收缩松动 2.绑扎处松动 3.毛地板、面板钉子少钉或钉得不牢,自检不严	1.严格控制木材的含水率,并在现场抽样检查,合格后才能用。 2.当用铅丝把格栅与预埋件绑扎时,铅丝应绞紧;采用螺栓连接时,螺帽应拧紧。调平垫块应设在绑扎处。 3.每层每块地板所钉钉子,数量不应少,钉合应牢固,每钉一块地板,用脚踩应无响声。如有,即时返工
2	拼缝不严	1.操作不当 2.板材宽度尺寸误差过大	1.企口榫应平铺,在板前钉扒钉,用楔块楔得缝隙一致再钉钉子。 2.挑选合格的板材
3	表面不平	1.基层不平 2.垫木调得不平 3.地板条起拱	1.薄木地板的基层表面平整度应不大于 2mm。 2.预埋铁件绑扎处铅丝或螺栓固后其格栅顶面应用仪器抄平。如不平,应用垫木调整。 3.地板下的格栅上,每档应做通风小槽,保持木材干燥;保温隔音层填料必须干燥,以防木材受潮膨胀起拱
4	席纹地板不方正	1.施工控制线方格不方正 2.铺钉时找方不严	1.施工控制线弹完,应复查方正度,必须达到合格标准;否则,应返工重弹。 2.坚持每铺完一块都应规方拨正
5	地板馇槎	1.刨地板机走速太慢 2.刨地板机吃刀太深	1.刨地板机的走速应适中,不能太慢。 2.刨地板机的吃刀不能太深;吃浅一点多刨几次
6	地板局部翘鼓	1.受潮变形 2.毛地板拼缝太小或无缝 3.水管、气管滴漏泡湿地板 4.阳台门口进水	1.预制孔板孔内应无积水;格栅刻通风槽;保温隔热填料必须干燥;铺钉油纸隔潮;铺钉时室内应干燥。 2.地板拼缝应留 2~3mm 的缝隙。 3.水管、气管试压时,地板面层刷油、打蜡应已完成;试压时有专人负责看管,处理滴漏。 4.阳台门口或其他外门口,应采取断水措施,严防雨水进入地板内
7	木踢脚板与地面不垂直、表面不平、接槎打高低	1.踢脚板翘曲 2.木砖埋设不牢或间距过大 3.踢脚板成波浪形	1.踢脚板靠墙一面应设变形槽,槽深 3~5mm,槽宽不少于 1mm。 2.墙体预埋木砖间距应不大于 400mm,加气混凝土块或轻质墙,其踢脚线部位应砌黏土砖墙,使木砖能嵌牢固。 3.钉踢脚板前,木砖上应钉垫木,垫木应平整,并拉通线钉踢脚板

任务十　地毯地面面层

【学习目标】

熟悉地毯地面面层施工工艺和质量标准。

【任务设置】

撰写地毯地面面层施工说明。

【相关知识】

地毯具有紧密透气的结构，可以吸收和隔绝声波，有良好的隔声效果；地毯表面绒毛可以捕捉、吸附飘浮在空气中的尘埃颗粒，有效改善室内空气质量。地毯是一种软性铺装材料，有别于大理石、陶瓷砖等硬性地面铺装材料，不易滑倒磕碰；地毯具有丰富的图案、绚丽的色彩、多样化的造型。地毯不具有辐射，不散发有害身体健康的气体，可达到各种环保要求。地毯的等级分为 6 级，适用于不同环境。

1. 按原材料分类

按使用原材料的不同可分为：纯毛地毯、混纺地毯、化纤地毯、塑料地毯、真丝地毯等。

纯毛地毯的手感柔和，拉力大，弹性好，图案优美，色彩鲜艳，质地厚实，脚感舒适，并具有抗静电性能好、不易老化、不褪色等特点，是高档的地面装饰材料。但纯毛地毯的耐菌性和耐潮湿性较差，价格昂贵，多用于高级别墅住宅的客厅、卧室等处。

混纺地毯是在纯毛纤维中加入一定比例的化学纤维制成。该种地毯在图案花色、质地手感等方面与纯毛地毯差别不大，但却克服了纯毛地毯不耐虫蛀、易腐蚀、易霉变的缺点，同时提高了地毯的耐磨性能，大大降低了地毯的价格，使用的范围广泛，在高档家庭装修中成为地毯的主导产品。

化纤地毯也称为合成纤维地毯，是以锦纶（又称尼龙纤维）、丙纶（又称聚丙烯纤维）、腈纶（又称聚丙烯腈纤维）、涤纶（又称聚酯纤维）等化学纤维为原料，用簇绒法或机织法加工成纤维面层，再与麻布底缝合成地毯。其质地、视感都近似于羊毛，耐磨而富有弹性，鲜艳色彩，具有防燃、防污、防虫蛀的特点，清洗维护方便，在一般家庭装修中的使用也日益广泛。

塑料地毯由聚氯乙烯树脂等材料制成，加入填料、增塑剂等多种辅助材料和外加剂，经混炼、塑化在地毯模具中成形而制成的一种新型地毯。虽然质地较薄、手感硬、受气温的影响大，易老化，但该种材料色彩鲜艳，耐湿性、耐腐蚀性、耐虫蛀及可擦洗性都比其他材质有很大的提高，特别是具有阻燃性和价格低廉的优势，多用于宾馆、商场、浴室和住宅的门厅。

真丝地毯由于价格过于昂贵而不普遍使用，尼龙、丙纶、腈纶等化纤类地毯比较适用于公共场合。

2. 按编制工艺分类

按编制工艺地毯可分为手工编织地毯、簇绒地毯和无纺地毯。

手工编织地毯，是采用双经双纬，通过人工打结栽绒，将绒毛层与基底一起织做而成。手工编织地毯做工精细，图案千变万化，是地毯中的上品。但工效较低、产量少，所以成本高，价格昂贵。

簇绒地毯是目前各国生产化纤地毯的主要方式，是通过带有一排往复式穿针的纺机，生产出厚实的圈绒地毯，再用锋利的刀片横向切割毛圈顶部，并经修剪，则就成为平绒地毯。簇绒地毯表面纤维密度大，因而弹性好，脚感舒适，而且可在毯面上印染各种花纹图案。

无纺地毯是指无经纬编织的短毛地毯。这种地毯因其生产工艺简单，故价格较低，但其弹性和耐久性较差。

3. 按铺设方式分类

分为固定和不固定两种。

固定式是在房间地面周边钉上带有朝天小钉的倒刺板，将地毯背面挂住固定，或用胶粘剂将地毯粘结在地面上。

不固定式是房间活动人员不多，地面上放置较多重物，不需要固定，直接铺上即可；抑或是小块地毯铺设地面，不必固定。

一、材料与技术要求

1. 地毯

性能质量应符合设计要求和有关标准规定，有产品合格证。

2. 胶粘剂

用天然乳胶增稠剂、防霉剂配置，要求有足够的粘结强度，又便于撕下且不留痕迹。

3. 铝压条

2mm 厚，截面呈 Y 字形。

4. 倒刺板

又称卡条，用木或金属制成，宽度 25mm，上有两排朝天小钉。

二、主要工序

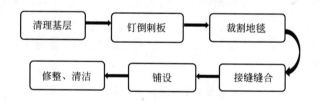

三、固定地毯的拉结法铺设地毯施工工艺

（1）清理基层表面，对于酥松、起砂、起灰、凹坑、油污基层应清理干净，凹陷部分用 108 胶水泥浆抹平，凸出部分应凿平，地面平整干燥，含水率不大于 8%。

（2）在距离踢脚板 8mm 处，用钢钉将倒刺板定在地面上，钢钉间距 150～200mm。

（3）如设计要求铺设衬垫，首先按照尺寸裁剪衬垫，将其铺设于倒刺板之间的地面上，用钉子固定。

（4）丈量房间尺寸，按照房间长度加长 20mm、宽度扣除地毯边缘后计算下料，在地毯背面划线裁切，将裁好地毯编号，摊平放置 1 天，使其自然平整。

（5）用麻布窄条衬在两块待拼接地毯下，将胶粘剂刮在麻布上，将地毯拼接粘贴。

（6）将粘结后地毯按照房间踢脚尺寸裁剪整齐，用倒刺板固定，并用力使地毯边缘塞进踢脚板下面。门口处地毯敞边可用专门的铝合金压条压边，压条一边与门框下地面用螺栓固定，一边轻轻敲下压平地毯，确保地毯咬紧在压条之间。

（7）地毯铺设完成后，用吸尘器全面吸除地毯上灰尘。

四、粘结法铺设地毯

（1）采用与固定地毯拉结法相同的方法清理基层。

（2）按照设计分格图在地面上弹线。

（3）用地毯切割机按照分格尺寸裁切地毯。

（4）在踢脚板部位刷胶，晾10～15min，将塑料踢脚板在距离地面一个地毯厚度位置粘上，并用棉纱和胶压辊压实压劳。阴角和阳角处用热风机边加热边将踢脚板煨成和墙角吻合形状后粘贴。

（5）从房间中心任意一侧将地毯在短方向叠起来，用带齿刮板将胶均匀地满刮在基层面上和地毯背面，晾10～15min，从中间部位开始粘贴，铺平压实，同样操作完成另一侧地毯粘贴。

（6）静置1天，使地毯粘结达到预期强度，用吸尘器吸除地毯上尘土。

五、施工注意事项

（1）裁切地毯时圈绒地毯应从环毛中间剪开，割绒地毯应保证切口绒毛整齐。地毯拼接也可采用针线缝合，拼接时用张紧器张紧地毯使其平整，缝合的缝隙应尽可能小使之不能看出。

（2）衬垫拼缝应平接不得搭接，铺贴齐全。

（3）粘结地毯时，地毯不得有褶皱、隆起，相邻两块地毯间不得留有缝隙。

（4）采用方块拼接时，必须认真弹线，按线铺粘，并随时找方，每铺一行随时找直。

（5）底层地毯地面必须做好地面防水、防潮处理，以免潮气浸入粘结层，导致地毯脱落或受潮霉变。

（6）地毯地面面层常会出现卷边、打皱、发霉、拼缝露线等施工质量缺陷，产生原因分析与防治措施参考表2-10-1。

地毯地面施工质量缺陷与防治措施　　　　　　　　　表2-10-1

项次	通病	原因分析	防治措施
1	卷边、翻边	1.地毯固定不牢 2.粘结不牢	1.墙边柱边应钉好倒刺板，固定地毯。 2.粘结固定地毯时，选用优质地板胶，刷胶均匀，铺贴后应拉平压实
2	表面不平、打皱、鼓包	1.地面本身凹凸不平 2.未做拉伸处理 3.地毯受潮变形	1.地面表面平整度不应大于4mm。 2.铺设地毯时，必须用大撑子撑头、小撑子或专制张紧器张拉平整后方可固定。 3.地毯铺设后严防浸湿、雨淋受潮
3	显拼缝、收口不顺直	1.接缝绒毛未做处理 2.收口处未弹线、收口条不顺直	1.地毯接缝处用弯针做绒毛密实的缝合。 2.收口处先弹线；收口条跟线钉直
4	发霉	1.首层地面未做防潮处理 2.地面铺地毯时含水率过大	1.首层地面必须做防水层防潮。 2.地面含水率不得大于8%
5	拼缝处露底衬、露缝线	地毯接缝时未张平	接缝时用撑子张平服贴后再缝合

学习情境三　隔墙修缮

隔墙又名间隔或隔断墙，是分隔建筑物内部空间的非承重构件，应具有自重轻、厚度薄、方便拆装的特点，同时应具有一定的刚度，有些隔断墙还要求具有隔声、耐火、耐腐蚀以及通风、透光等功能。

隔墙按照材料可分为板条抹灰隔墙、纤维板隔墙、石膏板隔墙、玻璃隔墙、砖砌隔墙等，其中板条抹灰隔墙现仅存于原历史建筑中。对历史建筑进行修缮时，考虑建筑防火，在保持外观不变前提下，一般将会对历史建筑中原板条抹灰隔墙进行翻修，以其他材料隔墙来替代。

隔墙按照构造方式可分为骨架式隔墙、砌块式隔墙和板材式隔墙三种。

1. 骨架式隔墙

骨架式隔墙也称立柱式隔墙、龙骨式隔墙，它是以木材、钢材或其他材料构成骨架，把面层钉结、粘贴或用卡具固定在骨架上形成的隔墙。龙骨作为受力骨架固定于建筑主体结构上，龙骨骨架中根据隔声或保温设计要求可以设置填充材料，根据设备安装要求安装一些设备管线等。龙骨常见的有轻钢龙骨系列、其他金属龙骨以及木龙骨。墙面板常见的纸面石膏板、人造木板、防火板、金属板、水泥纤维板以及塑料板等。基本构造如图 3-0-1、图 3-0-2 所示。

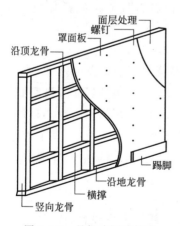

图 3-0-1　骨架式隔墙构造

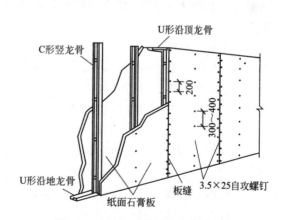

图 3-0-2　轻钢龙骨纸面石膏板构造

2. 砌块式隔墙

砌块式隔墙也称块材式隔墙，是使用块材砌筑而成，如砖砌隔墙、加气混凝土隔墙、玻璃砖隔墙等。如图 3-0-3 所示。

3. 板材式隔墙

板材隔墙是采用工厂生产的板材，以砂浆或其他粘结材料固定形成隔墙，如石膏空心条板隔墙、碳化石灰板隔墙、加气混凝土条板隔墙。如图 3-0-4 所示。

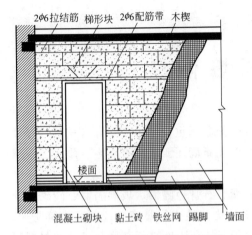

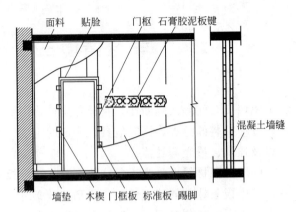

图 3-0-3　加气混凝土砌块隔墙构造　　　　图 3-0-4　石膏空心条板隔墙构造

一、隔墙工程常用材料

1. 纸面石膏板

纸面石膏板是以半水石膏和纸面为主要材料，掺入适量纤维、胶粘剂、促凝剂、缓凝剂，经料浆配制、成型、切割、烘干而成的轻质薄板。适用于各种工业与民用建筑的内隔墙的面层。但是，未采用必要防水处理的纸面石膏板不宜用于厨房、卫生间以及空气相对湿度经常大于 70％ 的潮湿空间。

纸面石膏板质轻、高强、防火、隔声，且收缩率小，加工性能好，可以用钉子、螺栓固定和以石膏为基材的胶粘剂粘结。品种有普通纸面石膏板、防火石膏板、防水石膏板等。

2. 石膏空心板

通常是以天然石膏或化学石膏为基本原料，也可掺入适量粉煤灰和水泥，并加入少量增强纤维，经料浆拌合、浇筑成型、抽芯、干燥等工艺过程制成的轻质石膏空心板，适用于工业与民用建筑。根据组成材料不同有石膏空心板、石膏珍珠岩空心板、石膏粉煤灰硅酸盐空心板、磷石膏空心板等。

石膏空心板重量轻、强度高、表面平整、隔热、防火、不燃烧，并且不用安装龙骨，可进行锯、刨、钻加工，施工方便。

3. 纤维石膏板

纤维石膏板是以石膏为基材，加入适量有机或无机纤维为增强材料，经打浆、铺浆、脱水、成型、烘干而成的无面纸纤维石膏薄板。可用于工业与民用建筑的内隔墙和预制石膏板复合隔墙板。其质轻、高强、耐火、隔声、韧性高，并可进行锯、钉、刨、粘等加工操作，施工简便。

4. 石膏板复合墙板

石膏板复合墙板是采用两层纸面石膏板或纤维石膏板和一定断面的石膏龙骨、轻钢龙骨，经粘结、干燥而成的复合墙板。具有重量轻、强度高、防火、隔声、隔热等性能，且锯、钻、钉、粘等加工性能良好，施工简便。

按照不同分类方式有纸面石膏复合板和无纸面石膏复合板；空心复合板和填芯复合板；一般复合板和固定门框用复合板。

5. 纤维增强水泥平板（TK板）

纤维增强水泥平板（TK板）是以低碱水泥和中碱玻璃纤维以及短石棉为原料，在圆网抽取机上制成的薄型建筑平板。适用于框架结构的复合外墙和内隔墙。具有重量轻、抗弯抗冲击强度高，不燃、耐水、不变形等特点，可锯、钉、涂刷等。按照其抗弯强度分为100号、150号、200号。

6. 加气混凝土

加气混凝土是以钙质材料和硅质材料为基本原料，以铝粉为发泡剂，板中铺设单层或双层钢筋网片，经蒸压养护而成的多孔墙板。具有容重小、保温、吸声、吸水、导热慢等特点，尺寸准确，便于加工，但干燥收缩大。按照板的干容重可分为 $500kg/m^3$ 级和 $700kg/m^3$ 级两种。

7. 石棉水泥板

石棉水泥板是以石棉纤维和水泥为主料，经打坯、压制、养护而成的薄型建筑墙板。防火、防潮、防腐、耐热、隔声、绝缘，板面质地均匀，着色力强，可锯、钻、粘，施工简便。主要性能指标包括密度、横向抗折强度、抗冲击强度、抗拉强度，以及吸水率和浸水线膨胀率。

8. 陶粒无砂大孔隔墙板

陶粒无砂大孔隔墙板是以建筑陶粒、陶砂和水泥为主料，经搅拌、成型、振捣、养护制成的轻质建筑板材。重量轻、厚度薄、保温、隔声、防火，加工成型简单，施工方便，且便于表面装饰。可分为水选陶粒板和混合陶粒板两种，厚度有40mm、60mm、80mm三种，性能指标包括有密度、单位面积重量、抗压强度、吸水率、导热系数、隔音性能和软化系数。

9. 刨花板

刨花板是以木质刨花或碎木粒为原料，经干燥、拌胶、热压而成，依据外观和物理性能分为一级品和二级品。主要性能指标包括有绝对含水率、绝对干密度、静曲强度、平面抗拉强度、吸水厚度膨胀率。

10. 水泥刨花板

水泥刨花板是以木质刨花和水泥为原料，加入适量水和化学助剂，经搅拌、成型、加压、养护而成的薄型建筑平板。强度高、自重轻、耐水、防火、保温、隔声、防蛀，可锯、钉、粘，施工简便。主要性能指标有密度、抗折强度、抗压强度、抗拉强度、内结合力、含水率、吸水率、线膨胀系数、导热系数、隔声系数和耐火极限。

11. 硬质纤维板

硬质纤维板是以木质纤维为原料，经纤维分离、喷胶、成型、干燥和热压等工序制成的薄型平板。强度高、防水性能好，在高温条件下变形小，并具有隔热和吸音作用。分为单面光板和双面光板两种。主要性能指标有密度、吸水率、含水率、静曲强度。

12. 稻草（麦秸）板

稻草（麦秸）板现在已经不多见到，它是以稻草（麦秸）为主要原料，经对原料处理、热压、成型、在表面用树脂胶牢固粘结而成的一种建筑平板。强度高、刚性好、比重小，且隔声、保温、隔热、耐火，施工时可锯、钉、粘、漆，操作简便。主要性能指标有密度、单位面积重量、挠度、破坏荷载、绝对含水率、导热系数。

13. 稻壳板

稻壳板是以稻壳为原料，合成树脂为胶粘剂，经碾磨、混合、铺装成型、热压固结、裁切等工序制成的中密度建筑平板。质轻、防虫蛀、防腐蚀，可钉、锯、粘。性能指标有密度、平面抗拉强度、冲击强度、握钉力、含水率、吸水厚度膨胀率、导热系数。

14. 麻屑板

麻屑板以亚麻杆茎为原料，合成树脂为胶粘剂，加入适量防水剂、固化剂，经破碎、混合、铺装、热压、裁边、砂光等工序制成的建筑平板。轻质、吸音、抗水，可锯、钉、刨、粘。性能指标有密度、静曲强度、抗弯强度、平面抗拉强度、握钉力、浸水厚度膨胀率、导热系数。

15. 蔗渣板

蔗渣板是以甘蔗渣为原料，利用蔗渣中转化成的呋喃树脂或用合成树脂为胶结剂，经原料加工、混合、铺装、热压、成型等工序制成的建筑平板。质轻、强度高。分为无胶蔗渣板和有胶蔗渣板。性能指标有密度、静曲强度、平面抗拉强度、吸水厚度膨胀率、含水率。

16. 铝合金压型板

铝合金压型板是选用纯铝、铝合金为原料，经辗压冷加工成各种波形的金属板材。重量轻、强度高、刚度好、经久耐用，以及耐候性强。

17. 龙骨

龙骨是用来支撑造型、固定结构的建筑构件。是装饰装修的骨架和基材，使用非常普遍。龙骨的种类很多，根据制作材料的不同，可分为木龙骨、轻钢龙骨、铝合金龙骨、钢龙骨等。

（1）木龙骨

一般选用松木或杉木，含水率不大于 8%，所用木材树种、材质等级，以及防腐、防虫、防火处理，必须符合设计要求和相关规范要求。

（2）石膏龙骨

是以浇筑石膏，适当配以纤维或用纸面石膏板复合、粘结、切割而成的石膏板隔墙骨架支撑材料。用于现装石膏板和水泥刨花板隔墙，有矩形和工字型两种，长度规格从 2400～4000mm 不等，厚度矩形龙骨一般是 25mm，工字型龙骨厚度一般为 92mm 或 118mm，自重轻、强度高、刚度大、可锯、可接长，加工性能好，安装方便。

（3）轻钢龙骨

是以镀锌钢带或薄壁冷轧退火卷带为原料，经冷弯或冲压成型的轻隔墙骨架支撑材料。自重轻、刚度大、防火、抗震性能优越，适应性强，加工安装便捷。作为隔墙龙骨通常选用 C 型和 U 型龙骨。

18. 配套材料

（1）纸面石膏板嵌缝腻子

可选用 KF80，它是以石膏粉为基料的粉状或液态的腻子，无毒、不燃，和易性好。

（2）轻隔墙接缝纸带（穿孔纸带）

是以未漂硫酸盐木浆为原料制成的轻隔墙接缝材料，外观为浅褐色，表面有微细绒毛和不规则分布针孔，一般规格为宽 50mm，厚 0.2mm，每盘纸长 150m。可起到连接板缝，避免板缝开裂，改善隔音效果的作用。

（3）轻隔墙玻璃纤维接缝带

是以玻璃纤维为基材的接缝纸带，宽 50mm，厚 0.2mm，横向抗张强度高，化学稳定性好，吸湿性小，尺寸稳定，不燃，易于粘结操作。

19. 胶粘剂、防潮剂、石膏腻子配比

胶粘剂按照组分不同分为石膏型、水泥型和水泥素浆型等；防潮剂有乳化光油、氯乙烯、中性甲基硅醇钠、偏氯乙烯共聚乳液等。石膏腻子用于嵌缝，粘结砂浆用于粘结。

以上各种材料现场配置配比参考表 3-0-1。

胶粘剂、防潮剂、石膏腻子、粘结砂浆配比　　　　　　　　表 3-0-1

名称	品种	配比	制备方法
胶粘剂	石膏型	石膏：6%～7%聚乙烯醇：缓凝剂：消泡剂＝100：（45～50）：（0～3）：（0～0.12）	重量比
	水泥型	水泥：108 胶：水：细砂＝100：（100～120）：适量：200	重量比
	水泥素浆型	水泥：108 胶：水＝100：（80～100）：适量	重量比
防潮剂	乳化光油	熟铜油：水：硬脂酸：肥皂＝30：70：0.5：（1～2）	现将肥皂溶于开水中，将硬脂酸溶于桐油中，将水加热至 70～80℃，边搅拌边倒入肥皂水中，即可
	中性甲基硅醇钠	将水解法生产的甲基硅醇钠（含量30%左右），用 3%～4%的硫酸铝溶液中和至 pH 值为 8	先将硫酸铝溶于相当甲基硅醇钠 10 倍体积的水中，边搅拌边倒入甲基硅醇钠，即配成含量 3%左右的中性甲基硅醇钠
粘结砂浆		108 胶：水泥：砂子＝1：1：3 或 1：2：4	重量比
石膏腻子		石膏：珍珠岩＝1：1	重量比

二、施工作业条件

（1）屋面防水层和顶层楼地面已完成，并经检查合格，不渗漏。

（2）隔墙修缮方案已编好，并对施工人员进行技术、质量及安全交底。

（3）龙骨和罩面板已按查勘设计备好，经进场检查验收无损坏、变形弯折、翘曲和边角缺损等；入库妥善精心保管。

（4）主体及二次结构隐蔽验收合格，损坏的墙面已按查勘设计修补好；主体墙柱、门窗框与隔墙相交接处已按查勘设计进行技术处理。

三、主要施工工具

隔墙安装施工机具以及他们的用途见表 3-0-2。

隔墙安装施工机具以及他们的用途　　　　　　　　　　　表 3-0-2

序号	机具名称	用　途
1	手动、电动搅拌器	搅拌胶粘剂
2	滑梳	涂布施工胶粘剂,使其梳成条状
3	胶料铲	当两层石膏板粘结时,用铲将胶粘剂刮均匀
4	平抹刀	用来抹腻子和密封膏
5	橡胶锤	采用粘钉结合安装石膏板墙时,用来调整墙面平整度
6	多用刀	切割石膏板
7	圆孔锯	在石膏板上开圆孔洞,以安装水电管道
8	板锯	切割石膏板、岩棉板
9	针锯	开直条孔洞
10	针锉	在石膏板上开异性孔洞
11	拉铆枪	用于抽芯铝铆钉固定
12	冲击钻	在砖墙和混凝土上钻孔,以便安装膨胀螺栓
13	射钉枪	固定龙骨、墙板等
14	电动螺丝刀	固定石膏板
15	曲线锯	锯异形石膏板
16	电动式台锯	锯切加气混凝土板
17	锋钢锯	加气混凝土局部锯切
18	普通手锯	加气混凝土异形构件锯切

四、质量要求

（1）轻质隔墙与顶棚或其他材料墙体的交接处容易出现裂缝，因此，轻质隔墙与顶棚和其他墙体的交接处应采取防开裂措施。

（2）民用建筑轻质隔墙工程的隔声性能应符合现行国家标准《民用建筑隔声设计规范》（GBJ 118）的规定。

（3）板材隔墙：

1）隔墙板材的品种、规格、性能、颜色应符合设计要求。安装隔墙板材所需预埋件、连接件的位置、数量和连接方法，以及隔墙板材所用接缝材料的品种及接缝方法应符合设计要求。有隔声、隔热、阻燃、防潮等特殊要求的工程，板材应有相应性能等级的检测报告。

2）板材不应有裂缝或缺损，表面应平整光滑、色泽一致、洁净，接缝应均匀、顺直。隔墙板材安装必须牢固，且应垂直、平整、位置正确。隔墙上的孔洞、槽、盒应位置正确、套割方正、边缘整齐。

3）现制钢丝网水泥隔墙与周边墙体的连接方法应符合设计要求，并应连接牢固。

4）板材隔墙安装的允许偏差和检验方法应符合表 3-0-3 的规定。

板材隔墙安装的允许偏差和检验方法　　　　　　　　　　表 3-0-3

项次	项目	允许偏差（mm）				检验方法
		复合轻质墙板		石膏空心板	钢丝网水泥板	
		金属夹芯板	其他复合板			
1	立面垂直度	2	3	3	3	用2m垂直检测尺检查
2	表面平整度	2	3	3	3	用2m靠尺和塞尺检查
3	阴阳角方正	3	3	3	4	用直角检测尺检查
4	接缝高低差	1	2	2	3	用钢直尺和塞尺检查

（4）骨架隔墙：

1）骨架隔墙所用龙骨、配件、墙面板、填充材料及嵌缝材料的品种、规格、性能和木材的含水率应符合设计要求。有隔声、隔热、阻燃、防潮等特殊要求的工程，材料应有相应性能等级的检测报告。

2）龙骨体系沿地面、顶棚设置的龙骨及边框龙骨，是隔墙与主体结构之间重要的传力构件，要求这些龙骨必须与基体结构连接牢固，垂直和平整，交接处平直，位置准确。由于这是骨架隔墙施工质量的关键部位，故应作为隐蔽工程项目加以验收。

3）骨架隔墙中龙骨间距和构造连接方法应符合设计要求。骨架隔墙在有门窗洞口、设备管线安装或其他受力部位，应安装加强龙骨，增强龙骨骨架的强度，以保证在门窗开启使用或受力时隔墙的稳定。一些有特殊结构要求的墙面，如曲面、斜面等，应按照设计要求进行龙骨安装。

4）木龙骨及木墙面板的防火和防腐处理必须符合设计要求。

5）骨架隔墙的墙面板应安装牢固，无脱层、翘曲、折裂及缺损，骨架隔墙表面应平整光滑、色泽一致、洁净、无裂缝，接缝应均匀、顺直。墙面板所用接缝材料的接缝方法应符合设计要求。

6）骨架隔墙上的孔洞、槽、盒应位置正确、套割吻合、边缘整齐。

7）骨架隔墙内的填充材料应干燥，填充应密实、均匀、无下坠。

8）骨架隔墙安装的允许偏差和检验方法应符合表 3-0-4 的规定。

骨架隔墙安装的允许偏差和检验方法　　　　　　　　　　表 3-0-4

项次	项目	允许偏差（mm）		检验方法
		纸面石膏板	人造木板、水泥纤维板	
1	立面垂直度	3	4	用2m垂直检测尺检查
2	表面平整度	3	3	用2m靠尺和塞尺检查
3	阴阳角方正	3	3	用直角检测尺检查
4	接缝直线度	—	3	拉5m线，不足5m拉通线，用钢直尺检查
5	压条直线度	—	3	拉5m线，不足5m拉通线，用钢直尺检查
6	接缝高低差	1	1	用钢直尺和塞尺检查

五、安全技术保障措施

1.机电设备方面

（1）木工机械安置必须稳固，机械的转动和危险部位必须安装防护罩，机械使用前应严格检查，刀盘的螺丝必须旋紧，以防刀片飞出伤人。

（2）加强机械的管理工作，专人负责，机械用完后应切断电源，并将电源箱关门上锁。

（3）机械运转中，如遇不正常声音或发生其他故障时，应切断电源，加以检查修理。

（4）凡是移动设备和手动工具、电闸箱应安装可靠的漏电保护装置。

（5）使用电钻时应戴胶手套，不用时应及时切断电源。

2.脚手架方面

（1）工作前先检查脚手架及脚手板是否牢固安全，确认合格后，方可上人进行操作。

（2）使用高凳、靠梯时，下脚应绑麻布或垫胶皮，并加拉绳防滑。跳板不得搭在最高一档，板两端搭接长度不少于200mm，板上不得同时站两人操作。

3.防火安全方面

（1）操作地点的刨花、碎木料应及时清理，并集中放在安全地方。

（2）施工现场严禁吸烟和用火，并有可靠的消防设施。

4.安全纪律方面

（1）机械操作人员工作时要扎紧袖口，理好衣角，扣好衣扣，但不许戴手套。女同志必须戴工作帽，长发不得外露。

（2）施工操作必须按操作规程进行，严禁违反操作规程。

（3）操作现场，应随时将废料清理集中，严防钉子伤人。

（4）施工员（或工长）应结合工程具体情况，向操作人员作安全交底，并进行经常性的安全教育。

任务一　木龙骨轻质隔墙

【学习目标】

熟悉木龙骨轻质隔墙施工安装方法。

【任务设置】

撰写木龙骨轻质隔墙施工安装说明。

【相关知识】

木龙骨轻质隔墙，是隔墙骨架采用木质材料，面板嵌于骨架中间或贴与骨架两侧的轻质隔墙，罩面板材料可为胶合板、纸面石膏板、硬质纤维板、刨花板等，可钉、粘于骨架之上。具有造型灵活、装拆方便、取材容易等优点，缺点是防火、防潮和隔声性能较差。

　　木龙骨由上槛、下槛、立筋和横筋组成，上下槛和立筋横截面约为 30mm×50mm～50mm×70mm，立筋间距为 400～600mm，横筋间距为 1200mm。具体构造形式可分为大木方结构、双层小木方结构和单层小木方结构。如图 3-1-1、图 3-1-2 所示。大木方结构多用于高宽尺度较大隔墙；小木方双层结构多用于厚度在 150mm 左右的隔墙，同时方便内部走线；小木方单层结构适用于高度 3m 以下隔墙。

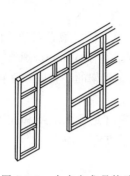
图 3-1-1　大木方龙骨构造

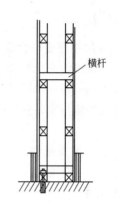
横杆

图 3-1-2　双层小木方龙骨构造

一、材料与技术要求

　　(1) 木龙骨根据应用部位、材质、规格进行筛选，不得有腐朽、斜口开裂、死疖、虫蛀等现象。

　　(2) 对木龙骨进行防火处理，一般在木材表面刷或喷防火涂料，也可把木材放在防火涂料槽内浸渍。防火涂料的种类和使用规定，见表 3-1-1。

　　(3) 对接触墙柱结构的木龙骨，如墙边、梁边的龙骨，以及端头伸入墙体的部位应涂刷有防潮、防蛀、防腐朽功效的防腐剂。

防火涂料的种类和使用规定　　　　　　　　　　　　　　　　表 3-1-1

项次	防火涂料种类	用量(kg/m²)	特性	基本用途	限制和禁止范围
1	硅酸盐涂料	≥0.5	无抗水性,在二氧化碳的作用下分解	用于不直接受潮湿作用的构件上	不得用于露天构件及位于二氧化碳含量高的大气中的构件
2	可赛银(酪素)涂料	≥0.7	—	用于不直接受潮湿作用的构件上	不得用于露天构件上
3	掺有防火剂的油质涂料	≥0.6	抗水	用于露天构件上	—
4	氯乙烯涂料和其他以氯化碳化氢为主的涂料	≥0.6	抗水	用于露天构件上	—

　　(4) 罩面板的安装宜使用镀锌的螺丝、钉子。接触砖石、混凝土的木龙骨和预埋的木

砖应做防腐处理。所有木作都应做好防火处理。

二、主要工序

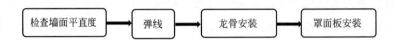

三、施工工艺

1. 检查墙身的平整度与垂直度

用垂线法和水平线来检查墙身的垂直度和平整度，在墙面上标出最高点和最低点。对墙面平整误差在 10mm 以内的墙体，进行重新抹灰修正；如误差大于 10mm，通常不再修正墙体，而是在建筑墙体与木龙骨架间加木垫来调整，以保证木龙骨架的平整度和垂直度。

2. 弹线

按查勘设计、龙骨规格、罩面板的尺寸在墙面和顶棚弹出龙骨水平线和在墙柱上弹出龙骨竖向垂直线，控制隔墙及龙骨安装的位置、横格料的平直度和固定点。

3. 固定木龙骨

将拼钉好的骨架立起靠在建筑墙面上，用垂线检查木龙骨架垂直度，用水平直线法检查木龙骨架的平整度，并进行校正。校正后龙骨在弹线位置立好，观察龙骨与建筑墙面有否缝隙，如有缝隙，用木片或木块将缝隙垫实，用膨胀螺栓固定。

当采用木楔圆钉固定龙骨时，用 16～20mm 的冲击钻头在建筑面层上钻孔，钻孔的位置应在弹线的交叉点位置上，钻孔的孔距为 600mm 左右、钻孔深度不小于 60mm。在钻出的孔中打入木楔，如在潮湿的地区或墙面易受潮的部位，木楔可刷上桐油，待干燥后再打入墙孔内，再用圆钉将校正后木龙骨与木楔钉牢固。

对于大面积墙身，可将拼装好的木龙骨分片固定安装。

4. 罩面板安装

（1）石膏罩面板安装

首先对预埋在隔墙中的管道和附于墙内的设备等进行局部加强技术处理，按龙骨框格尺寸准确裁割石膏板，要求隔声、保温、防火的隔墙，应按查勘设计先在龙骨一侧用自攻螺丝固定石膏罩面板，从板的中部向板的四边固定。钉头略埋入板内，但不得损坏纸面；钉眼应用石膏腻子抹平；钉头应做防锈处理。周边螺钉的间距不大于 200mm，中间部分螺钉间距不大于 300mm，螺钉与板边缘的距离为 10～16mm，按照设计要求填充隔声、保温、防火等材料后，封闭另一侧的罩面板。

（2）胶合板和纤维板、细木工板安装

首先在接触口、隔墙墙与墙柱表面及地面，铺粘防水卷材或涂刷聚氨酯防水涂料防潮层，且铺设、涂刷平整，搭接严密。用直钉固定一侧罩面板，钉距为 80～150mm，钉帽打扁钉入板面 0.5～1mm；钉眼用油性腻子抹平。按照设计要求填充隔声、保温、防火等材料后，再封闭另一侧的罩面板。

四、施工注意事项

（1）龙骨安装各自交接后的龙骨，应保持平直。固定点间距不大于 1000mm，龙骨的端部必须固定、牢靠。边框龙骨与墙柱基体之间，按查勘设计安装密封条。

（2）隔墙的下端如用木踢脚板覆盖，罩面板下端应离地面 20～30mm；如用大理石、花岗岩踢脚时，罩面板下端应与踢脚板上口齐平，接槎、接缝平顺严密。罩面板必须符合防火的有关规定。一般用玻璃丝棉或 30～100mm 厚的岩棉板作为隔声、防火填充材料；用 50～100mm 厚的模塑聚苯板作为保温填充材料。

（3）石膏板安装时石膏板宜按长边竖向铺设，接缝应落在竖向龙骨上。双面石膏罩面板安装，应与龙骨一侧的内外两层石膏板错缝排列接缝不应落在同一根龙骨上。石膏板的接缝，两板间应留 3～6mm 宽的缝，且板口与板口相接。

（4）石膏板就位时应与框格靠紧，不得强压。隔墙端部的石膏板与周围的墙、柱应留有约 3mm 的槽口。施铺石膏板时，应先在槽口处加注嵌缝膏，使铺板挤压嵌缝膏与邻近墙柱接触紧密；在丁字形或十字形相接处，如为阴角应用腻子嵌满，贴上接缝带，如为阳角应做护角。

（5）胶合板、人造木板涂刷清油时，应使相邻板面的木纹和颜色相近；阳角处应做护角，防止板边角损坏，增加装饰性。在湿度较大的房间，胶合板和纤维板必须经防水处理。

（6）硬质纤维板应用水浸透，自然阴干后安装。

（7）电气配件的安装，应嵌装牢固，表面应与罩面板的底面齐平。

任务二　轻钢龙骨轻质隔墙

【学习目标】

熟悉轻钢龙骨轻质隔墙安装工艺。

【任务设置】

撰写轻钢龙骨轻质隔墙安装说明。

【相关知识】

轻钢龙骨是以冷轧钢板（钢带）、镀锌钢板（钢带）或彩色喷塑钢板（钢带）为原料、采用冷弯工艺加工而成的薄壁型钢，经组合装配而成的一种金属骨架。它具有自重轻、刚度大、防火、抗震性能好、加工安装简便等特点，适用于工业与民用建筑的室内隔墙和吊顶所用的骨架。

1. 轻钢龙骨的特点

由于制作轻钢龙骨的板材厚度为 0.5～1.5mm，隔墙龙骨自重为 $5kg/m^2$，两侧各覆以厚度 12mm 的纸面石膏板构成隔墙，质量也仅为 $25～27kg/m^2$，相当于普通 120mm 厚砖墙重量的 1/10。所以采用轻钢龙骨可以大大减轻建筑物的自重。

轻钢龙骨具有良好的防火性能，尤其突出优于木龙骨。轻钢龙骨与耐火石膏板组成的隔墙，其耐火极限可达 1h，完全可以满足建筑设计的防火规范要求。

　　轻钢龙骨虽然薄、轻，但由于采用了异形断面，所以强度高、弯曲刚度大、挠曲变形小，因此由其制作的结构安全可靠。此外，因为轻钢龙骨各构件之间采用吊、挂、卡等连接方式，与面层板之间采用射钉、抽芯铆钉或自攻螺钉等方式连接，在受震动时，可吸收较多变形能量，所以轻钢龙骨隔墙具有良好的抗震性能。

　　轻钢龙骨占地面积小，如 C75 轻钢龙骨和两层 12mm 厚石膏板组成的隔墙，其厚度仅为 99mm，绝热性能却远远超过一砖墙；若在龙骨内再填充岩棉等保温材料，其绝热效果相当于三七墙。在相同绝热效果下，轻钢龙骨隔断可以减少占地面积而提高室内空间利用率。

　　轻钢龙骨的施工是组装式的，完全取消湿作业，因此施工效率高，且装配、调整方便。这一施工特点，便于住户根据不同的使用要求进行室内空间的布置和分隔，为室内空间的重新布置提供了较大的灵活性和可能性。

　　2. 轻钢龙骨的分类与标记

　　按其断面形式不同分为 C 形龙骨（代号 C）、T 形龙骨（代号 T）、L 形龙骨（代号 L）和 U 形龙骨（代号 U）等多种，如图 3-2-1 所示。其中，隔墙主要使用 C 形龙骨。标记顺序为：产品名称、代号、断面形状、宽度、高度、厚度和标准号。例如，断面形状为 C 形、宽度为 50mm、高度为 15mm、钢板厚度为 1.5mm 的隔墙龙骨的标记为：建筑用轻钢龙骨 QC50×15×1.5。

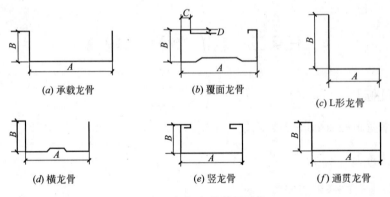

(a) 承载龙骨　　　　(b) 覆面龙骨　　　　(c) L形龙骨

(d) 横龙骨　　　　(e) 竖龙骨　　　　(f) 通贯龙骨

图 3-2-1　轻钢龙骨断面形状

　　3. 轻钢龙骨配件的种类

　　墙体龙骨的配件有支撑卡、接插件和角托等，支撑卡用于覆面板材与龙骨固定时辅助支撑竖龙骨；接插件用于竖龙骨的接长；角托用于竖龙骨背面与横龙骨之间的连接。

　　4. 龙骨选型建议

　　隔墙常用 C 形龙骨，一般民用房屋的隔墙宜用 C50 系列；层高 3.5～6.0m 的隔墙宜用 C75 系列；层高 6m 以上的隔墙宜用 C100 系列。

一、材料与技术要求

　　1. 轻钢龙骨

　　轻钢龙骨按外观质量、表面镀锌量和形状允许偏差分为优等品、一等品和合格品。轻钢龙骨外形应平整、棱角清晰、切口不允许有影响使用的毛刺和变形。镀锌层不允许有起皮、起瘤和脱落等缺陷。对于腐蚀、损伤、黑斑和麻点等缺陷应符合表 3-2-1 要求。轻钢龙骨表面应镀锌防锈，镀锌量应符合表 3-2-1 的规定。允许轻钢龙骨用喷漆、喷塑等其他方法防锈，其性能要求与镀锌防锈相同。

轻钢龙骨外观质量、表面防锈及尺寸允许偏差　　　　　　　　表 3-2-1

项目	内容		优等品	一等品	合格品
外观质量	腐蚀、损伤、黑斑、麻点		不允许	无较严重的腐蚀、损伤、麻点，面积不大于 1cm² 的黑斑每米长度内不多于 5 处	
表面防锈	双面镀锌量(g/cm²)		120	100	80
尺寸允许偏差(mm)	长度		+30，−10		
	覆面龙骨	尺寸 A ≤30	±0.1		
		尺寸 A >30	±1.5		
		尺寸 B	±0.3	±0.4	±0.5
	其他龙骨	尺寸 A	±0.3	±0.4	±0.5
		尺寸 B ≤30	±1.0		
		尺寸 B >30	±1.5		

2. 轻钢龙骨配件

支撑卡、卡托、角托、连接件、固定件、护墙龙骨和压条等，应符合查勘设计和有关技术标准规定。

3. 轻钢龙骨紧固材料

拉铆钉、膨胀螺栓、镀锌自攻螺丝、木螺丝和粘贴嵌缝材料，应符合查勘设计和有关技术标准规定。

二、主要工序

弹线 → 安装龙骨 → 安装罩面板

三、施工工艺

1. 弹线

按查勘设计、龙骨系列、罩面板规格在墙面和顶棚弹出龙骨水平线和在墙柱上竖向龙骨垂直线，以控制隔断龙骨安装的位置、平直度和固定点。

2. 龙骨安装

按弹线位置固定沿顶和沿地龙骨，及其竖向龙骨，各自交接后的龙骨，应保持平直。固定点间距不大于 1000mm，龙骨的端部必须固定牢固。将支撑卡安装在竖向龙骨的开口上，卡距为 400～600mm，距龙骨两端约为 20～25mm。

3. 罩面板安装

参照本情境任务一的操作工艺进行。用铝合金条板装饰墙面时，可用螺钉直接固定在结构层上，也可用锚固件悬挂或嵌卡，将铝合金板固定在轻钢龙骨上，或将铝合金板固定在墙筋上。

四、施工注意事项

（1）边框龙骨与墙柱基体之间，应按查勘设计和有关技术规定安装密封条。

（2）选用通贯系列龙骨时，高度低于 3m 的隔墙安装一道；3～5m 时安装两道；5m 以上时安装三道。

（3）隔墙的下端如用木踢脚板覆盖时，其罩面板下端应离地面 20～30mm；如用大理石、花岗石踢脚时，罩面板下端应与踢脚板上口齐平，接缝顺直严密。

（4）墙面安装胶合板时，其阳角应做护角，以防板边角损坏，可采用木质压条进行保护装饰。

任务三　石膏空心条板隔墙

【学习目标】

熟悉石膏空心条板隔墙施工工艺。

【任务设置】

撰写石膏空心条板隔墙施工说明。

【相关知识】

板材式隔墙是直接用高度等于室内净高、面积较大的成品条板拼装而成的室内轻质隔墙。这种隔墙不用骨架，工序少，工业化程度高，拆装方便，但也存在隔声差、高度受板长限制及抗侧向推力较差等缺点。

1. 常用条板的种类及规格

板材式隔墙常用的条板有玻璃纤维增强水泥条板（GRC 板）、泰柏板、石膏空心条板、轻骨料混凝土条板及各种各样的复合板（如蜂窝板、夹心板）等。长度一般为 2400～3300mm，板厚 60mm、90mm、120mm。

2. 石膏空心条板隔墙的构造

先确定隔墙下端是否要求做墙垫，当有防水要求时，必须在石膏条板隔墙下端做墙垫，可采用 C20 豆石混凝土浇筑，一般应高出楼地面 50mm，然后在墙垫上安装空心石膏板，无墙垫要求时可直接安装在楼地板上。

板的安装分上楔法和下楔法，在实际工程中多采用下楔法，即用木楔在板下端两侧各 1/3 处分两组楔入对楔、顶紧，并用水泥砂浆或豆石混凝土堵严缝隙。位于门窗框两边的条板，必须用门窗框板，门窗框板设有固定门窗框的预埋件。板间缝隙用石膏胶泥粘结，最后在踢脚和板面上做饰面层，构造如图 3-3-1 所示。

轻质条板用做分户墙时，应配有钢筋或采用外挂钢丝网抹灰加强。当墙体端部尺寸不足一块标准板宽度时，应按尺寸补板，补板宽度不宜小于 200mm。墙体阴阳角处，条板

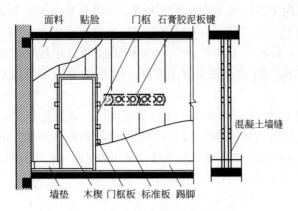

图 3-3-1 石膏空心条板隔墙的构造

与建筑结构结合处宜做防裂处理。

一、材料与技术要求

（1）石膏空心板的标准板、门框板、窗框板、门上板、窗上板、窗下板及异形板必须符合设计要求，并有出厂合格证。

（2）胶粘剂、建筑石膏粉、玻璃纤维布、石膏腻子等配套材料应符合设计要求，并有出厂合格证。胶粘剂设计无要求时，可用 SG791 胶与建筑石膏粉配制成胶泥使用。重量配合比为石膏粉：SG791＝1：（0.6～0.7）。配制量以每次使用不超过 20min 为宜。

二、主要工序

三、施工工艺

（1）清理石膏空心板与顶面、地面、墙面的结合部位，剔除凸出墙面的砂浆、混凝土块等并清扫干净，用水泥砂浆找平。

（2）根据设计图纸要求，在地面、墙面、顶面弹好隔墙边线和门窗洞口边线，并按板宽分档。

（3）隔墙板的长度应为楼层净高尺寸减去 20～30mm。量测并计算门窗洞口上部和窗口下部隔墙板尺寸，并按此尺寸配板。当板宽与隔墙长度不符时，可将部分隔墙板预先拼接加宽或锯窄，使其变成合适的宽度，并放置于阴角处。

（4）当有抗震要求时，必须按设计要求用 U 形钢板卡固定隔墙板顶端。在两块板顶端拼缝之间用射钉或膨胀螺栓将 U 形钢板卡固定在梁或板上。随安装隔墙板随固定 U 形钢板卡。

（5）安装隔墙板顺序应从与墙结合处或门洞边开始，依次顺序安装。清扫隔墙板表面浮灰，在板顶面、侧面及与板结合的墙面、楼层顶面刷 SG791 胶液一道，再满刮 SG791 石膏胶泥；按弹线位置安装就位，用木楔顶在板底，用手平推隔墙板，使板缝冒浆；一人用特制的撬棍在板底向上顶，另一人打板底木楔，使隔墙板侧面挤紧、顶面顶实；用腻子刀将挤出的胶粘剂刮平。每安装完一块隔墙板，应用靠尺及垂直检测尺检查墙面平整度和垂直度。墙板固定后，应在板下填塞 1∶2 水泥砂浆或 C20 干硬性细石混凝土。当砂浆或混凝土强度达到 10MPa 以上时，撤去板上木楔，用 1∶2 水泥砂浆或 C20 细石混凝土堵严木楔孔。

（6）隔墙板安装 10 天后，检查所有缝隙粘结情况，如出现裂缝，应查明原因后进行修补。清理板缝、阴角缝表面浮灰，刷 SG791 胶液后粘贴 50～60mm 宽玻璃纤维布条，隔墙转角处粘贴 200mm 宽玻璃纤维布条一层，每边各 100mm 宽。干后刮 SG791 胶泥。

（7）墙面直接用石膏腻子刮平，打磨后再刮二道腻子，第二次打磨平整后，做饰面层。

四、施工注意事项

（1）搬运石膏空心板时，应轻拿轻放，防止碰撞损坏，运输时应垂直码放装车，板下距板边 600mm 处两端放垫方木，雨季运输应该苫盖。运进现场的石膏空心板应竖向堆放，板下用方木架起垫平，存放于现场地势较高且平坦的位置，用苫布盖好。

（2）用于隔墙安装的石膏空心板必须是已烘干、基本完成收缩变形的板材。严禁使用未烘干的湿板，以防止石膏空心板裂缝和变形。有缺陷的板应修补合格后才能使用。严禁使用有明显变形、无法修补的过大孔洞、断裂、严重裂缝及破损的石膏空心板。

（3）有门窗洞口的墙体，一般均采用后塞口。门窗框与门窗洞口板之间的缝隙不宜超过 3mm，超过 3mm 时应加木垫片过渡。

（4）石膏空心板安装时，最好使用定位木架。这样不但能确保隔墙板的安装质量，而且也能确保施工安全。定位木架分上方木和下方木。上方木可直接压住隔墙板安装位置外边线顶在结构楼层顶面，下方木可离楼地面 100mm 左右，上、下方木之间每隔 1.5m 立一根支撑方木，并用木楔将下方木与支撑方木之间楔紧。定位木架支设好后，即可依定位木架安装隔墙板。

（5）所有电线管必须顺石膏空心板板孔铺设，严禁横铺、斜铺。

（6）隔声双层板墙板缝应相互错开。

学习情境四 门窗修缮

门窗是基本的建筑构件,是建筑围护系统的重要组成部分,按其所处的位置不同分为围护构件或分隔构件。门的主要功能是交通联系、交通疏散,窗的主要功能是通风、采光;此外,按设计不同对门窗有保温、隔热、隔声、防水、防火、防盗等要求。

门窗又是建筑造型的重要组成部分,影响着虚实对比、韵律艺术效果,所以它们的形状、尺寸、比例、排列方式、色彩、造型等对建筑的整体造型都有很大的影响。在中国建筑装饰文化史上,门窗也蕴含着博大精深的文化韵味。在古人眼里,门窗犹如天人之际的一道帷幕。中国古代,尤其是明清时期的花窗花板,集富贵之相、儒雅之风于一身,既具有丰富的文化内涵,又雕工精美,给人以高雅的视觉享受,还有一定的收藏价值和高度的装饰实用性,正日益成为一种现代家居中最时尚的装饰材料。

本学习情境含有六个常见门窗任务,既有修缮中常见的木门窗、铝合金门窗、钢门窗及塑钢门窗,也有濒临失传和少见的木板门,以及相配套的玻璃安装等。内容涵盖了构造、工艺、质量要求等,配合任务分为学习目标、任务设置、背景资料、相关知识、任务实施等部分。

一、常用材料

1. 木门窗

(1) 木门窗:木门窗加工制作的型号、数量及加工质量必须符合设计要求,有出厂合格证,且应要求木门窗制作时的木材含水率不应大于12%。

(2) 木制纱门窗:应与木门窗配套加工,型号、数量、尺寸符合设计要求,有出厂合格证,压纱条应与裁口相匹配,所用的小钉应配套供应。

(3) 防腐剂:如采用氟硅酸钠,其纯度不应小于95%,含水率不大于1%,细度要求应全部通过1600孔/cm² 的筛;也可采用稀释后的冷底子油涂刷木材与墙体接触部位。

(4) 墙体中用于固定门窗框的预埋件、木砖和其他连接件应符合设计要求。

(5) 小五金及其配件的种类、规格、型号必须符合图纸要求,并与门窗框扇相匹配,且必须是质量合格产品。

2. 钢门窗

(1) 钢门窗的品种、型号应符合设计要求,生产厂家应具有产品质量认证,并应有产品合格证。

(2) 钢门窗五金配件及橡胶密封条,必须与门窗规格型号匹配,且必须保证其质量。

(3) 水泥 P.O 32.5 号及其以上,砂为中砂或粗砂。

(4) 各种型号的机螺丝、焊条、扁铁等,应与钢门窗预留孔尺寸吻合,其固定方法符合设计要求。

3. 铝合金门窗

（1）铝合金型材：门窗受力构件应经计算或试验确定。未经表面处理的型材最小实测壁厚为：门不应小于 2.0mm，窗不应小于 1.4mm。其颜色应与设计图纸一致。

（2）五金配件：门窗框扇构件连接定位卡、加强垫板、门窗与墙体间的锚固件、防雷连接件等钢材连接件应符合现行国家标准的规定。

（3）金属连接件：与门窗框扇型材连接用的紧固件应采用不锈钢件，不得采用铝及铝合金抽芯铆钉做门窗构件受力连接紧固件。

（4）玻璃垫块：应采用模压成型或挤压成型硬橡胶或塑料，不得使用硫化再生橡胶、木片或其他吸水性材料。

（5）填充材料：使用聚乙烯泡沫棒，其密度不应大于 $37kg/m^3$。

（6）防腐材料：应具有足够的粘结力和耐久性。

（7）密封材料：门窗密封胶条应采用三元乙丙橡胶、氯丁橡胶、硅橡胶等热塑性弹性密封条；门窗用密封毛条应采用经过硅化处理的丙纶纤维密封毛条。

4. 塑钢门窗

（1）塑钢门窗的制作和安装必须按设计和有关图集要求选料和制作；窗型材壁厚≥2.2mm，门型材壁厚≥2.5mm，不得用小料代替大料，不得用塑料型材代替塑钢型材。

（2）塑钢型材表面应经过处理，表观应光滑、色彩统一。

（3）塑钢门窗的密封材料，可选用硅酮胶、聚硫胶、酯胶、聚氨酯胶、丙烯酸等；密封条可选用橡胶条、橡塑条等。

（4）下料切割的截面应平整、干净、无切痕、无毛刺。

（5）下料时应注意同一批料要一次下齐，并要求表面氧化膜的颜色一致，以免组装后影响美观。

（6）一般推拉门、窗下料时宜采用 45°角切割；其他类型采用哪种方式，则应根据拼装方式决定。

（7）窗框下料时，要考虑窗框加工制作的尺寸，应比已留好的窗洞口尺寸每边小 20～25mm（此法为后收口方法）或 5～8mm（采用膨胀螺丝固定门窗），窗框的横、竖料都要按照这个尺寸来裁切，以保证安装合适。

5. 玻璃

（1）玻璃：现代工程中玻璃的样式多种多样，平板、吸热、反射、中空、夹层、夹丝、磨砂、钢化、压花等玻璃的品种大规模应用，其规格、质量标准等，要符合设计及规范要求。特别是在塑钢门窗、断桥铝合金门窗中使用的中空玻璃，其气密性、水密性、抗风压系数等要求较高。

玻璃表面应洁净，不得有腻子、密封胶、涂料等污渍。中空玻璃内外表面均应洁净，玻璃中层内不得有灰尘和水蒸气。

（2）腻子（油灰）：有自行配制的和在市场购买成品两种。从外观看：具有塑性、不泛油、不粘手等特征，且柔软，有拉力、支撑力，为灰白色的稠塑性固体膏状物，常温下 20 昼夜内硬化。

（3）其他材料：红丹、铅油、玻璃钉、钢丝卡子、油绳、橡皮垫、木压条、煤油等，应满足设计及规范要求。

二、施工作业条件

1. 木门窗

（1）门窗框扇安装前应先检查有无窜角、翘扭、弯曲、劈裂，若有此类现象应进行修理。

（2）门窗框靠墙、地一面应刷防腐涂料，其他各面及扇面应涂刷清油一道。刷油后分类码放平整，底层应垫平垫高。门窗扇最好在室内堆放。每层框与框、扇与扇垫木板条通风，必须让框扇四角在同一平面内。如露天堆放时，需离地 200mm，用苫布盖好，防止日晒雨淋。

（3）安装外窗前先从上往下吊垂直，找好窗框位置，上下不对者应先处理。+50cm水平线提前弹好，在墙体上标注好安装位置，门框安装前先依据图纸尺寸核实，注意图纸的开启方向与裁口方向统一。

（4）抹灰前先进行门窗框安装，门窗扇应在抹灰后安装，如窗扇需提前安装时应注意成品保护，防止碰撞、污染。

2. 钢门窗

（1）结构工程已完，且经质量验收，工序之间办好交接手续。

（2）已按图纸尺寸要求弹好门窗边线，并弹好室内+50cm水平线。

（3）门窗预埋铁件孔眼，按其标设位置留好，并经检查符合要求。并将预留孔内清理干净。

（4）门窗预制混凝土过梁之间的连接铁件，位置、数量，经检查符合要求。对未埋设连接铁件或位置不准者，应按钢门窗安装要求补齐。

（5）装前检查：钢门窗型号、尺寸，及翘曲、开焊变形等缺陷，应修好后再安装。

（6）组合钢门窗：要事先做拼装样板，经验收合格后方可大量安装。

（7）对经过校正或补焊后防锈漆破坏的应补刷，并保证涂刷均匀。

3. 铝合金门窗

（1）主体结构经有关质量部门验收合格。工种之间已办好交接手续。

（2）检查门窗洞口尺寸及标高是否符合设计要求。有预埋件的门窗口还应检查预埋件的数量、位置及埋设方法是否符合设计要求。

（3）按图纸要求尺寸弹好门窗中线，并弹好室内+50cm水平线。

（4）检查铝合金门窗，如有劈棱窜角和翘曲不平、偏差超标、表面损伤、变形及松动、外观色差较大者，应与有关人员协商解决，经处理，验收合格后才能安装。

4. 塑钢门窗

（1）结构工程已完，经验收达到合格标准，已办好工种之间的交接手续。

（2）按图示尺寸弹好门窗位置线，并根据已弹好的+50cm水平线，确定好安装标高。

（3）校核已留置的门窗洞口尺寸及标高是否符合设计要求，有问题的应及时改正。

（4）检查塑钢门窗安装时的连接件位置排列是否符合要求。

（5）检查塑钢门窗表面色泽是否均匀，是否有裂纹、麻点、气孔和明显擦伤，有问题的应及时更正。

（6）准备好安装时的脚手架及做好安全防护措施。

5. 玻璃

（1）门窗五金安装完，经检查合格，并在涂刷最后一道油漆前进行玻璃安装。

（2）钢门窗在安装玻璃前，要求认真检查是否有扭曲变形等情况，应修整和挑选后，再进行玻璃安装。

（3）玻璃安装前，应按照设计要求的尺寸及结合实测尺寸，预先集中裁制，并按不同规格和安装顺序码放在安全地方待用。

（4）由市场直接购买到的成品油灰，或使用熟桐油等天然干性油自行配制的油灰，可直接使用；如用其他油料配制的油灰，必须经过检验合格后方可使用。

三、主要施工工具

1. 木门窗

粗刨、细刨、裁口刨、单线刨、锯、锤子、斧子、改锥、线勒子、扁铲、塞尺、线坠、红线包、墨斗、木钻、小电锯、担子板、笤帚等。

2. 钢门窗

电焊机、面具、焊把线、铁锹、大铲或抹子托线板、小线、铁水平尺、线坠、小水桶、木楔、锤子、螺丝刀等。

3. 铝合金门窗

电钻、电焊机、水准仪、电锤、活扳手、钳子、水平尺、线坠、螺丝刀等。

4. 塑钢门窗

分为施工工具及质量检测工具等两类。施工工具含有切割机、小型电焊机、电钻、冲击钻、射钉枪、打胶筒线锯、手锤、扳手、螺丝刀、灰线袋等；质量检测工具含有线坠、塞尺、水平尺、钢卷尺、弹簧秤等。

5. 玻璃

电钻、电焊机、水准仪、电锤、活扳手、钳子、水平尺、线坠、螺丝刀等。

四、质量要求

1. 木门窗制作质量要求

（1）木门窗的木材品种、材质等级、规格、尺寸、框扇的线型及人造木板的甲醛含量应符合设计要求。设计未规定材质等级时，所用木材的质量应符合表 4-0-1 的规定。

制作普通木门窗所用的木材质量规定　　　　　表 4-0-1

木材缺陷		门窗扇的立梃、冒头、中冒头	窗棂、压条、门窗及气窗的线脚、通风窗立梃	门心板	门窗框
活节	不计个数，直径(mm)	<15	<5	<15	<15
	计算个数，直径(mm)	≤材宽的1/3	≤材宽的1/3	≤30mm	≤材宽的1/3
	任1延米个数	≤3	≤2	≤3	≤5
死节		允许，计入活节总数	不允许		允许，计入活节总数
髓心		不露出表面的,允许	不允许		不露出表面的,允许
裂缝		深度及长度≤厚度及材长的1/5	不允许	允许可见裂缝	深度及长度≤厚度及材长的1/4

木材缺陷	门窗扇的立梃、冒头、中冒头	窗棂、压条、门窗及气窗的线脚、通风窗立梃	门心板	门窗框
斜纹的斜率(%)	≤7	≤5	不限	≤12
油眼	非正面,允许			
其他	浪形纹理、圆形纹理、偏心及化学变色,允许			

（2）木门窗应采用烘干的木材，含水率应符合《建筑木门、木窗》（JG/T 122）的规定。

（3）木门窗的防火、防腐、防虫处理应符合设计要求。

（4）木门窗的结合处和安装配件处不得有木节或已填补的木节。木门窗如有限值允许以内的死节及直径较大的虫眼时，应用同一材质的木塞加胶填补。对于清漆制品，木塞的木纹和色泽应与制品一致。

（5）门窗框和厚度大于50mm的门窗扇应用双榫连接。榫槽应采用胶料严密嵌合，并应用胶楔加紧。

（6）胶合板门、纤维板门和模压门不得脱胶。胶合板不得刨透表层单板，不得有戗槎。制作胶合板门、纤维板门时，边框和横楞应在同一平面上，面层、边框及横楞应加压胶结。横楞和上、下冒头应各钻两个以上的透气孔，透气孔应通畅。

（7）木门窗表面应洁净，不得有刨痕、锤印。木门窗的割角、拼缝应严密平整。门窗框、扇裁口应顺直，刨面应平整。木门窗上的槽、孔应边缘整齐，无毛刺。

（8）木门窗制作的允许偏差如表 4-0-2 所示。

木门窗制作的允许偏差　　　　　　　　　　　表 4-0-2

项次	项 目	构件名称	允许偏差（mm）	
			普通	高级
1	翘曲	框	3	2
		扇	2	2
2	对角线长度	框、扇	3	2
3	表面平整度	扇	2	2
4	高度、宽度	框	0;−2	0;−1
		扇	+2;0	+1;0
5	裁口、线条结合处高低差	框、扇	1	0.5
6	相邻棂子两端间距	扇	2	1

2. 木门窗安装质量要求

（1）木门窗的品种、类型、规格、开启方向、安装位置及连接方式应符合设计要求。

（2）木门窗的安装必须牢固。预埋木砖的防腐处理、木门窗框固定点的数量、位置及固定方法应符合设计要求。

（3）木门窗扇必须安装牢固，并应开关灵活，关闭严密，无倒翘。

（4）木门窗配件的型号、规格、数量应符合设计要求，安装应牢固，位置应正确，功能应满足使用要求。

（5）木门窗与墙体间缝隙的填嵌材料应符合设计要求，填嵌应饱满。寒冷地区外门窗（或门窗框）与砌体间的空隙应填充保温材料。

（6）木门窗批水、盖口条、压缝条、密封条的安装应顺直，与门窗结合应牢固、严密。

（7）木门窗安装的留缝限值、允许偏差见表4-0-3。

木门窗安装的留缝限值、允许偏差 表4-0-3

项次	项目		留缝限值（mm）		允许偏差（mm）	
			普通	高级	普通	高级
1	门窗槽口对角线长度差				3	2
2	门窗框的正、侧面垂直度				2	1
3	框与扇、扇与扇接缝高低差				2	1
4	门窗扇对口缝		1～2.5	1.5～2		
5	工业厂房双扇大门对口缝		2～5			
6	门窗扇与上框间留缝		1～2	1～1.5		
7	门窗扇与侧框间留缝		1～2.5	1～1.5		
8	窗扇与下框间留缝		2～3	2～2.5		
9	门扇与下框间留缝		3～5	3～4		
10	双层门窗内外框间距				4	3
11	无下框时门扇与地面间留缝	外门	4～7	5～6		
		内门	5～8	6～7		
		卫生间门	8～12	8～10		
		厂房大门	10～20			

3. 钢门窗质量要求

（1）钢门窗及其附件的质量必须符合设计要求和有关标准的规定。

（2）钢门窗安装的位置、开启方向，必须符合设计要求。

（3）钢门窗安装必须牢固，预埋铁件的数量位置、埋设连接方法必须符合设计要求。

（4）钢门窗扇的安装应关闭严密，开关灵活，无阻滞、回弹和倒翘。钢门窗附件齐全，位置正确，安装牢固、端正、启闭灵活适用。钢门窗框与墙体的缝隙填嵌应饱满密实，表面平整，嵌填材料、方法符合设计要求。

（5）允许偏差项目见表4-0-4。

钢门窗安装允许偏差 表4-0-4

项次	项目		允许偏差（mm）	检验方法
1	门窗框两对角线长度差	≤2000mm	5mm	用钢卷尺量检查里角
		＞2000mm	6mm	
2	窗框扇配合间隙的限值	铰链面	≤2mm	用2mm×50mm塞片量检查铰链面
		执手板	≤1.5mm	用1.5mm×50mm塞片量检查量框大面

续表

项次	项　目		允许偏差(mm)	检验方法
3	窗框扇搭接量限值	实腹宽	≥2mm	用钢针划线和深度尺检查
		空腹宽	≥4mm	
4	门窗框(含拼樘料)正、侧面垂直度		3	用1m托线板检查
5	门窗框(含拼樘料)水平度		3	用1m水平尺和楔形塞尺检查
6	门无下槛时,内门扇与地面间留缝隙限值		4~8	用楔形塞尺检查
7	双层门窗内外框、梃(含拼樘料)的中心距		5	用钢尺检查

4. 铝合金门窗

（1）铝合金门窗的品种、类型、规格、性能、开启方向、安装位置、连接方式及铝合金门窗的型材壁厚应符合设计要求。金属门窗的防腐处理及嵌缝、密封处理应符合设计要求。

（2）铝合金门窗必须安装牢固，并应开关灵活、关闭严密，无倒翘。推拉门窗扇必须有防脱落措施。

（3）铝合金门窗配件的型号、规格、数量应符合设计要求，安装应牢固，位置应正确，功能应满足使用要求。

（4）铝合金门窗表面应洁净、平整、光滑、色泽一致，无锈蚀。大面应无划痕、碰伤。漆膜或保护层应连接。铝合金推拉门窗扇开关力应大于100N。金属门窗框与墙体之间的缝隙应填嵌饱满，并采用密封胶密封。密封胶表面应光滑、顺直、无裂纹。金属门窗扇的橡胶密封条或毛毡密封条应安装完好，不得脱槽。

（5）有排水孔的金属门窗，排水孔应畅通，位置和数量应符合表4-0-5的要求。

铝合金门窗安装的允许偏差和检验方法　　　　　　　　　　表4-0-5

项次	项　目		允许偏差(mm)	检验方法
1	门窗槽口宽度、高度	≤1500mm	1.5	用钢尺检查
		≤1500mm	2	
2	门窗槽口对角线长度差	≤2000mm	3	用钢尺检查
		≤2000mm	4	用垂直检测检查
3	门窗框的正、侧面垂直度		2.5	用1m水平尺和塞尺检查
4	门窗横框的水平度		2	用钢尺检查
5	门窗横框标高		5	用钢尺检查
6	门窗竖向偏离中心		5	用钢尺检查
7	双层门窗内外框间距		4	用钢尺检查
8	推拉门窗扇与框搭接量		1.5	用钢直尺检查

5. 塑钢门窗

（1）塑钢门窗及其附件和玻璃的质量，必须符合设计要求和有关标准的规定。

（2）塑钢门窗必须安装牢固，预埋铁件的数量、位置、埋设和连接方法，应符合设计要求和有关标准的规定。

（3）塑钢门窗安装位置及开启方向必须符合设计要求。

（4）塑钢门窗扇关闭紧密，开关灵活，无阻滞回弹，无变形和倒翘。塑钢门窗附件安装齐全，安装牢固，位置正确、端正，启闭灵活，适用美观。塑钢门窗框与墙体间的缝隙填嵌饱满密实，表面平整，嵌塞材料符合设计要求。塑钢门窗表面洁净、平整，颜色一致，无划痕碰伤，无污染，拼接缝严密。

（5）允许偏差项目，见表 4-0-6。

塑钢门窗安装允许偏差　　　　　　　　　　　　　　表 4-0-6

项次	项目		允许偏差（mm）	检验方法
1	门窗框两对角线长度差	≤2000mm	3	用钢卷尺检查
		＞2000mm	5	
2	平开窗	窗扇与框搭接宽度差	1	用深度尺或钢板尺检查
		同樘门窗相邻扇的横端角宽度差	2	用拉线和钢板尺检查
3	推拉扇	门扇开启力限值　扇面积≤1.5m²	≤40N	用 100N 弹簧秤钩住拉
		门扇开启力限值　扇面积＞1.5m²	≤60N	手动启闭 5 次取平均值
		门窗扇与框或相邻扇立边平行度	2	用 1m 钢板尺检查
		门扇对口缝或扇与框之间立横缝留缝限值	2～4	
4	弹簧门	门扇与地面间隙留缝限值	2～7	
5	扇	门扇对口缝关闭时平整	2	用深度尺检查
6	门窗框（含拼樘料）正、侧面垂直	≤2000mm	2	用 1m 托线板检查
	门窗框（含拼樘料）正、侧面垂直	＞2000mm	3	用 1m 托线板检查
7	门窗框（含拼樘料）水平度		2	用 1m 水平尺和楔形塞尺检查
8	门窗框标高		5	用钢板尺检查，与基准线比较
9	双层门窗内、外框、梃（含拼樘料）中心距		4	用钢板尺检查

6. 玻璃

（1）玻璃的品种、规格、尺寸、色彩、图案和涂膜朝向应符合设计要求。单块玻璃大于 1.5m² 时应使用安全玻璃。

（2）门窗玻璃裁割尺寸应正确。安装后的玻璃应牢固，不得有裂纹、损伤和松动。

（3）玻璃的安装方法应符合设计要求，固定玻璃的钉子或钢丝卡的数量、规格应保证玻璃安装牢固。

（4）镶钉木压条接触玻璃处，应与裁口边缘平齐。木压条应互相紧密连接，并与裁口边缘粘结牢固、接缝平齐。

（5）密封条与玻璃、玻璃槽口的接触应紧密、平整。密封胶与玻璃、玻璃槽口的边缘应粘结牢固、接缝平齐。

（6）带密封条的玻璃压条，其密封条必须与玻璃全部贴紧，压条与型材之间无明显缝隙，压条接缝应不大于 0.5mm。

（7）玻璃表面应洁净，不得有腻子、密封胶、涂料等污渍。中空玻璃内外表面均应洁净，玻璃中层内不得有灰尘和水蒸气。门窗玻璃不应直接接触型材。单面镀膜层及磨砂面应朝向室内。中空玻璃的单面镀膜玻璃应在最外层，镀膜层应朝向室内。腻子应填抹饱满、粘结牢固；泥沼边缘与裁口应平齐。固定玻璃的卡子不应在腻子表面显露。

五、安装技术保障措施

1. 门窗安装

（1）材料要堆放平稳。工具要随手放入工具袋内。上下传递物件、工具时，不得抛掷。

（2）在建筑外双排脚手架周边设置安全网，防止高空坠物，砸伤行人。

（3）机械设备必须配置有效的安全罩。

（4）操作人员必须执行安全技术操作规程。

（5）进入现场必须戴安全帽。严禁穿拖鞋、高跟鞋、带钉易滑鞋或光脚进入现场。

（6）安装用的梯子应牢固可靠，不应缺档，梯子放置不应过陡，与地面夹角以 60° 为宜。

（7）钢门窗焊接人员必须佩带防护罩、鞋盖、手套和工作帽，防止眼和皮肤灼伤。

（8）机电器具应安装触电保护器，以确保施工人员安全。操作前确定电焊机与设备外壳的保护接地良好。

（9）所有焊接导线及焊把线绝缘必须良好，破损处必须处理好方可使用。

（10）高处作业时要系安全带，必要时应设操作台。

（11）在潮湿处工作时，不可用手触摸电焊机的导线部分，带电的焊钳绝不允许用胳膊夹持，以防触电。

（12）钢门窗焊接应清除焊接熔渣时，应戴防护眼镜，操作时面部必须避开正在清理的焊缝，以防熔渣烫伤面部。

2. 玻璃安装

（1）高处安装玻璃时，检查架子是否牢固。严禁上下两层、垂直交叉作业。

（2）玻璃安装时，避免各种物体与玻璃碰撞，击碎玻璃。

（3）作业时不得将废弃的玻璃乱扔，以免伤害其他作业人员。

（4）安装玻璃应从上往下逐层安装，作业下方严禁走人或停留。

（5）安装玻璃用的梯子必须结实牢固，不应缺档，不应放置过陡，梯子与地面夹角以 60°～70° 为宜。严禁两人同时站在一个梯子上作业。高凳不能站其墙头，防止跌落。

（6）安装玻璃使用吸盘时，应严格执行施工用电安全管理要求。使用吊车吊装吸盘、玻璃应严格执行起重作业安全管理要求。

（7）施工后的废料应及时清理，做到工完料尽场地清，坚持文明施工。

六、成品保护

1. 木门窗

（1）安装门窗扇时应轻拿轻放，防止损坏成品；修整门窗时不得硬撬，以免损坏扇料和五金。

（2）安装门窗扇时注意防止碰撞抹灰角和其他装饰好的成品。

（3）已安装好的门窗扇如不能及时安装五金，应派专人负责管理，防止刮风时损坏门窗及玻璃。

（4）严禁将窗框扇作为架子的支点使用，防止脚手板砸碰损坏门窗扇。

（5）门扇安好后不得在室内使用手推车，防止砸碰。

2. 钢门窗

（1）钢门窗进场后，应按规格、型号分类存放，然后挂牌并标明其规格型号和数量，用苫布盖好，严防乱堆乱放，防止钢窗变形和生锈。

（2）钢门窗运输时要轻拿轻放，并采取保护措施，避免挤压、磕碰，防止变形损坏。

（3）抹灰时残留在钢窗及钢门框扇上的砂浆应及时清理干净。

（4）脚手架严禁以钢门窗为固定点和架子的支点，禁止将架子拉、绑在钢门窗框和窗扇上，防止钢门窗移位变形。

（5）拆架子时，注意有开启的门窗扇关闭后，再落架子，防止撞坏钢窗。

3. 铝合金门窗

（1）铝合金门窗装入洞口临时固定后，应检查四周边框和中间框架是否用规定的保护胶纸和塑料薄膜封贴包扎好，再进行门窗框与墙体之间缝隙的填嵌和洞口墙体表面装饰施工，以防止水泥砂浆、灰水、喷涂材料等污染损坏铝合金门窗表面。在室内外湿作业未完成前，不能破坏门窗表面的保护材料。

（2）应采取措施，防止焊接作业时电焊火花损坏周围的铝合金门窗型材、玻璃等材料。

（3）严禁在安装好的铝合金门窗上安放脚手架，悬挂重物。经常出入的门洞口，应及时保护好门框，严禁施工人员踩踏铝合金门窗，严禁施工人员碰擦铝合金门窗。

（4）交工前撕去保护胶纸时，要轻轻剥离，不得划破、剥花铝合金表面氧化膜。

4. 塑钢门窗

（1）窗框四周嵌防水密封胶时，操作应仔细，油膏不得污染门窗框。

（2）外墙面涂刷、室内顶墙喷涂时，应用塑料薄膜封挡好门窗，防止污染。

（3）室内抹水泥砂浆以前必须遮挡好塑钢门窗，以防水泥浆污染门窗。

（4）污水、垃圾、污物不可从窗户往下扔、倒。

（5）搭、拆、转运脚手杆和脚手板时，不得在门窗框扇上拖拽。

（6）安装设备及管道，应防止物料撞坏门窗。

（7）严禁在窗扇上站人。

（8）门窗扇安装后应及时安装五金配件，关窗锁门，以防风吹损吹坏门窗。

（9）不得在门窗上锤击、钉钉子或刻划，不得采取用力刮或用硬物擦磨等办法清理门窗。

5. 玻璃

（1）已安装好的门窗玻璃，必须设专人负责看管维护，按时开关门窗。尤其在大风天气，更应该注意，以防玻璃的损坏。

（2）门窗玻璃安装完，应随手挂好风钩或插上插销，以防刮风损坏玻璃。

（3）对面积较大、造价昂贵的玻璃，宜在该项工程交工验收前安装。若提前安装，应采取保护措施，以防损伤玻璃。

（4）安装玻璃时，操作人员要加强对窗台及门窗口抹灰等项目的成品保护。

任务一 木 门 窗

【学习目标】

熟悉木门窗的制作与安装施工工艺，掌握质量标准。

【任务设置】

撰写民园西里木门窗施工说明。

【背景资料】

民园西里位于天津市和平区五大道常德道 29～39 号，始建于 1939 年，由近代著名建筑设计师沈理源设计，由两栋连排英国里弄式小楼构成，共分为 17 个门栋，各门栋自成院落又连成一体，现为天津市一般保护的历史风貌建筑。

民园西里为二层砖木结构，局部三层。多坡大筒瓦屋顶，琉缸砖。各单元成"凹"字形排列，突出部分为屋顶露台，入口设在"凹"字部分。室内木地板，木门窗。院墙采用墙垛砌筑，用材与建筑一致，形成统一风格，院门采用深色金属门，与整体色彩搭配和谐。

【相关知识】

木材是我国使用时间最长、使用范围最广、使用量最大的门窗框材，木门窗分为平开门窗、推拉门窗等两类。平开门窗具有使用便捷、立面造型丰富、可回收等优点，在我国二次装修时几乎家家都要涉及。但是木门窗也存在密闭性差、耐久性不长、易变性等缺点，在提倡节能的今天纯木外门窗越来越少，因而和其他新型材料结合又产生了诸多新类型的门窗。

一、材料与技术要求

进场的木门窗及其纱门窗必须是经检验合格的产品，具有出厂合格证。进场前应对其型号、数量及加工质量进行检查，不符合要求的应予以退货。

二、工艺流程

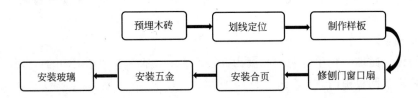

三、新作板木门窗施工工艺

1. 预埋木砖

为保证安装的牢固，应提前预埋木砖，1.2m 高的门口洞口，每边预埋两块木砖，

1.2～2m 高的门口洞口，每边预埋木砖 3 块；2～3m 高的门口洞口，每边预埋木砖 4 块。每块木砖上应钉 2 根长 10cm 的钉子，并将钉帽砸扁，顺木纹钉入木门框内。

若隔墙为加气混凝土条板，应在木砖间钻直径 30mm 的孔，孔深 7～10cm，并在孔内预埋木橛、粘 107 胶水泥浆打入孔中（木橛直径应略大于孔径 5mm，以便其打入牢固），待其凝固后，再安装门窗框。

2. 划线定位

依据设计图纸所提供门窗洞口位置、尺寸、标高，以门窗中线为准向两边量出门窗边线。如果工程为多层或高层时，以顶层门窗安装位置线为准，用线坠或经纬仪将顶层门窗边线标划到各楼层相应位置。从各楼层室内＋50cm 水平线处量出门窗的水平安装线。

在为门窗框弹墨线时，应考虑抹灰层厚度，并根据门窗尺寸、标高、位置及开启方向灵活弹线。有贴脸的门窗立框时，应与抹灰面齐平；有预制水磨石窗台板的窗，应注意窗台板的出墙尺寸，以确定立框位置；中立的外窗，如外墙为清水砖墙勾缝时，可稍移动，以盖上砖墙立缝为宜。

3. 制作样板

把窗扇根据图纸要求安装到窗框上，此道工序称为掩扇。对掩扇的质量检查，应精确到缝隙大小、五金安装位置、尺寸、型号以及牢固性等，符合标准后以此为样板。

4. 修刨门窗口扇

将门窗口扇靠在相应尺寸线的位置，如果扇大，则应根据框的尺寸将大出的部分刨去，若扇小则应绑木条，且木条应绑在装合页的一面，用胶粘后并用钉子钉牢，钉帽要砸扁，顺木纹送入框内 1～2mm。

第一次修刨后的门扇应以能塞入口内为宜，塞好后用木楔顶住临时固定，调整门窗口扇与口边缝的宽度，并以此尺寸画出第二次修刨线，标出合页槽的位置（距门扇的上下端各 1/10，且避开上、下冒头）。同时应注意门窗口扇安装的平整度。

5. 安装合页

门扇第二次修刨后，即安装合页。应先用线勒子勒出合页的宽度，根据距上、下冒头 1/10 的要求，定出合页安装边线，分别从上、下边线往里量出合页长度，剔合页槽，以槽的深度来调整门扇，使其安装后与框平整，刨合页槽时应留线，不应剔的过大、过深。

合页槽剔好后，即安装上、下合页，安装时应先拧一个螺丝，然后关上门检查缝隙是否合适，口与扇是否平整，无问题后方可将螺丝全部拧上拧紧。木螺丝应钉入全长 1/3，拧入 2/3。

6. 安装五金

一般门锁、碰珠、拉手等距地高度为 95～100cm，插销应在拉手下面，对开门装暗插销时，安装工艺同自由门。

7. 安装玻璃

安装玻璃门时，一般玻璃裁口在走廊内。厨房、厕所玻璃裁口在室内。

8. 其他要求

门扇开启后易碰墙，为固定门扇位置，应安装门碰头，对有特殊要求的关闭门，应安装门扇开启器，其安装方法，参照"产品安装说明书"的要求。

四、修补木门窗

（1）门窗框安装不牢：主要原因是砌筑时预留的木砖数量少或木砖砌的不牢，应加楔形木块加以固定或增加连接铁件。

（2）门窗扇翘曲：即门窗口扇"皮楞"对翘曲超过了 3mm，应通过调整五配件的位置来解决。

（3）纱扇压条不顺直、钉帽外露、纱边毛刺：这都是因施工人员不认真造成，在条件允许的前提下应返工，当然也有可能因为没提前将钉帽砸扁而造成。

（4）合页不平、螺丝松动、螺帽斜露、缺少螺丝：解决这些问题要最大化规范施工，例如应避免合页槽深浅不一、安装时螺丝钉入过长、倾斜拧入等现象。可以通过返工修正。

（5）门窗口扇开关不灵、自行开关：如因门窗口扇的两个合页轴不在一条直线上造成应及时调整，必要时可以重新安装合页使其在一条直线上；如因一边门框立梃不垂直或合页进框过深使口扇和梗产生碰撞，造成开关不灵活，则要调整门框或合页。

（6）口扇下坠：因合页松动、合页选用过小、安装玻璃后口扇自重加大等原因造成，可以更换合适的合页，并将固定在合页的螺丝全部拧紧。

五、施工注意事项

（1）木门框安装应在地面工程和墙面抹灰施工以前完成。

（2）门窗框进场后应妥善保管，入库存放，其门窗存放架下面应垫起离开地面 20～40cm，并垫平，按其型号及使用的先后次序码放整齐，露天临时存放时上面应用苫布盖好，防止日晒、雨淋。

（3）进场的木门窗框应将靠墙的一面刷木材防腐剂进行处理，其余各面宜应刷清油一道，防止受潮后变形。

（4）门窗框与墙体间需填塞保温材料时，应填塞饱满、均匀。

（5）安装门窗时应轻拿轻放，防止损坏成品；修整门窗时不能硬撬，以免损坏扇料和五金。

（6）修刨门窗口扇时应用木卡具，将门垫起卡牢，以免损坏门边。

（7）一般木门窗框安装后应用厚铁皮保护，如木框安装与结构同时进行，应采取措施防止门框碰撞后移位或变形，对于高级硬木门框，宜用厚 1cm 的大板条钉设保护，防止砸碰，破坏裁口，影响安装。

任务二　木　板　门

【学习目标】

熟悉木板门的制作与安装施工工艺，掌握质量标准。

【任务设置】

撰写天后宫木板门施工说明。

【背景资料】

天后宫是天津市现存的著名道教宫观，它位于天津市南开区古文化街中段，原名天妃宫、小直沽天妃宫、西庙、娘娘宫等，主要祭祀道教女神天后，为中国现存三大天后宫之一，也是现存年代最早的天后宫。

天后宫坐西朝东，面临海河，最初创建于1326年，又历经各朝多次重修最终形成现有布局：从东向西依次排列戏楼、幡杆、山门、牌坊、前殿、大殿、藏经阁、启圣祠以及钟鼓楼、配殿和张仙阁等建筑，图4-2-1为天后宫山门。主体建筑为大殿，建造于高大的台基之上，面阔3间、进深3间、7檩单檐庑殿顶，前接卷棚顶抱厦，后连悬山顶凤尾殿，是典型的明代中晚期木结构建筑风格，如图4-2-2所示。

天后宫是历代海祭中心，企求航海安全，也是古代船工、海员娱乐聚会的场所，除了举行隆重仪式祭祀海神天后外，还经常有各种中国特色的酬神演出。特别是每年农历三月二十三日为天后妈祖的诞辰，这里经常举办民间花会，吸引了很多游人。

图 4-2-1　天津天后宫山门

图 4-2-2　天津天后宫大殿

【相关知识】

在以院落组织空间的中国古建筑中，板门（本书中的板门主要指古建筑中最常见的实榻门、棋盘门、撒带门及屏门等）占有非常重要的地位。它的重要作用首先表现在它的功能方面，具有分隔院落的作用；此外，板门还是封建等级制度和观念的体现，如清代就对大门的基础、门上覆瓦、大门的样式甚至大门上铜钉的使用做了与身份相关的详细规定。

1. 实榻门

实榻门是用厚门板拼装锚固于门框上的实心镜面大门，是各种板门中形制最高、体量最大、防卫性最强的大门，用于宫殿、坛庙、府邸及城垣建筑。

2. 棋盘门

棋盘门又叫攒边门，由门芯板与边框两部分组成，门心板装薄板穿带加以固定，常见于一般府邸民宅大门。与实榻门比起来，棋盘门要小、要轻。

3. 撒带门

撒带门亦由门芯板、边框两部分组成，但边框只存在于靠柱子（或墙体）两侧，常见于木场、作坊等买卖厂家的街门，也用做北方农舍的屋门。

4. 屏门

屏门多用于垂花门的后檐柱间或院子内墙的随墙门上，园林中常见的月洞门、瓶子门、八角门以及室外屏风上也常常安装这种屏门涂绿色油饰，常刻"吉祥如意"、"四季平安"等吉祥用语。

一、工艺流程

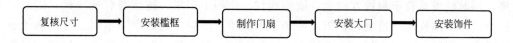

二、新作板门窗施工工艺

1. 复核尺寸

在正式制作槛框之前，首先要对建筑物的明、次、梢各间尺寸进行一次实量。由于大木安装中难免出现误差，因此，各间的实际尺寸与设计尺寸不一定完全相符，实量各间的实际尺寸可以准确掌握误差情况，在画线时适当调整。

2. 安装槛框

槛框是古建筑门外框的总称，处于水平位置的构件为槛，处于垂直位置的构件为框。门槛依据位置的不同分为上槛、中槛、下槛，门框依据位置不同分为抱框、短抱框、门框等。

安装时一般先安装下槛，然后安装门框和抱框，同时安装腰枋，然后依次安装中槛、上槛、短抱框，最后，安装连槛、门簪等。

上槛、中槛位于柱与柱之间，通常是在大木构架完成之后安装，方法是两端做倒退榫。倒退榫须贴横槛外皮做双榫，中间剔夹子；两端榫长不能相等，须一头长一头短，长榫比短榫要长一倍以上，安装时先插入长榫一端，然后将枋子对准另一端卯眼，向反方向拖回，使短榫一端入卯，枋子入位后将长榫一头夹子部分空隙用木块挤塞严实。

下槛一般采取上起下落的方法安装，即依据两柱间距定出下槛长度并按柱径外缘弧度让出下槛抱肩，在下槛两端头居中剔溜销口子，在柱根对应位置钉上或栽上剔溜榫，依据门枕石的位置、尺寸，在下槛下部刻出门枕石口子，将下槛两端与柱顶石鼓径相抵部分刻去，然后用上起下落的方法安装。

抱框与柱子之间亦应凭榫卯结合，榫子栽做于柱子上，在抱框对应位置做卯眼，每根抱框2～3个榫；门框与中槛、下槛交接处做半榫。短抱框与上槛、中槛也可用溜销法。

3. 制作门扇

制作大门首先要确定大门的尺寸，门口扇的尺寸应依照门口的高宽尺寸减去上下、左右掩缝的尺寸，所谓"掩缝"就是大门门扇上下左右宽出门口的部分，一般为门厚的1/3。

门板的木板之间栽做龙凤榫或企口榫，常用的方法有两种。一种为穿明带做法，即在板内一面穿带，所穿木带露明；另一种做法是在门板的小面居中打透眼，从两面穿抄手带，所穿木带不露明。如果有门框，则穿带两端做出透榫，在门边相对位置凿眼。

4. 安装大门

将门轴上端插入连槛上的轴碗，门轴下面的踩钉对准海窝入位即可。但由于古建大门门边很厚，如两扇之间的缝隙太小，则开启关闭时必然碰撞。因此，在安装前必须将分缝制作出来。

5. 安装饰件

铜件饰件是各种大门的重要附件，它们对加固装饰大门、开启门扉等起着重要作用。现以门钉为例，讲述特殊饰件的安装方法。

首先，在门的正面用横竖墨线确定门钉位置；然后，根据确定的位置用钻打孔后把门钉从正面插入，因为门钉的尺寸根据门的厚度早已计算好，门钉插入后，仅能露出一点点后尾，同时沿着垂直于扁铁方向上，砍掉地仗，出两个凹槽，宽度与钉柄一样；随后，掰开钉柄的两个扁铁出一道宽缝，为下一步下木钉用；然后在宽缝中下木钉，并用锤子将木钉砸进去，同时，在前面另一个人用木块顶住钉帽，防止砸击时门钉跑动；最后，打断木钉，然后把竖着的钉柄分别往砍好地仗的凹槽位置砸平。所有的门钉安完之后，背面和正面再补刷上油饰，大门就完活了。

6. 油漆工程

将麻布横着绕木由上而下盘旋绕贴。布口须对齐面，不重叠，麻布的厚度均匀一致。以调合后的油漆用刷子涂于麻上，以不漏干麻布为限。麻布干后用砂布磨之，要精心细磨，使麻茸浮起但不使麻丝断掉，用水布擦净，以皮灰板将亚麻灰涂上，要来回轧实，与麻结合，再度覆灰，以板子顺麻丝横推裹衬，要做到平直圆，如遇装修边框有线角者，在灰上扎出线角，粗细要均匀要直平。中灰干后，用砂布细心打磨，以水布掸净，再用净水洗刷一遍。晾干后打磨掸净，满上细灰一道，接头要平整。细灰干后，以砂布精心打磨，细磨至断斑，要求平、直、圆，最后上漆。

三、施工注意事项

（1）装修槛框的制作与安装往往是交错进行的。一般是在槛框画线工作完成之后，先做出一端的榫卯，另一端将榫锯解出来，先不断肩，安装时，视误差情况再断肩。

（2）安装抱框时，要进行岔活，将已经准备好的抱框半成品贴柱子就位、立直，用线坠将抱框吊直，（要沿进深、面宽两个方向吊线）。然后将岔子板一叉沾墨，另一叉抵住柱子外皮，由上向下在抱框上画墨线。内外两面都岔完之后取下抱框，依照墨线砍出抱豁。

（3）门扇口扇穿带的根数及位置是与门钉的路数和位置相对应的。

（4）大门饰件是封建等价制度的重要体现，在确定铜饰构件的安装时应首先综合考虑建筑的等级。

任务三 钢 门 窗

【学习目标】

熟悉钢门窗的制作与安装施工工艺，掌握质量标准。

【任务设置】

简述麦加利银行大楼建筑概况，撰写麦加利银行大楼钢门窗施工说明。

【背景资料】

天津麦加利银行大楼（即渣打银行大楼）是麦加利银行在天津建造的分行大楼。该分行开设于 1895 年，选址在天津英租界的维多利亚道（今解放北路 151～153 号）。1924 年由景明工程司英国人赫明和伯克利设计，1926 年建成。麦加利银行是外国在天津开设的最大一家洋行。

这座建筑为钢筋混凝土结构，建筑面积 5933m²，上下二层，带地下室。建筑基座采用花岗石砌筑，主入口设于解放北路，由六根爱奥尼克柱贯通上下两层，其中两侧的柱子是 3/4 柱式。柱廊两侧为突出的实墙，上开窗，下有侧门。沿太原道的立面与主立面相似，不同之处在于采用的是 3/4 的爱奥尼克壁柱。建筑呈 L 形，解放北路和太原道的交汇处也形成了一个立面，分别向三个方向开窗，视野开阔。整个建筑三段式明显，柱式的运用使得建筑庄严肃穆。入口处设木质的旋转门，钢门窗。门外台阶两旁各设一个混凝土制作的西式花盆，花盆外侧设混凝土短柱，以粗铁索连接成栏杆，内植草坪。

【相关知识】

钢门窗依据使用门窗主体材质进行命名，一般采用钢板材质经过一系列制作工艺而成，有较强的抗冲击力，方便清洁保养，在现代建筑行业中得到广泛使用。

钢门窗分为实腹钢门窗及空腹钢门窗等两类：实腹钢门窗采用低碳钢热轧成各种异型材，再经断料、冲孔、焊接并与附件组装等工艺制成，其金属表面外露，易于涂涂料（油漆），所以耐腐蚀性能较好，但是用钢量大、质量重、不经济，适用于一般的工业建筑厂房、生产辅助建筑和民用住宅建筑；空腹钢门窗采用冷轧带钢经过高频焊管机组轧制焊接成的各种型材，然后经切割、铣削、焊接、钻孔、组装等工艺制成，其材料为空芯材料，表面不便于涂涂料（油漆），所以耐腐蚀性能不如实腹钢门窗好，但是用钢量少、质量轻、刚度大。

一、材料与技术要求

进场前应先对钢门窗进行验收，不合格的不准进场。运到现场的钢门窗应分类堆放，不能参差挤压，以免变形。堆放场地应干燥，并有防雨、排水措施。搬运时轻拿轻放，严禁扔摔。

二、工艺流程

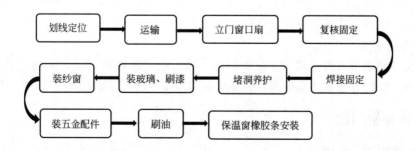

三、新作钢门窗施工工艺

1. 划线定位

依据设计图纸所提供门窗洞口位置、尺寸、标高，以门窗中线为准向两边量出门窗边线。如果工程为多层或高层时，以顶层门窗安装位置线为准，用线坠或经纬仪将顶层门窗边线标划到各楼层相应位置。从各楼层室内+50cm水平线处量出门窗的水平安装线。

2. 运送门窗口扇至安装地

依据图纸门窗编号，将钢门窗分别运到安装地点，并靠垫牢固，防止碰撞伤人。

3. 立钢门窗口扇

将门窗就位，用木楔临时固定，使铁脚插入预留洞找正吊直，且保证位置准确。窗口框距过梁留20mm缝，框左右缝隙、宽度应一致，距外墙尺寸符合图纸要求。

4. 焊接固定

钢门窗立好后，要进行严格的位置及标高的检查，符合要求后，将上框铁脚与过梁铁件焊牢，窗两侧铁脚插入预留洞内，并用水阴湿，采用1∶3干硬性砂浆堵塞密实，洒水养护，终凝前不得碰动框扇。

5. 堵塞养护

待堵孔砂浆凝固后，取出四周木楔，用1∶3水泥砂浆将门窗框边缝塞实，保证门窗口位置固定。

6. 钢门窗油漆

应在安装前刷好防锈漆和头道调合漆，安装后与室内木门窗一起再刷两道调和漆。

7. 纱扇油漆

绷纱前先刷防锈漆一道、调合漆一道，绷纱后在安装前再刷油漆一道，其余两道调和漆待安装后刷。

8. 裁纱、绷纱

裁纱要比实际宽度、长度各长50mm，以利压纱、绷纱时先将纱铺平，将上压条压好，将螺丝拧紧，将纱绷紧，装下压条，用螺丝拧紧，然后再装两侧压条，用螺丝拧紧，将多余的纱用扁铲割掉，要切割干净不留纱头。

9. 窗五金安装

应待油漆干燥后安装，如需要先行安装时，注意防止污染、丢失。

10. 纱门窗的安装

如在库房预刷好交活油再行安装，要注意油漆颜色一致及安装时砸碰油漆后影响美观，所以交活油最好待安装后再一起刷。

11. 安装橡胶条

安装前必须将窗口内油腻子、杂物清除干净。新刷油漆的门窗，必须待油漆干燥后，再安装胶条，安装方法按产品说明，胶条安装应在5℃以上环境中进行。

四、修补钢门窗

1. 钢门窗掉漆、生锈

对掉漆生锈处经除锈、钢锉挫平后补刷防锈漆，调配与原颜色相近的油漆并涂刷。

2. 玻璃、纱窗损坏

依照原颜色、样式配置玻璃、纱窗，重新安装。

3. 五金配件丢失

应依照原样重新购买安装，如配套确有困难考虑相近型号或整体更换配件。

4. 铁脚晃动

将钢窗找正调直后用 1：3 水泥砂浆将门窗框边缝塞实，水泥砂浆终凝前不得碰动窗框。

5. 门、窗框变形

应将窗框取出调直后固定；如为洞口变形导致，应加固门窗洞口后调整。

五、施工注意事项

（1）阳台门联窗可先拼装好再进行安装，也可分别安装门和窗，现拼现装，但均应做到位置准确，找正、吊直。

（2）避免雨天进行室外钢门窗安装，室内外钢门窗的灌洞、灌缝工作应待晴天进行。

（3）冬期施工，灌洞所用砂浆及塞缝用水泥砂浆应掺外加剂，并按气温高低决定掺量多少。

任务四　铝合金门窗

【学习目标】

熟悉铝合金门窗的制作与安装施工工艺，掌握其质量标准。

【任务设置】

撰写铝合金门窗施工说明。

【相关知识】

铝合金门窗，是指采用铝合金挤压型材为框、梃、扇料制作的门窗，简称铝门窗。铝合金门窗自重轻，加工装配精密、准确，易于安装，不易锈蚀，不褪色、不脱落、几乎无需维修，零配件使用寿命长，对于使用者来说易于保养；其表面都有人工氧化膜并着色形成复合膜层，这种复合膜不仅耐蚀，耐磨，有一定的防火力，且光泽度极高，符合现代人装修对高雅风格的追求。

近期，出现以铝合金做受力杆件（承受并传递自重和荷载的杆件）与木材、塑料复合作为门窗框配合中空玻璃使用，称为铝木复合门窗、铝塑复合门窗即断桥铝门窗，这种门窗具有节能、隔声、防噪、防尘、防水等功能。

一、材料与技术要求

铝合金门窗用材料应符合现行国家和行业标准及有关规定，并应有出厂合格证、性能检测报和质量保证书。

断桥铝隔热型门窗用料的生产方式主要有两种。一种是采用隔热条与铝型材通过机械开齿、穿条、滚压等工序形成"隔热桥"，称为"穿条式"隔热型材；另一种是把隔热材料浇注入铝合金型材的隔热腔体内，经过固化，去除断桥金属等工序形成"隔热桥"，称为"浇注式"隔热型材。

二、工艺流程

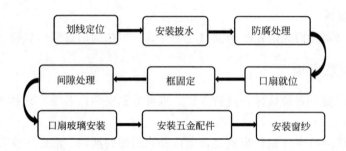

三、新作铝合金门窗施工工艺

1. 划线定位

参见钢窗划线定位方法。安装前洞口需粉刷一道水泥砂浆，使洞口表面光洁、尺寸规整。外窗窗台板基体上表面应浇成3%～5%的向外泛水，其伸入墙体内的部分应略高于外露板面。

2. 安装披水

按施工图纸要求将披水固定在铝合金窗洞口上，且要保证位置正确、安装牢固。

3. 防腐处理

门窗框四周外表面的防腐处理设计有要求时，按设计要求处理。如果设计没有要求时，可涂刷防腐涂料或粘贴塑料薄膜进行保护，以免水泥砂浆直接与铝合金门窗表面接触，产生电化学反应，腐蚀铝合金门窗。

4. 门窗口扇就位

根据划好的门窗定位线，安装铝合金门窗框。并及时调整好门窗框的水平、垂直及对角线长度等符合质量标准，然后用木楔临时固定。

5. 窗框固定

当墙体上预埋有铁件时，可直接把铝合金门窗的铁脚与墙体上的预埋铁件焊牢，焊接处需做防锈处理。当墙体上没有预埋铁件时，可用金属膨胀螺栓或塑料膨胀螺栓将铝合金门窗的铁脚固定到墙上；也可用电钻在墙上打80mm深、直径为6mm的孔，用L形80mm×50mm的6mm钢筋，在长的一端粘涂108胶水泥浆，然后打入孔中，待108胶水泥浆终凝后，再将铝合金门窗的铁脚与埋置的6mm钢筋焊牢。

6. 窗框与墙体间隙处理

如果设计未要求，可采用弹性保温材料或玻璃棉毡条分层填塞缝隙，外表面留5～8mm深槽口填嵌嵌缝油膏或密封胶。严禁用水泥砂浆填塞。在门窗框两侧进行防腐处理后，可填嵌设计指定的保温材料和密封材料。待铝合金窗和窗台板安装后，将窗框四周的缝隙同时填嵌，填嵌时用力不应过大，防止窗框受力变形。

7. 门框固定及与墙体间隙处理

在门框的侧边固定好连接软件（或木砖），依照设计位置立好门框并找好垂直度及几何尺寸，用射钉或自攻螺丝将门框与墙体预埋件固定，最后用保温材料及密封膏填嵌墙体与门框边的缝隙。

8. 门口扇的安装

推拉门窗在门窗框安装固定后，将配好玻璃的门窗扇整体安入框内滑槽，调整好与扇的缝隙即可；平开门窗在框与扇格架组装上墙、安装固定好后再安玻璃，即先调整好框与扇的缝隙，再将玻璃安入扇并调整好位置，最后镶嵌密封条及密封胶。

9. 地弹簧座的安装

根据地弹簧安装位置，提前剔洞，将地弹簧放入剔好的洞内，用水泥砂浆固定。地弹簧座的上皮应与室内地坪一致；地弹簧的转轴轴线一定要与门框横料的定位销轴心线一致。

10. 安装五金配件

五金配件与门窗用镀锌螺钉连接。安装的五金配件应结实牢固，使用灵活。

11. 绷铁砂（或钢纱、铝纱）、裁纱、压条固定，其施工方法同钢纱门窗的绷砂。

四、修补铝合金门窗

（1）铝是活泼金属，保护层损伤处是没有防腐能力的，容易发生腐蚀，应采取必要措施加强对型材表面漆膜的保护。

（2）玻璃、纱窗损坏：依照原颜色、样式配置玻璃、纱窗，重新安装。

（3）五金配件丢失：应依照原样重新购买安装，如配套确有困难考虑相近型号或整体更换配件。

（4）门窗框变形：门窗框凹凸可用木榔头打平，补刷油漆即可，应将窗框取出调直后固定；如为洞口变形导致，应加固门窗洞口后调整。

五、施工注意事项

（1）铝合金门窗加工应在工厂进行，不得在施工现场制作。

（2）门窗应放置在清洁平整的地方，且应避免日晒雨淋，并不得与腐蚀性物质接触。门窗不应直接接触地面，下部应放置垫木，垫高不小于10cm，并均应立放，不得平放或斜放，立放角度不应小于60°，并防止倾倒。

（3）门窗口扇和门窗玻璃应在洞口墙体表面装饰完工验收后安装。

（4）安装铝合金门窗时，如果采用连接铁件固定，则连接铁件、固定件等安装用金属零件最好用不锈钢件。否则必须进行防腐处理，以免发生电化学反应，腐蚀铝合金门窗。

（5）铝合金门窗安装固定后，应先进行隐蔽工程验收，合格后及时按设计要求处理门窗框与墙体之间的缝隙。

（6）安装门窗时环境温度不应低于5℃，当环境温度小于0℃时，安装前应在室温下放置24h。

（7）推拉门窗扇必须有防脱落措施。

（8）中、高层铝合金门窗要加装防雷设施。

任务五　塑钢门窗

【学习目标】

熟悉塑钢门窗的制作与安装施工工艺，掌握质量标准。

【任务设置】

撰写塑钢门窗施工说明。

【背景资料】

菊儿胡同位于北京东城区西北部，东起交道口南大街，西至南锣鼓巷，南邻后圆恩寺胡同，北与寿比胡同相通，整个街坊面积 8.28hm²。菊儿胡同历史悠久，明称局儿胡同，清中早期称桔儿胡同，清末又谐音作菊儿胡同。其中 3 号、5 号、7 号是清光绪大臣荣禄的宅邸，3 号是祠堂、5 号是住宅、7 号是花园。荣禄后迁至东厂胡同。7 号作过阿富汗大使馆。41 号原为寺庙。

从 1978 年开始，由吴良镛先生领导的清华城市规划教研组对北京市旧城整治开展了一系列的研究，1987 年选定菊儿胡同 41 号院为试点，结合吴良镛先生的"有机更新"理论，成功地对这片胡同进行了改造。

遵循"新四合院"体系，新菊儿胡同共 438m，容纳了 200 多户居民居住。两条南北通道和东西开口，解决了院落群间的交通问题。功能完善设施齐备的单元式公寓组成的"基本院落"，即新四合院体系。原有树木尽量保留，结合新增的绿化、小品，新的院落构成了良好的"户外公共客厅"。重新修建的菊儿胡同新四合院住宅按照"类四合院"模式进行设计，高度基本上是胡同—院落体系，维持了原有的胡同—院落体系，同时兼收了单元楼和四合院的优点，既合理安排了每一户的室内空间，保障居民对现代生活的需要，又通过院落形成相对独立的邻里结构，提供居民交往的公共空间。

【相关知识】

塑钢门窗的制作工艺为：以聚氯乙烯树脂为主要原料，加上一定比例的稳定剂、着色剂、填充剂、紫外线吸收剂等，经挤压成型材，然后通过切割、焊接或螺接的方式制成门窗框扇，配装上密封胶条、毛条、五金件等；同时为增强型材的刚性，超过一定长度的型材空腔内需要添加钢衬（加强筋）。

塑钢门窗因其抗风压强度高、气密性、水密性好、空气及雨水渗透量小、传热系数低、保温节能、隔声隔热、不易老化等优点，大规模地应用于普通民用建筑中。

同时，塑料型材同样可以做到色彩丰富。除了用喷涂技术、ASA、PMMA 表面共挤，贴仿木纹膜，其效果如木窗一般。新的表面处理工艺在塑钢型材的加工中被广泛使用。特别是在气温−30～70℃的环境中，塑钢门窗经得起风吹、雨淋、日晒、干燥及潮湿，其色彩、光泽历久如新。

塑料型材还是绝缘体，型腔内钢衬不连接无法构成回路，所以无须防雷接地措施。

一、材料与技术要求

塑钢门窗的制作和安装必须按设计和有关图集要求选料和制作，不满足要求者不得进入施工场地。

二、工艺流程

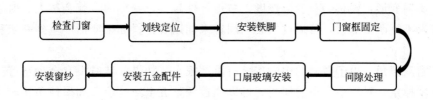

三、新作钢门窗施工工艺

1. 检查门窗成品

门窗表面色泽均匀，无裂纹、麻点、气孔和明显擦伤，保护膜完好；门窗框与扇应装配成套，各种配件齐全；门窗制作尺寸允许偏差应符合国家规定。此外，还应该核查成品与设计要求是否一致，在设计中应准确使用代号与标记。

2. 划线定位

参见钢窗划线定位方法。

3. 安装铁脚

把连接件（即铁脚）与框成45°放入框内背面燕尾槽口，然后沿顺时针方向把连接件扳成直角，旋进一只自攻螺钉固定。

4. 安装门窗框

把门窗框放在洞口的安装线上，用木楔临时固定；校正各方向的垂直度和水平度，用木楔塞在四周和受力部位；开启门窗口扇检查，调至开启灵活、自如。

门窗定位后，作好标记取下口扇存放；待玻璃安装完毕，再按原有标记位置将口扇安放回框上。

用膨胀螺栓配尼龙膨胀管固定连接件，每只连接件不少于2只膨胀螺栓，如洞口已埋设木砖，直接用2只木螺栓将连接件固定在木砖上。

5. 填缝抹口

门窗洞口粉刷前，一边拆除木楔、一边在门窗框周围缝隙内塞入填充材料，使之形成柔性连接，以适应热胀冷缩；在所有的缝隙内嵌注密封膏，做到密实均匀；最后再做门窗套抹灰。

6. 安装五金玻璃

塑钢门窗安装五金及配件时，必须先钻孔后用自攻螺丝拧入，严禁直接锤击打入；待墙体粉刷完成后，将玻璃用压条压紧在门窗扇上，在铰链内滴入润滑剂，将表面清理干净即可。

四、修补塑钢门窗

（1）如果门窗上污染了油渍等难以清洗的东西，可以用清洁剂，而最好不要用强酸或强碱溶液进行清洗，这样不仅容易使型材表面光洁度受损，也会破坏五金件表面的保护膜和氧化层而引起五金件的锈蚀。

（2）压条对接角处不严：每个窗框都有一套排水系统，外侧排水孔是与放置中空玻璃的腔体相连的，冷空气会顺着排水孔进入玻璃腔，如果压条处对角不严或胶条缺失，就会感觉漏风，用密封胶在压条对角处密封下即可。

（3）窗扇变形：塑材会有变形挠度，单根杆件越长，变形的量就会越大，对于变形的窗扇，如果不算严重的话，可通过加装中间锁来加以矫正；如果变形严重到一定程度，就要换窗扇。

（4）窗扇掉角：由于窗扇的中空玻璃自重都很大，如果安装时没有合理垫好垫片，就会造成窗扇掉角。对于不严重的掉角，可以通过调整五金来复位，如果掉角比较严重，就需要拆下玻璃重新安装玻璃。

（5）窗框与墙体间存在缝隙：打胶进行封堵；如果缝隙较大还需要先打发泡胶进行填充，然后防水打密封胶处理；缝隙太大的话，就必须先要防水砂浆填充抹平后，门窗安装固定后，门窗四周要用发泡剂填实，固化后切割平整，最后外边框四周内外两侧均打密封胶。

（6）五金锁闭不严：如果五金安装不到位，或是使用一段时间后因某种原因造成锁闭不严，就需要调整五金来达到一个好的锁闭效果，如果严重的话，可能需要更换部分五金配件。

（7）胶条老化、缺失：需要更换老化的胶条或是填补缺失的胶条来达到密封的效果。

五、注意事项

（1）塑钢门窗一般是在工厂用塑钢门窗专用的切割、焊接设备制造的。

（2）塑钢门窗在运输过程中注意保护，门窗之间用软线毯或软质泡沫塑料隔开，下面用方木垫平、竖直靠立，装卸时要轻拿轻放，存放时要远离热源、避免阳光直射，基地平整、坚实，防止因地面不平或沉降造成门窗扭曲变形。

（3）窗的尺寸较宽时，要用小窗组合，分段用扁铁与相邻窗框连接，扁铁与梁或地面、墙体的预埋件焊接；拼框扁钢安装前应先按 400mm 间距钻连接孔，除锈并涂刷两道防锈漆，外露部分刷两道白漆，然后用螺栓连接。

（4）门窗框与墙体为弹性连接，间隙填入泡沫塑料或矿棉等软质材料；含沥青的材料禁止使用；填充材料不宜填塞过紧。

（5）保证焊接强度：塑钢门窗框、扇四角及梃与框的连接部位均是焊接，焊接角强度平均值不得小于 3000N，其中最小值不低于平均值的 70%。

（6）需要使用螺栓、自攻螺丝等时，必须用电钻钻孔，严禁用锤直接击打。

（7）密封条装配后应均匀、牢固，接口严密，无脱槽现象。

任务六　玻　璃

【学习目标】

熟悉玻璃安装施工工艺，掌握质量标准。

【任务设置】

撰写庆王府玻璃安装施工说明。

【背景资料】

庆王府，位于天津市和平区重庆道 55 号，为天津市特殊保护级别的历史风貌建筑和天津市文物保护单位。

庆王府占地面积 4327m²，建筑面积 5922m²，为砖木结构二层（设有地下室）内天井围合式建筑。该建筑两层外檐均设开敞柱廊，建筑形体简洁明快。室内设有共享大厅，大气、开敞，适应当时的西化生活。水刷石墙面与中国传统琉璃栏杆交相辉映，门窗玻璃上比利时工艺雕琢的中国传统花鸟栩栩如生。庆王府是 20 世纪 20 年代，天津租借地区中西合璧建筑的典型。

庆王府中的玻璃以其形式多样，各有特色而闻名。其中有四块彩色玻璃"壬戌仲秋伴琴主人"为小德张亲手所绘，并刻上自己的雅号，将人字多出两撇以作标识，沿用至今，如图 4-6-1 所示。

图 4-6-1　天津庆王府

一、材料与技术要求

各种玻璃材质如平板、吸热、反射、中空、夹层、夹丝、磨砂、钢化、压花玻璃等的品种、规格、质量标准，要符合设计及规范要求。其他材料，如红丹、铅油、玻璃钉、钢丝卡子、油绳、橡皮垫、木压条、煤油等，应满足设计及规范要求。

二、工艺流程

清理门窗框 → 量尺寸 → 下料 → 裁割 → 安装

三、玻璃安装施工工艺

1. 清理门窗框

先在玻璃底面与裁口之间，沿裁口的全长均匀涂抹 1～3mm 厚的底油灰，接着把玻璃推铺平整、压实，然后收净底油灰。

2. 木门窗玻璃推平、压实后，四边分别钉上钉子，钉子间距 150～200mm，每边不少于 2 个钉子，钉完后用手轻敲玻璃，响声坚实，说明玻璃安装平实；如果响声啪拉啪拉，说明油灰不严，要重新取下玻璃，铺实底油灰后，再推压挤平，然后用油灰填实，将灰边压平压光，并不得将玻璃压得过紧。

3. 木门窗固定扇（死扇）玻璃安装

应先用扁铲将木压条撬出，同时退出压条上小钉，并在裁口处抹上底油灰，然后把玻璃推铺平整，嵌好四边木压条将钉子钉牢，底灰修好、刮净。

4. 钢门窗玻璃安装

将玻璃装入框口内，轻压使玻璃与底油灰粘住，然后沿裁口玻璃边外侧装上钢丝卡，钢丝卡要卡住玻璃，其间距不得大于 300mm，且框口每边至少有两个。经检查玻璃无松动时，再沿裁口全长抹油灰；油灰应抹成斜坡，表面抹光平。如框口玻璃采用压条固定时，则不抹底油灰，先将橡胶垫嵌入裁口内，装上玻璃，随即装压条用螺丝钉固定。

5. 铝合金门窗玻璃安装

安装前，应清除铝合金框槽口内所有灰渣、杂物等，畅通排水孔。在框口下面槽口放入橡胶垫块，以免玻璃直接与铝合金框接触。安装玻璃时，使玻璃在框口内准确就位，玻璃安装在凹槽内，内外侧间隙应相等，间隙宽度一般在 2～5mm。采用橡胶压条固定玻璃时，先将橡胶压条嵌入玻璃两侧密封，容纳后将玻璃挤紧，上面不再注密封胶。橡胶压条长度不得短于所需嵌入长度，不得强行嵌入胶条。

6. 塑钢门窗玻璃安装

玻璃就位后，应及时用橡胶条固定。对于较大面积的窗扇玻璃，特别是落地窗玻璃的下部应加垫氯丁橡胶垫块，不可将脆性玻璃直接坐落于硬性金属上面，橡胶垫块厚 3mm 左右。玻璃的侧边及上部，均应脱开金属面一定距离，以避免因玻璃胀缩而使型材变形。

玻璃安装后，应进行清理，将油灰、钉子、钢丝卡及木压条等随即清理干净，关好门窗。

冬期施工应在已经安装好玻璃的室内作业（即内门窗玻璃），温度应在零度以上。外墙铝合金框扇玻璃不宜冬期安装。

四、注意事项

（1）如果条件允许，要先将预先裁割好的玻璃提前运入作业地点。

（2）门窗玻璃安装顺序，一般按照先安外门窗，后安内门窗，先西北后东南的顺序安装；如果因工期要求或劳动力允许，也可同时进行安装。

（3）玻璃的品种、规格、尺寸、色彩、图案和涂膜朝向应符合设计要求。单块玻璃不应大于 1.5m²，否则应使用安全玻璃。

（4）玻璃安装前，应按照明设计要求的尺寸并结合实测尺寸，预先集中裁制，并按不同规格和安装顺序码放在安全地方待用。

（5）安装玻璃前应检查玻璃板的周边是否有快口边，如有应用磨角机或砂轮打磨，以防锋利的快口边割伤人的皮肤。

（6）门窗玻璃不应直接接触型材。单面镀膜层及磨砂面应朝向室内。中空玻璃的单面镀膜玻璃应在最外层，镀膜层应朝向室内。

（7）1m² 以上的玻璃板安装时，应使用玻璃吸盘器。

（8）镶钉木压条接触玻璃处，应与裁口边缘平齐。木压条应互相紧密连接，并与裁口边缘粘结牢固、接缝平齐。

（9）密封条与玻璃、玻璃槽口的接触应紧密、平整。密封胶与玻璃、玻璃槽口的边缘应粘结牢固、接缝平齐。带密封条的玻璃压条，其密封条必须与玻璃全部贴紧，压条与型材之间无明显缝隙，压条接缝应不大于 0.5mm。

（10）大块玻璃安装时，要与边框留有空隙，该空隙是适应玻璃热胀冷缩的尺寸（为5mm）。

（11）腻子应填抹饱满、粘结牢固；泥沼边缘与裁口应平齐。固定玻璃的卡子不应在腻子表面显露。

（12）门窗安装彩色玻璃和压花，应按照明设计图案仔细裁割，拼缝必须吻合，不允许出现错位、松动和斜曲等缺陷。

（13）存放玻璃的库房与作业面的温度不能相差过大，玻璃如果从过冷或过热的环境中运入操作地点，应待玻璃温度与室内温度相近后再进行安装。

五、其他玻璃安装工艺

1. 斜天窗安装工艺

如设计没有要求时，应采用夹丝玻璃，并应从雨水顺流方向盖叠安装。盖叠安装搭接长度应视天窗的坡度而定，当坡度为 1/4 或大于 1/4 时，不小于 30mm；坡度小于 1/4 时，不小于 50mm，盖叠处应用钢丝卡固定，并在缝隙中用密封膏嵌填密实；如果用平板或浮法玻璃时，要在玻璃下面加设一层镀锌铅丝网。

2. 玻璃屏风安装工艺

玻璃屏风一般以单层玻璃板，安装在框架上。常用的框架为木制架和不锈钢框架。玻璃板与基架相配有两种方式，一种是档位法，另一种是粘结法。本书中仅列举木基架与玻璃板的安装方法。

玻璃与基架木框的结合不能太紧密，玻璃放入木板后，在木框的上部和侧边应留有3mm 左右的缝隙，该缝隙是为玻璃热胀冷缩用的。对大面积玻璃板来说，留缝尤为重要，否则在受热变化时将会开裂。

安装玻璃前，要检查玻璃的角是否方正，检查木框的尺寸是否正确，是否有走形现象。在校正好的木框内侧，定出玻璃安装的位置线，并固定好玻璃板靠位线条。

把玻璃放入木框内，其两侧距木框的缝隙应相等，并在缝隙中注入玻璃胶，然后钉上固定压条，固定压条最好用钉枪钉。

对于面积较大的玻璃板，安装时应用玻璃吸盘器吸住玻璃，再用手握住吸盘器将玻璃提起来安装。

3. 玻璃与金属框架安装工艺

玻璃与金属框架安装时，先要安装玻璃靠位线条，靠位线条可以是金属角线或是金属槽条。固定靠位线条通常使用自攻螺钉。

根据金属框架的尺寸裁割玻璃，玻璃与框架的结合不能太紧密，应该按小于框架 3～5mm 的尺寸裁割玻璃。

安装玻璃前，应在框架下部的玻璃放置面上，涂一层厚 2mm 的玻璃胶。玻璃安装后，玻璃的底边就压在玻璃胶层上；或者放置一层橡胶垫，玻璃安装后，底边压在橡胶垫上。

把玻璃放入框内，并靠在靠位线条上。如玻璃板面积较大，应用玻璃吸盘器安装。玻璃板距金属框两侧的缝隙相等，并在缝隙中注入玻璃胶，然后安装封边压条。

如果封边压条是金属槽条，而且为了表面美观不得直接用自攻螺钉固定时，可采用先在金属框上固定木条，然后在木条上涂万能胶，把不锈钢槽条或铝合金槽条卡在木条上的方法，以达到装饰目的。如果没有特殊要求，可用自攻螺钉直接将压条槽固定在框架上。安装时先在槽条上打孔，然后通过此孔在框架上打孔，这样安装就不会走位。在全部槽条的安装孔位都打好后，再进行玻璃的安装。

4. 厚玻璃装饰门安装施工工艺

厚玻璃门是指用 12mm 以上厚度的玻璃板直接作门扇的无门扇框玻璃门。常见于现代室内装饰工程中。常见的厚玻璃装饰门由活动扇和固定玻璃的部分组合而成，其门框部分通常用不锈钢、铜和铝合金饰面。

（1）厚玻璃门固定部分的安装

安装厚玻璃前，地面饰面施工应完毕，门框的不锈钢或其他饰面应完成，门框顶部的厚玻璃限位槽已留出。其限位槽的宽度应大于玻璃厚度 2～4mm，槽深 10～20mm。

用玻璃吸盘器把厚玻璃吸紧，然后手握吸盘器把厚玻璃板抬起。抬起时应有 2～3 人同时进行。抬起后的厚玻璃板，应先插入门框顶部的限位槽内，然后放到底托上，并对好安装位置，使厚玻璃板的边部，正好封住侧框柱的不锈钢饰面对缝口。

底托上固定厚玻璃时，在底托木方上钉木板条，其距厚玻璃板 4mm 左右。然后在木板条上涂刷万能胶，将饰面不锈钢板片粘卡在木方上。在顶部限位槽处和底托固定处，以及厚玻璃与框柱的对缝处注入玻璃胶。

注玻璃胶封口时，首先将一支玻璃胶开封后装入玻璃胶注射枪内，用玻璃胶枪的后压杆端头板，顶住玻璃胶罐的底部。然后一只手托住玻璃胶注射枪身，一只手握着注胶压柄，并不断松、压循环地操作压柄，使玻璃胶从注口处少量挤出。然后把玻璃胶的注口对准需封口的缝隙端。最后用塑料片刮去多余的玻璃胶，并用干净布擦去胶迹。

厚玻璃板之间对接时，门上固定部分的厚玻璃板，往往不能用一块来完成。在厚玻璃对接时，对接缝应留 2～3mm 的距离，厚玻璃边需倒角。两块相接的厚玻璃定位并固定后，用玻璃胶注入缝隙中，注满之后用塑料片在厚玻璃的两面刮平玻璃胶，用干净布擦去胶迹。

（2）厚玻璃活动门扇安装

厚玻璃活动门扇的结构没有门扇框。活动门扇的开闭由地弹簧来实现。

门扇安装前，地弹簧与门框顶面的定位销应定位安装固定完毕，两者必须同轴线，即地弹簧转轴与定位销的中心线，必须在一条垂直线上。测量是否同轴线的方法可用锤线方法。

在门扇的上下横档内划线，并按线固定转动销的销孔板和地弹簧的转动轴连接板。安装时可参考地弹簧所附的安装说明。

厚玻璃应倒角处理，并打好安装门把手的孔洞。注意厚玻璃的高度尺寸，应包括插入上下横档的安装部分。通常厚玻璃裁切尺寸，应小于测量尺寸 5mm 左右，以便进行调节。

把上下横档分别装在厚玻璃门扇上下边，并进行门扇高度的测量。如果门扇高度不够，也就是上下边距门框和地面的缝隙超过规定值，可向上下横档内的玻璃底下垫木夹板条。如果门扇高度超过安装尺寸，则需请专业玻璃工，裁去厚玻璃门扇的多余部分。

在定位好高度之后，进行固定上下横档操作。其方法为：在厚玻璃与金属上下横档内的两侧空隙处，两边同时插入小木条，并轻轻敲入其中，然后在小木条、厚玻璃、横档之间的缝隙中注入玻璃胶。

然后进行门扇定位安装。先将门框横梁上的定位销，用本身的调节螺钉调出横梁平面 1～2mm。再将玻璃门扇竖起来，把门扇下横档内的转动销连接件的孔位，对准地弹簧的转动销轴，并转动门扇将孔位套入销轴上。然后以销轴为中心，将门扇转动 90°，使门扇与门框横梁成直角。这时就可把门扇上横档中的转动连接件的孔，对正门框横梁上定位销，并把定位销调出，插入门扇上横档转动销连接件的孔内 15mm 左右。

最后，安装玻璃门拉手。拉手的连接部位，插入玻璃门拉手孔时不能很紧，应略有松动。如果过松，可以在插入部分裹上软质胶带。安装前在拉手插入玻璃的部分涂少许玻璃胶。拉手组装时，其根部与玻璃贴靠紧密后，再上紧固定螺钉，以保证拉手没有丝毫松动现象。

5. 玻璃镜安装施工

室内装饰中玻璃镜的使用较为广泛，玻璃镜的安装部位主要有顶面、墙面和柱面。安装固定通常用玻璃钉、粘结和压线条的方式。

（1）顶面玻璃镜安装

1）基面应为板面结构，通常是木夹板基面，如果采用嵌压式安装基面可以是纸面石膏板基板面。基面要求平整、无鼓肚现象。

2）玻璃镜面的安装方式有嵌压式固定安装和玻璃钉固定安装两种方法。

嵌压式固定安装：嵌压式安装通常用压条为木压条、铝合金压条、不锈钢压条。顶面嵌压式固定前，需要根据吊顶骨架的布置进行弹线，因为压条应固定在吊顶骨架上。并根据骨架来安排压条的位置和数量。木压条在固定时，最好用 20～25mm 的钉枪来固定，避免用普通圆钉，以防止在钉压条时震破玻璃镜。铝压条和不锈钢压条可用木螺钉固定在其凹部。如采用无钉工艺，可先用木衬条卡住玻璃镜，再用万能胶将不锈钢压条粘卡在木衬条上，然后在不锈钢压条与玻璃镜之间的角位处封玻璃胶。

玻璃钉固定安装：玻璃钉需要固定在木骨架上，所以安装前应按木骨架的间隔尺寸在玻璃上打孔，孔径小于玻璃钉端头直径 3mm。每块玻璃板上需钻出四个孔，孔位均匀布置，并不能太靠镜面的边缘，以防开裂。

3）根据玻璃镜面的尺寸和木骨架的尺寸，在顶面基面板上弹线，确定镜面的排列方式。玻璃镜应尽量按每块尺寸相同来排列。

4）玻璃镜安装应逐块进行。镜面就位后，先用直径 2mm 的钻头，通过玻璃镜上的孔位，在吊顶骨架上钻孔，然后再拧入玻璃钉。拧入玻璃钉后应对角拧紧，以玻璃不晃动为准，最后在玻璃钉上拧入装饰帽。

（2）玻璃镜在垂直面的衔接安装

在一些重要场所或玻璃镜面积大于 $1m^2$ 的墙面安装时，经常用粘结后加玻璃钉的固定方法，以保证玻璃镜在开裂时也不致下落伤人。玻璃镜粘结的方法为：

1）将镜的背面清扫干净，除去尘土和沙粒。

2）在镜的背面涂刷一层白乳胶，用一张薄的牛皮纸粘贴在镜背面，并用塑料片刮平整。

3）分别在镜背面的牛皮纸上和顶面木夹板面涂刷万能胶，当胶面不粘手时，把玻璃镜按弹线位置粘贴到顶面木夹板上。

4）用手抹压玻璃镜，使其与顶面粘合紧密，并注意边角处的粘贴情况。然后用玻璃钉将镜面再固定四个点，固定方法如前述。

此外还要注意，粘贴玻璃镜时，不得直接用万能胶涂在镜面背后，以防止对镜面涂层的腐蚀损伤。

学习情境五　墙柱贴面修缮

建筑物主体结构完成后，必须进行内外墙面装饰以保护结构，美化环境，满足使用功能。一般饰面材料采用天然石材、人工合成石材、陶瓷砖等，高级建筑也有用金属、玻璃做饰面材料。

本情境学习室外墙面贴面砖、室内墙柱贴面砖、贴陶瓷锦砖、安装金属饰面板、石材饰面传统做法、墙面干挂石材、木作软包、饰面裱糊等新作及修缮工程。

一、墙柱贴面工程常用材料

1. 水泥

32.5 级或 42.5 级矿渣水泥，普通硅酸盐水泥。应有出厂合格证及复验合格试验单，出厂日期超过三个月而且水泥已结有小块的不得使用；白水泥应为 32.5 级以上，并符合设计和规范质量标准要求。

2. 砂子

用粗中砂，应经过筛，其他应符合规范质量标准。

3. 大理石饰面板

有定型板材和不定型板材两种，按照品质分为一级品和二级品，物理力学性能包括抗压强度、抗折强度、容重、吸水率、耐磨率、光泽度等。

4. 花岗岩饰面板

根据加工方法不同分为剁斧板、机刨板、粗磨板、磨光板四种，按照品质分为一级品和二级品，物理力学性能包括抗压强度、抗折强度、容重、吸水率等。

5. 釉面砖

釉面砖外观观感质量应表面平整光滑；几何尺寸规矩，圆边或平边应平直；不得缺角掉楞；白色釉面砖白度不得低于 78°；素色彩砖，色泽应一致；印花，图案面砖，应先行拼拢，保证画面完整，线条平稳流畅，衔接自然。

物理力学质量要求有吸水率不大于 22%；耐急冷急热，经 130℃ 温差釉面无裂纹；密度在 2300～2400kg/m³ 之间；硬度 85～87 度。

6. 陶瓷锦砖

陶瓷锦砖又名"马赛克"，分为上釉与无釉两类。外观要求质地坚硬，每张拼块图案一致；耐酸碱、耐磨；不渗水；有一定抗压强度，遇水脱纸时间不大于 40min。

7. 石灰膏

用块状生石灰淋制，必须用孔径 3mm×3mm 的筛网过滤，并贮存在沉淀池中用，熟化时间，常温下一般不少于 15 天，用于罩面灰，不少于 30 天，石灰膏内不得有未熟化的颗粒和其他杂质。

8. 铝合金外墙装饰压型板

按照表面处理分为阳极氧化处理和漆膜处理两种板材，氧化膜厚度不宜小于 $12\mu m$，材料验收时应采用划痕法检查氧化膜厚度。

9. 生石灰粉

磨细生石灰粉，其细度应通过 4900 孔/cm² ，用前应用水浸泡，其时间不少于 3 天。

10. 粉煤灰

细度过 0.08mm 筛，筛余量不大于 5%。

11. 胶粘剂

胶粘剂，又称黏合剂、粘结剂，是指能直接将两种材料牢固地粘结在一起的物质。它能在两种物体表面之间形成薄膜，使之粘结在一起，其形态通常为液态和膏状。随着化学工业的不断发展，胶粘剂品种繁多，建筑中常用的胶粘剂有热塑性合成树脂胶粘剂、热固性合成树脂胶粘剂、合成橡胶胶粘剂，在选用时应注意被粘物质的种类、特性和胶粘剂的性能、粘结的使用要求和被粘物品的受力情况、粘结件的使用环境的温度、湿度、介质、辐射等环境因素、施工条件和工艺要求，以及经济可靠的原则选用适宜的胶粘剂。常用胶粘剂性能与适用条件参考表 5-0-1。

建筑中常用的胶粘剂性能　　　　　　　　　　　　　　表 5-0-1

种　类		性　　能	主　要　用　途
热塑性合成树脂胶粘剂	聚乙烯醇缩甲醛类胶粘剂	粘结强度较高，耐水性，耐油性，耐磨性及抗老化性较好	粘贴壁纸、墙布、瓷砖等，可用于涂料的主要成膜物质，或用于拌制水泥砂浆
	聚醋酸乙烯酯类胶粘剂	常温固化快，粘结强度高，粘结层的韧性和耐久性好，不易老化，无毒、无味、不易燃爆，价格低，但耐水性差	广泛用于粘贴壁纸、玻璃、陶瓷、塑料、纤维织物、石材、混凝土、石膏等各种非金属材料，也可作为水泥增强剂
	聚乙烯醇胶粘剂（胶水）	水溶性胶粘剂，无毒，使用方便，粘结强度不高	可用于胶合板、壁纸、纸张等的粘结
热固性合成树脂胶粘剂	环氧树脂类胶粘剂	粘结强度高，收缩率小，耐腐蚀，电绝缘性好，耐水，耐油	粘结金属制品、玻璃、陶瓷、木材、塑料、皮革、水泥制品、纤维制品等
	酚醛树脂类胶粘剂	粘结强度高，耐疲劳，耐热，耐气候老化	用于粘结金属、陶瓷、玻璃、塑料和其他非金属材料制品
	聚氨酯类胶粘剂	黏附性好，耐疲劳，耐油，耐水，耐酸，韧性好，耐低温性能优异，可室温固化，但耐热差	适于粘结塑料、木材、皮革等，特别适用于防水、耐酸、耐碱工程
合成橡胶胶粘剂	丁腈橡胶胶粘剂	弹性及耐候性良好，耐疲劳，耐油、耐溶剂性好，耐热，有良好的混溶性，但黏着性差，成膜缓慢	适用于耐油部件中橡胶与橡胶、橡胶与金属、织物等的粘结。尤其适用于粘结软质聚氯乙烯材料
	氯丁橡胶胶粘剂	黏附力、内聚强度高。耐燃、耐油、耐溶剂性好。储存稳定性差	用于结构粘结，如橡胶、木材、陶瓷、石棉等不同材料的粘结
	聚硫橡胶胶粘剂	很好的弹性、黏附性。耐油、耐候性好，对气体和蒸汽不渗透，防老化性好	作密封胶及用于路面、地坪、混凝土的修补、表面密封和防滑。用于海港、码头及水下建筑物的密封
	硅橡胶胶粘剂	良好的耐紫外线、耐老化性、耐热、耐腐蚀性、黏附性好、防水防震	用于金属、陶瓷、混凝土、部分塑料的粘结。尤其适用于门窗玻璃的安装以及隧道、地铁等地下建筑中瓷砖、岩石接缝间的密封

二、施工作业条件

（1）主体结构施工完，并通过验收。

（2）预留孔洞，排水管等处理完毕，门窗框扇已安装完成，且门窗框与洞口缝隙已堵塞严实，并设置成品保护措施。

（3）搭设外脚手架（高层多采用吊篮或可移动的吊脚手架），宜选用双排脚手架或桥式架，其横竖杆及拉杆等应离开墙面和门窗口角 150～200mm，架子步高应符合安全操作规程。架子搭好后应经过验收。

（4）阳台栏杆处理完成，墙面基层清理干净，脚手眼、窗台、窗套等已经砌堵严实，并压实抹平。

（5）饰面砖排列已由建设、设计、监理和施工单位共同选定。

三、主要施工工具

砂浆搅拌机，瓷砖切割机；手电钻、冲击钻、磅秤、铁板、筛子（孔径 5mm）、窗纱筛子、手推车、大桶、平锹、木抹子、铁抹子、钢抹子、大杠、靠尺、方尺、铝合金水平尺、灰槽、灰勺、毛刷、钢丝刷、扫帚、錾子、锤子、粉线包、小白线、破布或棉丝、钢片开刀、小灰铲、勾缝溜子、托灰板、托线板、线坠、卷尺、小钉子、铅笔或红蓝铅笔、钢丝、工具袋等。

四、质量要求

（1）对人身健康和结构安全有密切关系的材料指标应进行复验，包括有：室内用花岗石的放射性；粘贴用水泥的凝结时间、安定性和抗压强度；外墙陶瓷面砖的吸水率；寒冷地区外墙陶瓷面砖的抗冻性。

（2）应对预埋件、连接节点、防水层各项项目进行验收后再行贴面。

（3）外墙饰面贴前和施工过程中，均应在相同基层上做样板件，并对样板件的饰面砖粘结强度进行检验，其检验方法和结果判定应符合《建筑工程饰面砖粘结强度检验标准》（JGJ 110）的规定。

（4）饰面板（砖）工程的抗震缝、伸缩缝、沉降缝等部位的处理应保证缝的使用功能和饰面的完整性。

（5）饰面板的品种、规格、颜色、图案和性能以及孔、槽的数量、位置和尺寸应符合设计要求，木龙骨、木饰面板和塑料饰面板的燃烧性能等级应符合设计要求。饰面砖粘贴工程的找平、防水、粘结和勾缝材料及施工方法应符合设计要求及国家现行产品标准和工程技术标准的规定。

（6）饰面板（砖）表面应平整、洁净、色泽一致，无裂痕和缺损。石材表面应无泛碱等污染。饰面板嵌缝应密实、平直、光滑、连续，宽度和深度应符合设计要求，嵌填材料色泽应一致。

（7）饰面板安装工程的预埋件（或后置埋件）、连接件的数量、规格、位置、连接方法和防腐处理必须符合设计要求。后置埋件的现场拉拔强度必须符合设计要求。饰面板（砖）安装与粘贴必须牢固。满粘法施工的饰面砖工程应无空鼓、裂缝。

（8）采用传统的湿作业法安装天然石材时，由于水泥砂浆在水化时析出大量的氢氧化钙，泛到石材表面，产生不规则的花斑，俗称泛碱现象，严重影响建筑物室内外石材饰面的装饰效果。因此，在天然石材安装前，应对石材饰面采用"防碱背涂剂"进行背涂处理。饰面板与基体之间的灌注材料应饱满、密实。

（9）饰面板上的孔洞应套割吻合，边缘应整齐。墙裙、贴脸突出墙面的厚度应一致。阴阳角处搭接方式、非整砖使用部位应符合设计要求。

（10）有排水要求的部位应做滴水线（槽）。滴水线（槽）应顺直，流水坡向应正确，坡度应符合设计要求。

（11）饰面板安装和饰面砖粘贴的允许偏差和检验方法应符合表 5-0-2、表 5-0-3 的规定。

饰面板安装的允许偏差和检验方法　　　　表 5-0-2

项次	项目	允许偏差（mm）							检验方法
		石材			瓷板	木材	塑料	金属	
		光面	剁斧石	蘑菇石					
1	立面垂直度	2	3	3	2	1.5	2	2	用 2m 垂直检测尺检查
2	表面平整度	2	3	—	1.5	1	3	3	用 2m 靠尺和塞尺检查
3	阴阳角方正	2	4	4	2	1.5	3	3	用直角检测尺检查
4	接缝直线度	2	4	4	2	1	1	1	拉 5m 线，不足 5m 拉通线，用钢直尺检查
5	墙裙、勒脚上口直线度	2	3	3	2	2	2	2	拉 5m 线，不足 5m 拉通线，用钢直尺检查
6	接缝高低差	0.5	3	—	0.5	0.5	1	1	用钢直尺和塞尺检查
7	接缝宽度	1	2	2	1	1	1	1	用钢直尺检查

饰面砖粘贴的允许偏差和检验方法　　　　表 5-0-3

项次	项目	允许偏差（mm）		检验方法
		外墙面砖	内墙面砖	
1	立面垂直度	3	2	用 2m 垂直检测尺检查
2	表面平整度	4	3	用 2m 靠尺和塞尺检查
3	阴阳角方正	3	3	用直角检测尺检查
4	接缝直线度	3	2	拉 5m 线，不足 5m 拉通线，用钢直尺检查
5	接缝高低差	1	0.5	用钢直尺和塞尺检查
6	接缝宽度	1	1	用钢直尺检查

五、冬期施工

墙柱饰面贴面工程如在冬期施工，应根据当地气温和施工现场条件，制定冬期施工方案，做好各项准备工作。

1. 施工准备

（1）按冬期施工方案，对测温、司炉和操作人员进行冬期施工技术交底和岗位培训。

（2）根据建筑物的朝向，安排室外饰面操作，上午安排在东边，下午安排在西边，室内则上午安排北边房间，下午安排南边房间。

（3）建筑物外脚手架上，利用竹编板，再挂一层草包帘挡风。建筑物的外门，外窗，全部安装好玻璃；通道和进出口，设置挡风草帘。

（4）砂浆搅拌机和堆砂场，应搭设防冻棚；水管、气管应深埋防冻。

（5）冷作法施工时，根据施工方案要求，应备足抗冻外加剂，如氯化钠、氯化钙、碳酸钾、亚硝酸钠、三乙醇胺、漂白粉以及生石灰粉等冷作材料。同时应备足木桶，波梅氏比重计，乳液比重计，最高、最低温度计等。

（6）有条件的工程，应尽量利用工程中的暖气片及热气设备。无条件的工程且饰面工程量大时，可采用立式锅炉与供水供气管道提升施工空间温度。

2. 室内热作法施工

热作施工环境温度应大于5℃，并且应保持饰面粘结层到干燥为止（测温，应在地面以上500mm处）。热作法施工要点如下：

（1）抹灰基体，应提前预热至+5℃以上，以及洒水润湿不致结冰，保证结合层牢固。

（2）冻结砌体，必须提前加温解冻预沉完毕。同时砌体应达到设计强度的20%，饰面层方可施工。

（3）用火炉加热时，随时检查抹灰层温度，发现干燥过快（或产生裂纹）时应在抹灰层洒水，使各层粘结牢固，防止起壳、空鼓。

（4）每一个单元房间应设通风口或定时打开窗户通风，排除湿空气。

（5）火炉加热应设排烟道，严防煤气中毒。

（6）砂浆应在暖棚内配制。一般用热水搅拌，使砂浆温度保持在15～20℃，砂浆上墙温度应不低于+10℃。运输途中，砂浆应采取覆盖等保温措施。

3. 室外饰面冷作法施工

室外饰面板的冷作法，宜尽量采用干挂法或胶粘法镶贴，如花岗石薄板和10～12mm厚的镜面大理石等。制备水泥砂浆时，砂浆中应掺入无氯抗冻剂。外加剂的使用和掺量应由实验室提出。

（1）当采用氯化钠作外加剂时，氯化钠掺量应根据大气温度确定。也可参考表5-0-4。石灰膏的含水量与石灰膏的稠度相关，石灰膏不同稠度的含水率，可参考表5-0-5。砂子的含水量，可在现场取样测定。氯化钠溶液应提前配制，其掺氯化钠的浓度用比重计测定，参见表5-0-6。氯化钠只能掺入普通硅酸盐水泥或矿渣硅酸盐水泥中，严禁掺入高铝水泥中。

（2）当大气温度在−10～−25℃间，如工程需施工，可配制氯化砂浆，其配比可参考表5-0-7。

调制氯化砂浆时，水温不得超过35℃，漂白粉按比例加入水中搅拌溶化，加盖沉淀1～2h后，澄清使用。氯化砂浆搅拌程序为：先将水泥和砂干拌均匀，再加入氯化溶液拌合。如为混合砂浆，石灰用量应小于水泥用量的1/2。氯化砂浆应随拌随用，不得贮存。氯化砂浆应参见表5-0-8的室外温度使用。

水泥砂浆中氯化钠按气温掺量参考表　　　　　　　　表 5-0-4

项　　　目	室外气温(℃)				备　　注
	0～-3	-4～-6	-7～-8	-9～-10	
墙面基层抹水泥砂浆	2	4	6	8	掺量以砂浆拌合水的重量百分比计
挑檐、雨篷、阳台抹水泥砂浆	3	6	8	10	
贴面砖、锦砖、花岗石	2	4	6	8	

石灰膏不同稠度的含水率参考表　　　　　　　　表 5-0-5

序号	1	2	3	4	5	6	7	8	9	10	11	12	13
稠度(cm)	1	2	3	4	5	6	7	8	9	10	11	12	13
含水率(%)	22	34	36	38	40	42	44	46	48	50	52	54	56

氯化钠溶液与相对密度的关系　　　　　　　　表 5-0-6

浓度(%)	1	2	3	4	5	6	7
相对密度	1.005	1.013	1.020	1.027	1.034	1.041	1.049
浓度(%)	8	9	10	11	12	20	25
相对密度	1.056	1.063	1.071	1.078	1.086	1.135	1.189

漂白粉掺量与室外气温关系　　　　　　　　表 5-0-7

大气温度(℃)	-10～-12	-13～-15	-16～-18	-19～-21	-22～-25
每 100kg 水中加漂白粉(kg)	9	12	15	18	21
生成氯化水比重	1.05	1.06	1.07	1.08	1.09

氯化砂浆按室外温度制备要求　　　　　　　　表 5-0-8

室外温度(℃)	搅拌后使用砂浆温度(℃)	
	无风天气	有风天气
0～-20	+10	+15
-11～-12	+15～+20	+25
-13～-25	+20～+25	+30
-25 以下	不得施工	不得施工

（3）冬期施工由于气温低，蒸发慢，灰浆中水泥水化所需水仅占砂浆用水量的 25% 左右，其余水均为游离水。所以冬期不需润湿墙面，可利用基层吸水，减少砂浆稠度，提高砂浆强度，避免析白。

（4）饰面砖应放入掺盐 2% 的温水中浸泡后晾干。

（5）砂浆中掺氯化钠，氯化钙等抗冻剂可降低结冻冰点。如按用水量 7.7% 加入氯化钠，可使砂浆抗冻冰点由 -1℃ 降至 -10℃。但抗冻剂不宜超量。

（6）下列施工部位，砂浆不宜掺用氯盐：有绝缘要求的建筑；空气中相对湿度大的地区，由于使用氯盐砂浆，饰面层返潮气温回升，墙面饰面层缝隙析盐影响美观；饰面有严格要求的工程。

六、安全技术保障措施

装饰块料饰面工程，主要是在室内高凳与室外脚手架上进行，垂直运输亦靠井架或吊篮。因此安全技术应侧重注意如下方面：

（1）操作前按照搭设脚手架的操作规程，检查脚手架和高凳是否牢固。操作层兜网是否张挂齐全；围网是否已挂满；隔三层是否另设一道兜网。脚手操作层护栏是否已经安设。

（2）在脚手架上操作的人数不能集中，堆放的材料应散开，存放砂浆的槽桶要放稳，木制杠尺不能一端立在脚手板上一端靠墙，要平放在脚手板上。脚手板严禁有探头板。

（3）内装饰层高在 3.6m 以下时，由抹灰工自己搭设的脚手架或采用双脚三角形高凳其间距应小于 2m，不许搭探头板。脚手架妨碍操作时，应由架子工处理，严禁非架子工翻脚手板或搭设临时架子。

（4）操作中严禁向下甩物件或抛甩砂浆，防止坠物伤人或砂浆溅入眼中。

（5）在室内推运输小车时，尤其是过道中拐弯时要注意小车把挤手。

（6）龙门架上料，各层信号必须准确，平台口放小车时必须加垫，防止翻车，篮应设安全门，防止小车翻坠。

（7）移动式照明灯必须使用安全电压，机电设备（钻台、切割机、手电钻等）应固定专人或电工操作。小型卷扬机的操作人员需经培训并考试合格后方准操作。现场一切机电设备非操作人员一律禁止乱动。

（8）多工种立体交叉作业，应有防护设施，作业人员必须戴安全帽。

（9）在使用悬吊脚手时，悬吊架应固定牢固，吊环、钢丝卡具应紧固，吊篮应有保险绳，操作人员应系安全带。

（10）射钉枪或风动工具，应由经过专门培训的工人负责操作。电动工具应安设漏电掉闸装置。

（11）剔凿瓷砖或手折断瓷砖，应戴防护眼镜和手套。

七、成品保护

饰面工程半成品、成品保护是一道绝不可省略的工序。因为，在施工操作中，即便全部达到"优良"标准，最后因保护不善，造成饰面缺损，同样满足不了功能与装饰效果。

1. 半成品保护

（1）贴面瓷砖、面砖、瓷砖和面砖在运输途中和操作中必须包装完整，并有缓冲层隔离，以避免破损。

（2）锦砖应架空放置于干燥地方，切忌受潮，一旦受潮，不仅要掉粒，而且牛皮纸抹素浆后提不起来。

（3）人造石材在运输途中以及现场搬运中应整箱起运，板材应光面相对，以避免表面划痕。划痕后，现场无法处理。

（4）天然大理石应光面相对，避免表面污染及碰撞。草绳捆扎的大理石切忌淋雨，造成草绳渗出的黄褐色液体污染板面。

（5）花岗石在施工中切忌火烤，因火烤体积骤然膨胀，产生爆裂破坏。

（6）铝合金型材在施工中应注意不得用尖锐物划刻或碰撞，造成表面氧化膜破坏或构件变形。在施工中切忌砂浆粘结破坏氧化膜。

（7）玻璃应防雨淋，并存放于干燥处避免受潮发霉。

2. 成品保护

（1）瓷砖、面砖，贴面完成后，应立即贴纸保护，防止污染；墙的阳角和门口，应有木护板，以免碰坏；禁止在瓷、面砖墙面上和附近墙面打洞，以免震脱；门窗框上的砂浆应及时清除；拆架子时注意不得碰撞贴面；如果在面砖上部有水刷石，宜先做水刷石后贴面砖。如先作面砖，面砖上应贴纸或覆盖塑料薄膜，防止污染。

（2）合成石、天然石材柱面、门窗套安装后，对所有面层阳角都要用木护板遮盖；墙面应贴纸或贴塑料薄膜保护，以保证不被污染；拆架子或搬动高凳时，注意不要碰撞饰面表面，以免引起缺陷。

（3）铝合金板、型材在易于污染或易于碰撞部位应用不干胶纸进行贴纸处理，另设护栏避免碰撞；幕墙外框宜用木包裹板包住。

任务一　镶贴外墙面砖

【学习目标】

掌握外墙面砖镶贴施工工艺和质量标准。

【任务设置】

撰写天津和平路 275-281 号（渤海大楼）外墙面砖镶贴施工说明。

图 5-1-1　天津渤海大楼

【背景资料】

天津和平路 275-281 号（渤海大楼），建于 1934 年，由法商永和营造公司设计，是当时天津最高、最新式的商业、公寓混合大楼，也是当时天津市中心的标志性建筑，是天津重点历史风貌建筑。该建筑为钢混框架结构八层楼房（局部为十层），高 47.47m，外墙面粘贴褐色饰面砖，色彩稳重大方。建筑立面强调竖向构图，体量庄重挺拔，属典型的现代主义风格，如图 5-1-1 所示。

【相关知识】

外墙贴面砖是一种比较普遍应用的外墙装饰，是将陶瓷外墙砖镶贴在外墙面的一种装饰方法，用外墙贴面砖饰面与用其他材料饰面相比，具有很多优点。如贴面砖坚固耐用、色彩鲜艳、易清洗、防火、防水、耐磨、耐腐蚀和维修费用低等。由于这些优点，外墙贴面砖可获得理想的装饰效果，但不足之处是造价偏高、工效低、自重大，因此只能重点使用。

常用外墙砖的规格有 45mm×195mm、50mm×200mm、52mm×230mm、60mm×240mm、100mm×100mm、100mm×200mm、200mm×400mm 等，厚 6～8mm。墙砖的表面质感多种多样，通过配料和改变制作工艺，可制成平面、麻面、毛面、磨光面、抛光面、纹点面、仿花岗岩面、压花浮雕表面、无光釉面、有光釉面、金属光泽面、防滑面、耐磨面等不同制品。外墙面砖规格不宜太大，否则影响贴牢度和安全性。为了增强面砖与基层墙面的粘结，面砖背面带有凹凸条纹。

本任务所述施工工艺适用于宾馆、饭店、酒店、办公楼、教学楼、化验楼、图书馆、舞厅、影剧院、医院、住宅楼等低层及高层建筑工程的外墙面贴面砖饰面，也适用于围墙外表面和建筑小品外墙面贴面砖饰面施工。

一、材料与技术要求

（1）面砖应按查勘设计的品种、规格、颜色等一次进货备足，定货时应明确产品质量标准，进货时严格检查验收。

（2）外墙面砖储运常用瓦楞马粪纸箱或简易框架小箱包装，包装箱空隙应用纸材隔离缓冲。档次较高的彩釉砖除用瓦楞纸箱外，每片瓷砖间还用软纸包裹。

二、主要工序

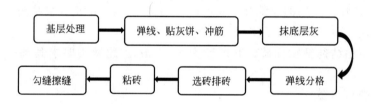

三、新作外墙面砖镶贴施工工艺

1. 基层处理

墙面必须清扫干净，浇水湿润。对于混凝土基体墙面，应将凸出墙面的混凝土剔平，大模施工的混凝土墙面，先用钢錾和扁錾子凿坑、凿毛，其受凿面积≥70％，即每平方米面积凿点多于 200 个；再用钢丝刷打刷，清除干净，浇水湿润；也可喷洒水湿润，涂刷界面剂。

2. 弹线、贴灰饼、冲筋

高层房屋应在四大角和门窗口边用经纬仪打垂直线找直；多层房屋可从顶层开始用特制的大线坠绷低碳钢丝吊垂直，然后根据面砖的规格尺寸分层设点、做灰饼，间距约1.6m。横向以楼层为水平基准线交圈控制，竖向垂直线以四周大角和通天柱或墙垛子为基准线控制，应全部是整砖。阳角处要双面排直。每层抹打底灰时，应以灰饼作基准点进行冲筋，使其底层灰做到平整、垂直。同时注意找抹好突出檐口、腰线、窗台、雨篷等底层灰的流水坡度和滴水线（槽）。

3. 抹底层灰

对于混凝土基体和加气混凝土基体，应先刮一道掺入水重 10％ 的 108 胶的水泥素浆，再做分层抹灰（常温时用配合比为 1∶3 水泥砂浆）。第一遍底灰厚度宜为 7～8mm，用木抹子抹平、压实、搓毛，待第一遍六至七成干时，抹第二遍，厚度约 5～6mm，随抹、随压、随用木杠刮平、木抹子搓毛，终凝后洒水养护。抹底层灰总厚不得超过 20mm，否则应作加强处理。

4. 弹线分格

待底层灰六至七成干时，可按查勘设计分段分格弹线，同时进行贴面砖标准点工作，以控制面砖出墙尺寸及垂直、平整。

5. 排砖

根据大样图及墙面尺寸进行横竖向排砖，以保证面砖缝隙均匀，符合查勘设计和有关技术标准规定。

6. 选砖、浸泡

镶贴前，应设专人挑选颜色、规格尺寸一致的面砖；将面砖清扫干净，放入净水中浸泡 2h 以上，取出待表面晾干或擦干净后方可使用。

7. 粘贴面砖

粘贴从顶层向下逐层进行，在每一层或每一分段内，粘贴应自下而上。在最下一层砖下皮的位置线先稳好靠尺，以此托住第一皮面砖。在面砖背面用配合比为水泥∶白灰膏∶砂＝1∶0.2∶2 的混合砂浆镶贴，砂浆厚度为 5～7mm，贴上后用灰铲柄轻轻敲打，使之附线，再用钢片开刀调整竖缝，并用小杠通过标准点调整平面和垂直度。另一种做法是用 1∶1 水泥砂浆加水重 20％ 的建筑胶，在面砖背面抹 3～4mm 厚灰浆粘贴。此法其基层抹灰必须垂直平整，砂子必须筛后使用。

也可用专用粘结剂粘贴面砖，其厚度为 2～3mm。此做法要求其基层抹灰必须垂直平整。

8. 面砖勾缝与擦缝

面砖镶贴的拉缝，用 1∶1 水泥砂浆或用专用勾缝灰浆勾缝。先勾水平缝再勾竖缝，勾缝应凹进面砖外表面 2～3mm。面砖缝子勾完后，用布或棉丝蘸稀盐酸擦洗干净。

四、面砖墙面损坏修补

1. 墙面及面砖开裂的修补

先将损坏的面砖锯切剔凿掉，同时检查面砖裂缝，如裂缝仍向砖底延伸，则需沿裂缝再把面砖剔凿至基层。再在裂缝处用云石锯锯或用钢錾子锯凿成沟槽状，清除浮尘。在裂缝沟槽上刮抹粘结灰浆，修补平整，重新镶贴面砖。

2. 局部面砖损坏的修补

按查勘设计修缮方案核对损坏的面砖，新修补面砖与旧面砖尺寸上的差异，应经分格修正。用云石锯或钢錾子锯凿掉损坏的面砖及损坏的底层灰。剔除清理干净后，提前一天浇水湿润后，用 1∶2.5 水泥砂浆补抹与原有基层灰同厚，并抹好接槎，大面用木抹子压实抹平、搓毛。浇水养护 1～2 天。之后按照镶贴工艺粘贴面砖。

五、施工注意事项

（1）面砖应分类存放备用。

（2）应先做放大样，并做出粘贴面砖样板墙，向操作者做好施工工艺及操作要点交底，待样板墙完成后，须经质量监理部门鉴定合格，经设计及业主共同认可后，方可进行施工。

（3）非整砖行应排在次要部位，如窗间墙或阴角处等，且应保持一致和对称。如遇有突出的卡件，应用整砖套割吻合，不得用非整砖随意拼凑镶贴。面砖接缝的宽度不应小于5mm，不得采用密缝。

（4）面砖拉缝镶贴时，面砖之间的水平缝宽度用米厘条控制，米厘条用贴砖砂浆与中层灰临时镶贴，米厘条贴在已镶贴好的面砖上口，为保证其平整，可临时加垫小木楔。

（5）女儿墙压顶、窗台、腰线等部位的水平面砖镶贴时，除流水坡度应符合查勘设计要求，其顶面砖必须压住立面砖，防止水向立面砖内渗透，引起立面砖空裂；同时还应注意立面中最低一排面砖必须压盖底平面的面砖，并低出其底平面面砖约 3～5mm，让其起滴水线（槽）的作用，防止尿檐，引起空裂。

（6）局部面砖损坏修补时，其修补边缘尽可能留在原面砖分格缝或墙转角处，锯凿掉损坏的面砖时，其边缘应用云齿锯锯齐，不准凿坏相邻的好面砖。

任务二　镶贴室内釉面砖

【学习目标】

掌握镶贴室内釉面砖的施工方法和质量标准。

【任务设置】

撰写镶贴室内釉面砖的施工说明。

【相关知识】

釉面内墙砖简称釉面砖、内墙砖或瓷砖，是以烧结后呈白色的耐火黏土、叶蜡石或高岭土等为原材料制成坯体，面层为釉料，经高温烧结而成。它具有色泽柔和、典雅、美观耐用、表面光滑洁净、耐火、防水、抗腐蚀、热稳定性能良好等特点，是一种高级内墙装饰材料。

1.釉面砖特点

用釉面砖装饰建筑物内墙，可使建筑物具有独特的卫生、易清洗和装饰美观的效果。釉面砖的主要种类及特点见表 5-2-1。

| 常用釉面砖的种类与特点 | 表 5-2-1 |

种　类		特　点
彩色釉面砖	有光彩色釉面砖	釉面光亮晶莹，色彩丰富雅致
	无　光	釉面半无光，不显眼，色泽一致，色调柔和
白色釉面砖		色纯白，釉面光亮，洁净

续表

种　类		特　点
装饰釉面砖	花釉面砖	同一砖面,多种彩色,经高温色釉互渗,花纹丰富
	结晶釉面砖	晶光,纹理多姿
	斑纹釉面砖	斑纹丰富
	理石釉面砖	具有天然大理石花纹颜色丰富,美观大方
图案砖	白底图案砖	白色釉面砖上装饰各种彩色图案高温烧制,纹样清晰,色彩明快
	色底图案砖	在有光或无光彩釉上装饰各种图案,高温烧制,产生浮雕,缎光绒毛彩漆效果
瓷砖画		由各色釉面砖拼成,根据已存画稿上彩后烧成
色釉陶瓷字		以各种彩釉,瓷土烧制而成,光亮美观永不褪色

2.用途

由于釉面砖的热稳定性好、防火、防潮、耐酸碱、表面光滑、易清洗,常用于厨房、浴室、卫生间、试验室、医院等室内墙面、台面等的装饰。

釉面砖是多孔的精陶坯体,吸水率为18%~21%,在长期与空气的接触过程中,特别是在潮湿的环境中使用,会吸收大量的水分而产生吸湿膨胀的现象。由于釉的吸湿膨胀非常小,当坯体膨胀的程度增长到使釉面处于张应力状态,应力超过釉的抗拉强度时,釉面会发生开裂。故釉面砖不能用于外墙和室外,否则经风吹日晒、严寒酷暑,将导致碎裂。

3.釉面砖的品种及规格

釉面砖按釉面颜色分为单色(含白色)砖、花色砖、图案砖等;按产品形状分为正方形砖、长方形砖及异型配件砖等。为增强与基层的粘结力,釉面砖的背面均有凹槽纹,背纹深度一般不小于0.2mm。釉面砖的尺寸规格很多,有300mm×200mm×5mm、150mm×150mm×5mm、100mm×100mm×5mm、300mm×150mm×5mm等。异形配件砖有阴角、阳角、压顶条、腰线砖、阴三角、阳三角、阴角座、阳角座等,其外形及规格尺寸更多,可根据需要选配。

一、材料与技术要求

(1)釉面砖执行《陶瓷砖》(GB/T 4100)标准。统一为使用质量标志即用合格或者符合标志。

(2)釉面砖的尺寸允许偏差见表5-2-2。

釉面砖的尺寸允许偏差 (单位:%)　　　　　　　　　　表5-2-2

尺寸允许偏差		无间隔凸缘	有间隔凸缘
长宽度	每块砖(2或4条边)的平均尺寸相对于工作尺寸的允许偏差①	L≤12cm;±0.75	±0.60
		L>12cm;±0.50	±0.30
	每块砖(2或4条边)的平均尺寸相对于10块砖(20或40条边)平均尺寸的允许偏差①	L≤12cm;±0.50	±0.30
		L>12cm	±0.25
厚度	每块砖厚度的平均值相对于工作尺寸厚度的最大允许偏差	±10.0	±10.0

注:①砖可以有一条或几条上釉边。

二、主要工序

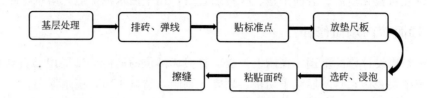

三、镶贴室内釉面砖施工工艺

1. 基层处理

混凝土基体处理应将凸出墙面的混凝土剔平，表面光滑的应凿毛，或用专用界面剂涂刷混凝土表面。吊垂直，在两墙角之间拉横向通线，调整确定灰饼基准，抹灰饼、冲筋。按查勘设计分层分遍抹底层砂浆，第一遍先抹约 8mm 厚 1∶3 水泥砂浆，随抹随压实，用木抹搓毛。视基层表面情况，再抹第二遍厚度为 5～6mm 的 1∶2.5 水泥砂浆，找平、搓毛。

砖砌体基体应将砖墙面及其损坏部分进行剔碱或掏砌修补平整，墙面清扫干净，浇水湿润，用 1∶3 水泥砂浆，分层抹底灰层，每层厚度宜为 5～7mm，随抹平随压实搓毛。

加气混凝土基体应用水湿润加气混凝土墙面，先刷一道 108 胶封底，用 1∶3∶9＝水泥∶白灰膏∶砂子混合物砂浆分层补平缺楞掉角，隔天分层抹 1∶1∶6 水泥白灰膏混合砂浆底层灰，随抹随用木抹子压实搓平、搓毛，次日开始进行养护。

2. 排砖、弹线

按查勘设计、墙面尺寸及面砖品种、规格进行横竖向排砖，确保面砖缝隙均匀。

3. 贴标准点

用碎面砖贴标准点，用做灰饼的水泥砂浆贴在墙面上，以控制镶贴面砖的表面平整度。

4. 放垫尺板

准确计算最下皮面砖下口的标高，放好垫尺板，用水平尺找平，作为粘贴第一皮面砖的依据。其垫尺板上沿一般比成活地面低 10mm 左右，垫尺板必须放置水平、安稳。

5. 选砖、浸泡

挑选颜色、规格尺寸一致的面砖；将面砖清扫干净，放入净水中浸泡 2h 以上，取出待表面晾干或擦干净后方可使用。

6. 粘贴面砖

粘贴应自下而上进行，从阳角开始沿水平方向逐一粘贴，第一排砖下口应紧靠底尺板上沿。抹 5～6mm 厚的 1∶0.1∶2.0 水泥石灰膏砂浆的结合层，随抹随刮平随贴面砖，保证砂浆饱满。亏灰时，取下重贴，并随时用靠尺检查平整度，同时保证缝隙宽度一致。

另外也可采用 1∶1 水泥砂浆加水重 20％的建筑界面剂，在面砖背面抹 3～4mm 厚灰浆进行粘贴。或用水泥∶砂∶水∶108 胶＝1∶2.5∶0.44∶0.33 的砂浆抹在面砖背面约 3mm 厚粘贴。或用专用瓷砖粘结剂粘贴，厚度为 2～3mm，刮于面砖背面进行粘贴。此法要求基层必须平整。

7. 擦缝

粘贴完经自检无空鼓、表面平整、棱角顺直后，用干白水泥擦缝，用布将砖面擦净。

四、釉面砖内墙面修补

（1）按查勘设计修补范围，在墙上弹线，将损坏部位的面砖或基层用云石锯切割和快錾子剔凿至整块瓷砖，将基层槎子切割、剔直、剔顺，清刷干净，浇水湿润。

（2）在墙面进行靠吊垂直、套方、拉通线、做灰饼、冲筋。将墙面提前一天浇水湿润。用1∶3水泥砂浆修补好基层；处理好接槎，用木抹子压实搓平搓毛。

（3）按照新作釉面砖内墙面方法粘砖。

五、施工注意事项

（1）阴阳角处的面砖对角、搭接方式，非整砖使用部位，应符合查勘设计和有关技术标准规定。

（2）排砖应从大面排起，再阴阳角、池槽，注意墙面和地面的关系，尽量排整砖，在同一墙面上的横竖排列，均不得有小于1/4砖的非整砖。非整砖行应排在阴角处。如遇有插座、盒槽等，应用整砖套割吻合，不得用非整砖随意拼凑镶贴。

（3）修补内墙面砖应特别注意仔细处理好新旧面砖的接槎，做到接槎平整，粘结牢固、表面颜色一致。

（4）面墙如上部为涂料、下部为面砖时，应先刷涂料，后贴面砖。

（5）剔凿破损面砖墙时，操作人员应戴防护眼镜，防止崩伤眼。

（6）面砖镶贴过程中和贴完后，应适当关门、围挡，防止污染和损坏。

任务三　陶瓷锦砖（马赛克）墙面

【学习目标】

熟悉陶瓷锦砖（马赛克）墙面粘贴施工工艺和质量标准。

【任务设置】

撰写陶瓷锦砖（马赛克）墙面粘贴施工说明。

【相关知识】

陶瓷锦砖俗称马赛克，它是用优质瓷土烧成，一般做成18.5mm×18.5mm×5mm、39mm×39mm×5mm的小方块，或边长为25mm的六角形等。是由各种颜色、多种几何形状的小块瓷片，铺贴在牛皮纸上形成色彩丰富、图案繁多的装饰砖，故又称纸皮砖。陶瓷锦砖的基本特点是质地坚实、色泽美观、图案多样，而且耐酸、耐碱、耐磨、耐水、耐压、耐冲击、耐候，近年来在建筑物的内、外装饰工程中获得广泛的应用，如用于外墙、内墙的装饰。但马赛克的典型用途，仍应是室内地面装饰。这主要是取其不渗水、不吸水、易清洗，不滑等特点。

当用于内、外墙面装饰时，效果要差一些，这主要是受施工精度的影响。

从表面的装饰方法来看，陶瓷锦砖也有施釉与不施釉两种，但目前国内生产的陶瓷锦砖多为不施釉的单色无光产品。

与陶瓷锦砖镶贴施工工艺相同的还有玻璃锦砖，又称玻璃"马赛克"，是由各种颜色玻璃掺入其他原料，经高温熔炼发泡后，压延制成的不同色彩的半透明小版块，主要规格小玻璃方饼为 20mm×20mm×4mm、25mm×25mm×4mm 两种，背面有槽纹，这些槽纹有利于与基面粘结。玻璃锦砖呈乳浊或半乳浊光泽，因而色泽柔和，颜色绚丽、典雅，而且花色品种繁多，不褪色，还可增加视觉厚度，从而烘托出一种豪华的气氛；表面光滑，不吸水，抗污染性好，且能雨涤自新；质地坚硬、性能稳定，具有优良的热稳定性和化学稳定性，因而不仅本身经久耐用，而且还可以很好地保护墙体免受侵蚀，延长建筑物寿命；面呈楔形，背面有锯齿状或阶梯状的沟纹，易贴牢，这对高层建筑的墙面装饰尤为重要。正因如此，它是十分理想的外墙装饰材料，将逐渐取代陶瓷锦砖。

玻璃锦砖颜色绚丽，色泽众多，且有透明、半透明、不透明三种。主要应用于宾馆、医院、办公楼、礼堂、公共娱乐设施建筑物外墙和内墙，也可用于壁画装饰。

一、材料与技术要求

（1）陶瓷（玻璃）锦砖应为合格产品，且 1 次进场。

（2）铺贴纸的质量关系到锦砖施工质量，所以铺贴纸必须满足：铺贴纸尺寸必须一致（陶瓷锦砖牛皮纸规格是 292mm×292mm；玻璃锦砖牛皮纸的规格一般是 325mm×325mm），其纸周边应露出拼块小饼 5～10mm；铺贴纸重量应在 80g～100g 间，100g 最佳；洒水脱纸时间＜40min；拉力大，洒水脱纸时，整张撕下不断裂，破损；纸的纵向与横向收缩应一致。

二、主要工序

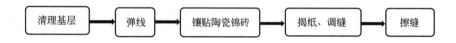

清理基层 → 弹线 → 镶贴陶瓷锦砖 → 揭纸、调缝 → 擦缝

三、陶瓷锦砖墙面镶贴施工工艺

1. 基层处理

基层处理与镶贴室内釉面砖相同。

2. 弹线

按查勘设计和锦砖图案尺寸及高度弹画水平控制线，计算出陶瓷锦砖的块（张）数，尽量保持整张整砖数。如大面分格时，应按总高度均分，根据查勘设计和锦砖的品种、规格定出分格条缝宽度。

3. 镶贴陶瓷锦砖

将底层灰浇水润湿，随刷水泥浆，随抹厚为 2～3mm，配合比为纸筋：石灰膏：水泥＝1：1：2 的混合灰粘结层，随用靠尺板刮平，用木抹子搓平，将陶瓷锦砖护纸板向下铺在木托板上，在缝子里灌上 1：2 干水泥砂，用软毛刷子刷净底面，抹上薄薄一层水泥：纸筋＝1：0.3水泥纸筋灰浆，刮掉四边灰，逐块（张）按垫尺的上口由下往上镶贴，随后用硬木拍板贴靠在镶贴好的陶瓷锦砖上，用小木槌轻轻敲打硬木拍板，使其粘结牢固，及时刮去周边挤出的灰浆。如有分格条时，镶贴完一组后，在其上口粘贴好分格，再继续镶贴第二组。

4. 揭纸、调缝

镶贴、拍实后，用毛刷蘸水湿润陶瓷锦砖上的护纸板，约20～30min可轻轻揭纸。检查有缝子不均匀、歪斜时，应用刀拨缝，再垫硬木拍板用木槌敲击。用刷子刷出缝中的砂子，用水从上往下浇水冲洗。

5. 擦缝

镶贴48h后，及时轻轻起出分格条，用与陶瓷锦砖相同颜色的水泥浆擦缝，用刮板将水泥浆刮入缝中，刮满、刮实、刮严，随用棉纱、麻丝擦净。起出分格条的缝子用1：1水泥砂浆勾严溜平，用棉纱擦净，进行适当洒水养护。外墙勾缝应选用有防水抗渗性能的勾缝材料。

四、陶瓷锦砖墙面修补施工工艺

（1）按查勘设计确定的陶瓷锦砖损坏修补范围，用云齿锯和合金钢块錾子切割、剔凿下破损的陶瓷锦砖，切割、剔成直槎。应尽量保留原有不损坏的底层灰，用錾子凿毛，在修补陶瓷锦砖的四周切割、剔凿规整。用钢丝刷清刷，以水冲净，用水泥砂浆分层补抹平整。

（2）损坏的底层灰，应切割、剔凿、清理、清刷干净。浇水湿润，重新补抹1：3水泥砂浆底层灰平整一致。

（3）按照镶贴陶瓷锦砖墙面做法，弹、拉缝控制，补镶陶瓷锦砖，揭纸调缝及擦缝。

五、施工注意事项

（1）应注意在同一墙面不得有一排以上的非整砖并应将其镶贴在较隐蔽的部位。通过分格条缝宽度调节，使分格条排列力求均匀合理。

（2）粘砖按自下而上，从左至右的顺序贴砖。镶贴的高度应根据当时气温条件确定。

（3）镶贴、敲击陶瓷锦砖时，必须垫好硬木拍板，轻轻拍打，不准用木槌直接敲打陶瓷锦砖面层。

（4）修复镶贴陶瓷锦砖时，应选择品种、规格、颜色、图案与原墙面一样的陶瓷锦砖，并处理好接槎，镶贴平整、牢固，缝子均匀。

任务四　金属饰面板安装

【学习目标】

熟悉金属饰面板安装工艺和质量标准。

【任务设置】

撰写金属饰面板安装施工说明。

【相关知识】

金属饰面板，一般多采用铝合金板、铝塑板、彩色压型钢板和不锈钢板，这些饰面板可以在现场以两层金属板间填充保温材料，并与金属框架形成整体；也可以采用单层金属板和保温材料组成整体。

金属饰面板，一般设计采用型钢或铝型材作骨架（包括横、竖骨架），在工厂加工制作基本构件，并组拼成单元构件，运至现场进行安装，这是目前应用最广泛最新的金属饰面板与基体结构连接结构形式。横、竖骨架与基体结构的连接固定，可以采用基体结构的预埋件焊接，也可以在基体结构上打入膨胀螺栓相连接，构造如图 5-4-1 所示。

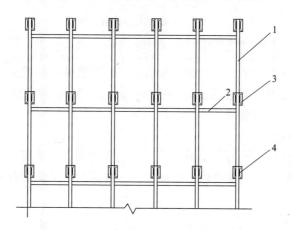

图 5-4-1 铝合金板幕墙结构示意
1—竖向龙骨；2—横向龙骨；3—Φ10 镀锌膨胀螺栓；4—镀锌角钢

本工艺标准适用于多层及高层建筑工程的金属饰面板安装工艺配套施工，以及大型公共建筑（宾馆、饭店、歌舞厅、展览馆、会展中心和影剧院等）的金属板内外墙和柱面饰面板安装工程。

1. 铝合金装饰板

铝合金装饰板属于现代较为流行的建筑装饰板材，具有质量轻、不燃烧、耐久性好、施工方便、装饰效果好等优点，适用于公共建筑室内外墙面和柱面的装饰。当前的产品规格有开放式、封闭式、波浪式、重叠式条板和藻井式、内圆式、龟板式块状吊顶板。颜色有本色、金黄色、古铜色、茶色等。表面处理方法有烤漆和阳极氧化等形式。

铝合金饰面板安装方法，常用的主要有两种。一种方法是将板条或方板用螺钉、螺栓或铆钉固定在支承的骨架上，此法多用在外墙上，铆钉间距以 100～150mm 为宜；另一种是将板条卡在特制的支承龙骨上，此法多用在室内墙面上。

铝合金饰面板安装时，其板与板之间的间隙，一般控制在 10～20mm，并用密封胶嵌缝，用圆形聚氯乙烯泡沫长条带填充缝隙如图 5-4-2。

近年来在装饰工程中用得较多的铝合金板材有以下几种。

（1）铝合金花纹板及浅花纹板

铝合金花纹板是采用防锈铝合金胚料，用特殊的花纹轧辊轧制而成，花纹美观大方，凸筋高度适中，不易磨损，防滑性好，防腐蚀性能强，便于冲洗，通过表面处理可以得到

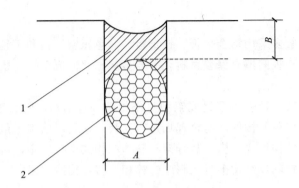

图 5-4-2 板缝间隙处理示意

1—耐候密封胶；2—聚氯乙烯填充材料；A—板缝隙（10～20mm）；B—密封胶厚度（按设计规定）

各种不同的颜色，花纹板材平整，裁剪尺寸精确，便于安装，同普通铝合金相比，刚度高出 20%，抗污垢、抗划伤、抗擦伤能力均有所提高，是我国特有的建筑装饰产品，广泛应用于现代建筑的墙面装饰和楼梯，踏板等处。

（2）铝合金压形板

铝合金压形板重量轻、外形美、耐腐蚀性，经久耐用，安装容易，施工快速，经表面处理可得到各种优美的色彩，是现代广泛应用的一种新型建筑装饰材料，主要用于墙面和屋面。

（3）铝合金穿孔板

铝合金穿孔板是用各种铝合金平板经机械穿孔而成。孔形根据需要有圆孔、方孔、长圆孔、长方空、三角孔、大小组合孔等。这是近年来开发的一种降低噪声并兼容有装饰效果的新产品。铝合金穿孔板材质轻、耐高温、耐高压、耐腐蚀、防火、防潮、防震，化学稳定性好，造型美观，色泽幽雅，立体感强，可用于宾馆、饭店、剧场、影院、播音室等公共建筑中，用于高级民用建筑则可改善音质条件，也可以用于各类车间厂房、机房、人防地下室等作降噪材料。

2. 铝塑板

铝塑板是一种以 PVC 塑料作芯板，正、背两表面为铝合金薄板的复合板材。厚度为 3mm、4mm、5mm、6mm 或 8mm，常见规格为 1220mm×2440mm。

铝塑板表面铝板经过阳极氧化和着色处理，色泽鲜艳。由于采取了复合结构，所以兼有金属材料和塑料的优点。主要特点为质量轻，坚固耐久，可自由弯曲，弯曲后不反弹。不但装饰性好，而且有较强的耐候性，可锯、铆、刨（侧边）、钻，可冷弯、冷折，易加工、组装、维修和保养。

铝塑板是一种新型金属塑料复合板材，越来越广泛地应用于建筑物的外幕墙和室内外墙面、柱面和顶面的饰面处理。铝塑板节点安装和直角加工参考图 5-4-3、图 5-4-4。

3. 彩色压型钢板

彩色压型钢板是以镀锌钢板为基材，经过成型机轧制成各种异形断面，表面涂敷各种耐腐蚀涂层或烤漆而成的轻型复合板材，也可以采用彩色涂层钢板直接压制成型。这种板材的基材厚度只有 0.5～1.2mm，属于薄型钢板，但是经轧制等加工成压型钢板后（断面为 V 形、U 形、梯形或波形等），受力合理使钢板的抗弯强度大大提高。

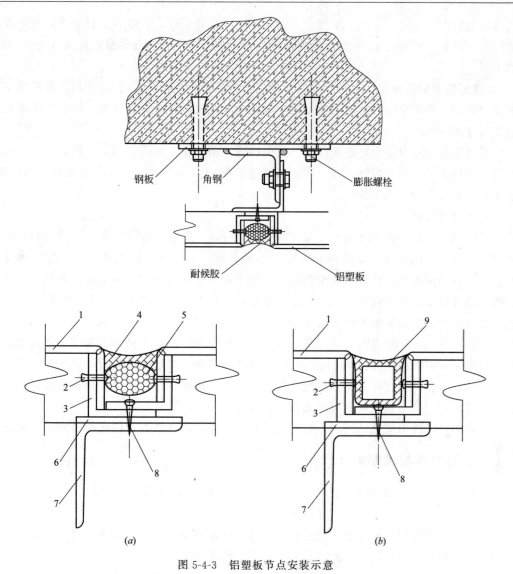

图 5-4-3　铝塑板节点安装示意

（a）节点一；（b）节点二

1—饰面板；2—铝铆钉；3—直角铝型材；4—密封材料；5—支撑材料；

6—垫片；7—角钢；8—螺钉；9—密封材料

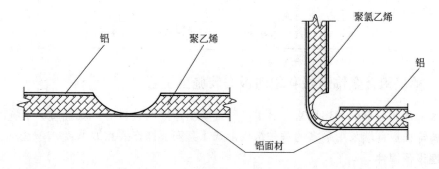

图 5-4-4　铝塑板圆弧直角加工示意

压型钢板的型号由 4 部分组成：压型钢板的代号（YX），波高 H，波距 S，有效覆盖宽度 B。例如，YX38-175-700 表示波高 38mm、波距 175mm、有效覆盖宽度 700mm 的压型钢板。

《建筑用压型钢板》（GB/T 12755）规定压型板表面不允许有用 10 倍放大镜能观察到的裂纹存在。对镀锌钢板及彩色涂层钢板制成的压型板规定不得有镀层、涂层脱落以及影响使用性能的擦伤。

彩色压型钢板质量轻、抗震性好、耐久性强，而且易于加工、施工方便，其表面色彩鲜艳、美观大方、装饰性好，广泛用于各类建筑物的内外墙面、屋面和吊顶等处的装饰，也用作轻型夹心板材的面板等。

4. 不锈钢板材

不锈钢板材，一般为薄材，厚度多小于 2.0mm。装饰不锈钢板材通常按照板材的反光率分为镜面或光面板、亚光板和浮雕板 3 种类型。镜面板表面光滑光亮，反光率可达 90％以上，表面可形成独特的映象效果。常用于室内墙面或柱面，可形成高光部分，独具魅力。为保护镜面板表面在加工和施工过程中不受侵害，常在其上加一层塑料保护膜，待竣工后再揭去。亚光板的光线反射率为 50％以下，其光泽柔和、不晃眼，可用于室内外装饰，产生一种柔和、稳重的艺术效果。浮雕板的表面是经辊压、研磨、腐蚀或雕刻而形成浮雕纹路，一般蚀刻深度在 0.015～0.5mm，这样使得浮雕板不仅具有金属光泽，而且还富有立体感。这种板材在加工浮雕前必须经过正常的研磨和抛光，所以比较费时，价格也较贵，可以用于公共建筑物的墙柱面装饰，如电梯门、门脸贴面等。

本任务所述施工工艺适用于多层与高层建筑工程的内外墙面和柱面金属饰面板安装。

一、材料与技术要求

（1）按查勘设计的品种、材质、规格、厚度、颜色等选择金属饰面板。

（2）饰面板表面应平整、洁净、色泽一致，无明显划痕或凹痕。

（3）固定饰面板骨架的横、竖肋杆型钢或方管的材质、规格、截面尺寸、厚度、间距及与基体连接等，必须符合查勘设计和有关技术标准规定。

（4）膨胀螺栓、垫板、垫圈、螺帽、自攻螺钉、胶粉、胶液、电焊条等配件，应有产品出厂合格证，并符合相关技术标准规定。

二、主要工序

三、单层铝合金饰面板和铝塑板安装施工工艺

铝合金饰面板幕墙结构形式，属于隐框幕墙结构形式。目前，这种隐框幕墙的结构形式是金属饰面板幕墙采用最多的一种结构形式。其安装操作要点如下：

1. 埋设预埋件

（1）预埋件随建筑主体结构工程施工，按设计图的尺寸、位置准确埋设，并埋设牢固，其间距按设计规定。

（2）对漏埋的或没有设计的埋设件，应按设计尺寸进行打膨胀螺栓孔，以膨胀螺栓连接固定。

2. 校验埋设件位置

（1）做好基准线测设和每个楼层轴线控制线和标高控制线，并作闭合校验。

（2）测设预埋件的准确位置，并在预埋件上划出幕墙分隔线的十字中心线，记录每个埋件的垂直度、平整度的偏差值。

3. 调整埋设件偏差

由于制作及结构件安装施工等方面与设计定位存在着偏差，一部分埋设件位置超出规范规定的允许偏差。因此，必须及时进行调整。其调整方法是：

（1）用不同厚度的钢板块加工成楔形的小垫块，进行细致的垫平、垫稳、垫实、垫牢处理。

（2）用型钢调整连接件的高低或间距偏差。

4. 幕墙结构（龙骨架）安装

（1）埋设件与基体固定牢固后，经核查校验可与竖向方形铝型材龙骨打螺栓孔，采用镀锌螺栓相连接固定。

（2）横向方形铝型材与竖向龙骨上以企口形式相连接，采用自攻螺丝钉拧紧固定。

5. 幕墙结构校验

当横、竖龙骨架安装完毕，由测量配合，对横、竖龙骨组成的结构进行校验。检查校验结构的垂直度、平整度、间距和规方等项偏差值，并随检查校验随记录校验结果。

6. 调整偏差

对幕墙结构偏差超出规范允许的规定的部分，要按提供的校验结果，进行认真调整。调整纠正的方法是：

（1）按测量测得给的点（横、竖向龙骨杆件上的中心点）拉纵横线，以此线为准进行调整横、竖向龙骨杆件，使其符合规范规定。

（2）对于平整度、垂直度偏差超出规范标准的局部结构部分杆件，应根据测量校验给的点；采用加工的楔形钢板小垫块进行调整，使其偏差符合设计及规范规定的偏差允许值。

（3）对于已调整的结构构件，应随调整准确后，将已松动的螺丝钉和螺栓螺帽拧紧固定牢固。

7. 单层铝合金板或铝塑板安装

（1）安装前，对进入现场的铝合金板，应按设计图纸检查其外形尺寸、表面平整度、颜色及螺栓孔的位置等，是否符合设计要求和规范规定的标准。

（2）安装顺序，自上而下，自左至右。具体操作时，可先竖向经几格为一条，从上往下，一直安装至底边；也可以自屋顶沿水平方向以几格为一条，从左往右沿水平方向安装。

（3）安装面板时，先将角形铝型材连接件与板端头螺栓连接，然后将饰面板扣盖在竖向方形铝型材龙骨上，采用自攻螺丝钉，使角形铝型材连接件与竖龙骨拧紧相连。

8. 填充缝隙、嵌密封胶

填充板与板间的缝隙和嵌密封胶应同时进行。饰面板安装完毕经检查调整后，采用聚氯乙烯泡沫圆形条填充缝隙，并填实填牢，随后涂抹硅酮胶嵌缝隙。

9. 清理饰面

铝合金饰面板全部安装完后，应自上至下清洗板面灰尘及其污染。对污染较严重的油渍和胶液，可用稀盐酸清洗，并及时用清水冲洗干净。

四、不锈钢圆柱镶面安装施工工艺

不锈钢防水性能强，表面光泽如镜，易加工和施工方便。因此，采用不锈钢作柱饰面，是当前国内流行的一种时尚的建筑装饰装修。

1. 检查柱身

安装饰面板前，应对柱身的垂直度、圆度、表面平整度进行检查，如果偏差超出规范允许值，必须进行修整或返工。

2. 修整柱身基层

对柱身表面有凹凸不平的缺陷应进行修整，并清除柱身表面的杂物、油渍或其他污染等。

3. 不锈钢板安装

一个圆柱面一般由二片或三片不锈钢曲面板组合成。曲面板加工方法有两种：一是手工加工；另外一种是在卷板机上加工。加工时，用事先做好的圆弧样板（按设计尺寸和圆度放的实际大样图）检查曲面板的弧度是否符合设计要求。

4. 不锈钢板安装

不锈钢板安装的关键质量管理点在于片与片间的对口处的处理。其对口的方式主要有直接卡口式和嵌槽压口式两种。

（1）直接卡口式安装：在两片不锈钢板对口处，安装一个不锈钢卡口槽，该卡口槽用螺钉固定于柱身骨架的凹部。安装柱面不锈钢板时，将不锈钢板一端的弯曲部，钩入卡口槽内，再用力推按不锈钢板的另一端，利用不锈钢板本身的特性，使其卡入另一个卡口槽内。

（2）嵌槽压口式安装：先把不锈钢板在对口处的凹部用螺钉（铁钉）固定，再把一条宽度小于凹槽的木条固定在凹槽中间，两边空出的间隙相等，其间隙宽为 1mm 左右；在木条上涂刷万能胶，待胶面不粘手时，向木条上嵌入不锈钢槽条；在不锈钢槽条嵌入粘结前，应用酒精或汽油清擦槽条内的油迹污物，并涂刷一层薄薄的胶液。

五、施工注意事项

（1）连接件与主体结构之间，可以与主体结构预埋件焊接，也可在墙柱上植钢筋或打膨胀螺栓，必须保证连接件位置准确、牢固。

（2）骨架必经防锈蚀处理，严格按控制线安装，保证位置准确，结合牢固，纵横向平顺。符合查勘设计和有关技术标准规定。骨架横、竖型钢龙骨肋杆间距，一般以≤500mm为宜。

（3）大面积金属面板幕墙，应用经纬仪对横、竖骨架杆件进行通视贯通。

（4）饰面板边角、沉降缝、伸缩缝等部位，用特制专用铝合金型板与两侧幕墙相连。饰面板的边角、沉降缝、伸缩缝及下端处理，应顺直完整，并适应建筑物伸缩、沉降、防水等功能要求。

（5）饰面板和骨架材料，在进场、存放、使用过程中，应有专人妥善管理，保证不变形、不磕碰、不损坏、不污染。金属饰面板安装后，在易于被污染的部位，应粘贴塑膜或覆盖保护，易碰、易划部位应设安全防护。

（6）为保护其表面在运输和施工时不被擦伤，铝塑板表面应贴有保护膜，施工完毕后再行揭去。

任务五　镶贴石材饰面

【学习目标】

掌握镶贴石材饰面施工工艺和质量标准。

【任务设置】

阐述原中国实业银行建筑概况，撰写原中国实业银行镶贴石材饰面施工说明。

【背景资料】

大同道 15 号（原中国实业银行）建于 1921 年，基泰工程司设计并监造，金融建筑。该建筑为带地下室的混合结构二层楼房，平屋顶。正立面一至二层中部为混水墙面，石材饰面，其他立面为红砖清水墙面，转角处设水刷石饰面的抱角石。正立面以六根爱奥尼克柱式承托檐部，形成开敞柱廊，柱廊上部为高耸的女儿墙，柱及檐部、窗套均为水刷石饰面。首层窗套用山花造型装饰。建筑简约大气，具有古典复兴建筑特征。

该行为实业家周学熙发起创办，1919 年 4 月开业，总行设在天津，筹建时除募集股外，由北洋政府指定长芦、东纲及两淮盐商投资，旨在为周学熙所掌握的滦州矿务局、启新洋灰公司、耀华玻璃公司、华新纺织公司解决大量流动资金的存储及转账问题。1934 年被宋氏家族吞并。

【相关知识】

从天然岩石中开采出来，经机械加工成的块状或板状材料统称为天然石材。天然石材是人类历史上应用最早的建筑材料。随着人们生活水平提高，人们对美的追求在家庭装修方面体现得淋漓尽致，不论是家庭装修，还是公共环境的室内外装修，设计师都离不开对石材的运用。石材所特有的色泽和纹理装饰效果好，而且比较耐用，但是由于造价高等原因，因此常用在等级要求较高的建筑中。

开采出来的石材需送往加工厂，按照设计所需要的规格及表面肌理，加工成各类板材及一些特殊规格形状的产品。荒料加工成板材后，表面还要进行加工处理：机器研磨、火焰烧毛、凿毛等，形成各种饰面板材。

1. 天然石材分类

目前市场上常见的用于装修的天然石材品种繁多。但按建材市场上的俗称，只分为两大类：大理石和花岗石。各种灰岩、白云岩和大理岩等统称为大理石；花岗岩、闪长岩、辉绿岩、片麻岩等统称为花岗石。

按使用条件的不同，天然装饰石材可分为室外装饰用石材和室内装饰用石材两大类。室外装饰用天然石材，可按其使用不同部位和功能特点分为：建筑物的基座、墙面、凸缘、檐板、立柱及踏步等。选择室外装饰石材的标准除了与建筑风格相适应的颜色、纹理以及光泽度以外，还必须考虑耐久性，为此多选用花岗岩做饰面板。室内装饰用天然石材同样也可以分为：墙面、门套、凸缘、窗台板、护墙板、地板及楼梯等。选择室内装饰石材则要求石材的装饰性，同时应避免选用少数内辐射指标超标的"B类"和"C类"放射产品。

2. 外观质量

外观质量主要指色差和板材的外观缺陷如花岗岩板的缺棱、缺角、裂纹、色斑、色线、坑窝等；大理石板材的翘曲、凹陷、污点、色斑等。缺陷的检测方法是：将板材平放在地面上，距板材 1.5m 处明显可见的缺陷视为有缺陷；距板材 1.5m 处不明显，但在 1m 处可见的缺陷视为无明显缺陷；距板材 1m 处看不见的缺陷视为无缺陷。若超出了国家标准规定的范围，即为不合格品。

3. 镜面光泽度

镜面光泽度对于镜面板材是一个非常重要的指标。光泽度指饰面板材表面对可见光的反射程度，也称为镜面光泽度。天然花岗岩板材标准规定：镜面板材的正面应具有镜面光泽，能清晰地反映出景物。新修订的天然花岗岩板材国家标准中，已将光泽度最低值提高到了 80 光泽单位。标准规定的光泽度最低值是一个基本值，大部分花岗石板材的光泽度值在 80～90 光泽单位时，才具有良好的镜面光泽。

4. 加工质量

加工质量直接影响石材饰面的装饰效果，也是石材等级划分的主要依据。技术指标分别为规格尺寸偏差（长度偏差、宽度偏差、厚度偏差）、平面度公差、角度公差。施工时为保证装饰面平整、接缝整齐，国家标准规定了板材的长度、宽度、厚度的偏差以及板材表面平整度、正面与侧面角度的极限公差。注意每批产品中，如果是优等品则不允许有超过 5% 的一等品存在，如果是一等品则不允许有超过 10% 的合格品存在，如果是合格品则不允许有超过 10% 的不合格品存在。

5. 物理性能指标

评价石材质量时除考虑装饰性能外，还应考虑其他质量指标，如抗压强度、抗折强度、耐久性、抗冻性、耐磨性、硬度等，它是反映天然石材材质本身的重要指标，检测试验一般只能在专业的质检中心进行。只有理化性能指标优良的石材，在使用过程中才能很好地抵抗各种外界因素的影响，保证石材装饰面的装饰效果和使用寿命。

6. 镶贴方法

边长小于 400mm，厚度在 10mm 以下的薄型小规格石材，通常采用粘贴方法镶贴。当边长大于 400mm，厚度在 20mm 以上，镶贴高度超过 1m 时，由于块材尺寸大、质量重、镶贴高度高，为了保障饰面块材与基层连接的可靠牢固，通常在块材与基层间不仅灌灰粘结，更主要是用挂接件将两者牢固连接，称为湿挂法。按照挂接件不同，又分为钢筋网挂粘法和金属件锚固挂粘法两种。如图 5-5-1～图 5-5-3 所示。

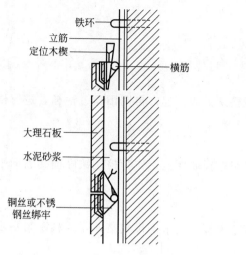

图 5-5-1　钢筋网挂粘构造

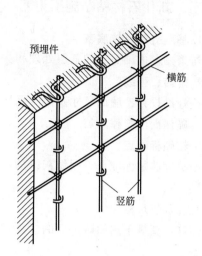

图 5-5-2　钢筋网固定构造

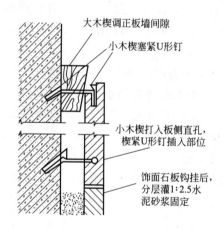

图 5-5-3　金属件锚固挂粘构造

一、材料与技术要求

（1）饰面砖的品种、规格、颜色、图案和性能应符合查勘设计和有关技术标准规定。一次进货备齐，并设专人挑选。

（2）粘贴饰面砖的找平、粘结和勾缝材料，应符合查勘设计和国家现行有关产品技术标准及国家环保污染控制等规定。

二、主要工序

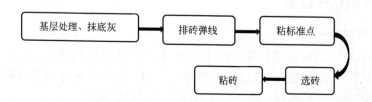

三、新作石材粘贴施工工艺

1. 基层处理、抹底灰

与镶贴室内釉面砖的基层处理和抹底灰工艺相同。

2. 排砖、弹线

按查勘设计、墙面尺寸及面砖品种、规格从大面排起，再阴阳角、池槽，进行横竖向排砖，确保面砖缝隙均匀。

3. 粘贴标准点

用碎面砖贴标准点，用做灰饼的水泥砂浆贴在墙面上，作为控制镶贴面砖表面平整度的标尺。

4. 安放垫尺板

准确计算最下皮面砖下口的标高，放好垫尺板，用水平尺找平，作为粘贴第一皮面砖的依据。

5. 选砖

面砖镶贴前，应挑选颜色、规格尺寸一致的面砖；并将面砖清扫干净，放入净水中浸泡 2h 以上，取出待表面晾干或擦干净后方可使用。

6. 粘贴面砖

自下而上，从阳角开始沿水平方向，抹 5~6mm 厚的 1：0.1：2.0 水泥石灰膏砂浆的结合层，随抹随刮平，随用 1：1 水泥砂浆加水重 20％的建筑界面剂，在面砖背面抹 3~4mm 厚，逐块进行粘贴。应保证砂浆饱满。亏灰时，应取下重贴，并随时用靠尺检查平整度，同时保证缝隙宽度一致。

饰面板粘贴也可或用水泥：砂：水：108 胶＝1：2.5：0.44：0.33 的砂浆抹在面砖背面约 3mm 厚粘贴。或用专用瓷砖粘结剂粘贴，厚度为 2~3mm，刮于面砖背面进行粘贴。此法要求基层必须平整。

7. 擦缝

用干白水泥擦缝，用布将砖面擦净。

四、粘贴饰面板墙面修补

(1) 按查勘设计修补范围，在墙上弹线，将损坏部位的饰面板或基层用云石锯切割和快錾子剔凿至整块饰面板，将基层槎子切割、剔直、剔顺，清刷干净，浇水湿润。

(2) 在墙面进行靠吊垂直、套方、拉通线、做灰饼冲筋。将墙面提前一天浇水湿润。用 1：3 水泥砂浆修补好基层；处理好接槎，用木抹子压实搓平搓毛。

(3) 按照新作工艺补贴。

五、钢筋网粘挂镶贴

1. 板材的排列设计

施工前必须对饰面板在墙面和柱面上的分布进行排列分配设计。对于复杂的造型面（圆弧形及多边形）还应实测后放足尺大样进行校对，最后计算出板块的排档，并按安装顺序编号，绘制分块大样详图，作为加工订货及安装的依据。

2. 基层处理

在安装饰面板之前，对墙面进行必要的处理是防止饰面板安装后产生空鼓、脱落的关键。无论是砖墙，还是混凝土墙，先要使墙柱基面达到平整，然后要对基面进行凿毛处理，还必须用钢丝刷清除基面残留的砂浆、尘土和油渍，并用水冲洗。

3. 固定钢筋网

首先剔凿出结构施工时预埋的钢筋环，或其他形式的预设铁件，然后插入φ8mm的竖向钢筋，在竖向钢筋的外侧绑扎横向钢筋，其位置低于饰面板缝2～3mm为宜，如图5-5-2所示。钢筋网必须按施工大样图要求的横竖距离焊接或绑扎，间距为300～500mm。钢筋骨架必须固定牢靠，不得有颤动和弯曲现象。

如果结构基体未设预埋件，可在基体上用电钻打孔，并插入金属膨胀螺栓，将钢筋网焊接于螺栓的外露部分，并焊接横向钢筋。也可在基体上打孔，埋入φ8钢筋段，外露部分不小于50mm并做成弯钩，在其上绑扎或焊接横向钢筋。如图5-5-2所示。

4. 钻孔开槽及固定金属丝

饰面板预拼排号后，要按顺序将板材侧面钻孔打眼。现场操作时可使用木架固定板块，用木楔将石板按所需垂直度或角度临时固定进行打孔、开槽。常用的打孔法是用4mm钻头直对板材的端面钻孔，孔深15mm，然后在板的背面对准端孔底部再打孔，直至连通端孔，这种孔称之为牛鼻子孔；另一种打孔法是钻斜孔，孔眼与面板呈35°左右。为使金属丝绑扎通过时不占饰面水平缝位置，应在板端边孔壁处用合金钢錾子剔凿一道深5mm的凹槽，以便嵌入金属丝。

5. 绑扎固定饰面石板

将16号不锈钢丝或铜丝穿入板上的孔内，并绑扎在墙体横筋上使板就位。从墙最下一层饰面板开始安装，先绑下口再绑上口并用托线板靠直靠平，用木楔垫稳，然后在板块横竖接缝处每隔100～150mm用糊状石膏浆（可掺适量水泥，白色饰面掺白水泥）做临时固定，使该层饰面板成一整体，其余缝隙均用石膏浆封严，待石膏灰浆凝结硬化后进行灌浆。构造见图5-5-1。

6. 灌浆操作

每安装好一层饰面石板，即进行灌浆。先将基体表面及板背面浇水湿润，用1∶2.5水泥砂浆分层灌注。先灌板高的1/3，插捣密实，待其初凝后，再灌上部的浆，直至灌到板材上口以下50～100mm处为止，余量作为上层板材灌浆接缝。如此依次逐层（排）向上绑扎并灌浆。

7. 清理、嵌缝、打蜡上光

全部大理石板安装完毕后，用湿布将板面擦拭干净，必须按饰面板的颜色调制水泥色浆嵌缝。嵌缝要随嵌随擦，缝隙要嵌得均匀密实、颜色保持一致。嵌缝水泥浆凝结硬化后，用棉丝擦洗板面，擦净、擦干后在板面满擦一薄层工业蜡至出现光泽，使磨光的天然石材光彩照人。

六、金属件（钩）挂贴法

金属件挂贴法又称挂贴楔固法。它与传统的钢筋网挂贴施工法的不同之处，在于舍去了绑扎钢筋网的工序，而是将饰面石材以不锈钢钩一端勾住石材，另一端直接楔固于墙体之上。构造见图 5-5-3。

1. 石板钻孔和剔槽

将饰面板直立固定于木架上，用电钻在距板两端 1/4 处的板块厚度中心钻直孔，孔深 35～40mm。然后将板调转 90°在板两侧边分别打直孔 1 个，孔位距板块下端 100mm 处。上下直孔都用合金钢錾子沿板背孔壁部位剔槽，槽深 7mm，以便安卧 U 形锚固件。

2. 基体钻孔

将钻孔后的石板按基体表面放线位置临时就位，对应于板块上、下直孔位置，用冲击电钻在基体上钻斜孔，斜孔与基体表面呈 45°，孔深 40～50mm。

3. 板材安装固定

板材就位后将 U 形钉的一端勾进石板直孔，并随即用小木楔楔紧，U 形钉的另一端勾入基体上的斜孔内，随后将基体斜孔内的 U 形钉也用小木楔楔紧。接着用大木楔塞紧于石板与基体之间。

4. 分层灌浆及清理、嵌缝、打蜡上光等做法，均与钢筋网挂贴法施工相同。

七、施工注意事项

（1）排砖应注意墙面和地面的关系，尽量排整砖，在同一墙面上的横竖排列，均不得有小于 1/4 砖的非整砖。非整砖行应排在阴角处。如遇有插座、盒槽等，应用整砖套割吻合，不得用非整砖随意拼凑镶贴。墙面突出物周围的饰面砖，应整砖套割吻合严密，边缘整齐。

一般要考虑墙面的凹凸部位、门窗等开口部位的尺寸，应尽量均匀分配块面，并将饰面板的接缝宽度考虑在内。

（2）垫尺板必须放置水平、安稳，其上沿一般比成活地面低 10mm 左右。粘贴面砖时，第一排砖下口应紧靠底尺板上沿。

（3）粘贴完经自检无空鼓、表面平整、棱角顺直后，方可擦缝。墙裙突出墙面的边缘厚度应均匀一致。

（4）修补面砖时，应特别注意仔细处理好新旧面砖的接槎，做到接槎平整，粘结牢固、表面颜色一致。

（5）墙面如上部为涂料、下部为面砖时，应先刷涂料，后贴面砖。面砖镶贴过程中和贴完后，应适当关门、围挡，防止污染和损坏。已镶贴好面砖的墙面，不准在其上凿孔洞损坏。

（6）剔凿破损面砖墙时，操作人员应戴防护眼镜，防止崩伤眼。

任务六　干挂石材饰面

【学习目标】

熟悉干挂石材饰面施工工艺和质量标准。

【任务设置】

撰写解放北路 80 号（原横滨正金银行）干挂石材外墙面饰面施工说明。

【背景资料】

解放北路 80 号（原横滨正金银行）建于 1926 年，由英商爱迪克生和达拉斯（同和）工程司设计，金融建筑。三层混合结构楼房，外檐为石材墙面，造型稳重华丽，其正立面的八根科林斯巨柱构成的开敞柱廊强调了对称构图，是典型的古典主义风格。

【相关知识】

细琢面或毛面的大理石、花岗岩板材以及有线脚断面的块材，由于面块较厚，一般用"干挂法"，此工艺是利用高强度螺栓和耐腐蚀、高强度的柔性连件，将石材面板挂在建筑物结构的外表面，无需灌浆，没有湿作业，在石材与结构表面间留有 40～50mm 的空腔，采暖设计时可填入保温材料。构造如图 5-6-1、图 5-6-2 所示。应当注意的是，此工艺不适宜于砖墙和加气混凝土墙。

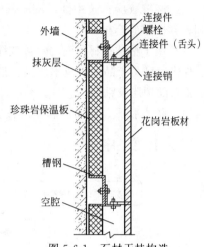

图 5-6-1　石材干挂构造

干挂法的工序比较简单，装配的牢固程度比绑扎法高，但是锚固件比较复杂，有扁钢锚件、圆钢锚件和线型锚件等。根据其锚固件的不同，板材的开孔形式也各不相同。因此，施工操作一般需专业施工队来完成。

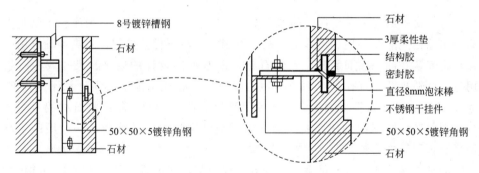

图 5-6-2　干挂件与板材连接构造

干挂法是当代花岗岩饰面板墙面装修通过长期施工实践，经发展改进而形成的施工工艺，其主要优点如下：

（1）石板与墙面形成的空腔内不灌水泥砂浆，因此彻底避免了由于水泥化学作用而造成的饰面石板表面发生花脸、变色和锈斑等严重问题，以及由于挂贴不牢而产生的空鼓、裂缝、脱落等问题。

（2）饰面石板分块独立地吊挂于墙面之上，每块石板的重量不会传给其他石板，且无水泥砂浆的重量，因此，墙体负荷比起"钢筋网挂贴法"要轻。

（3）干挂法属干作业，施工进度快，周期短。且由于不需搅拌水泥砂浆，故大大减少了工地现场的污染及清理现场的人工费用。

（4）吊挂件轻巧灵活，向前向后、向左向右、向上向下均可调整，因此饰面石板的装修质量易于保证。

一、材料与技术要求

（1）型钢骨架材料及配套挂件、膨胀螺栓、连接铁件、连接不锈钢件等等的品种、规格、性能、质量，必须符合查勘设计和国家现行有关规范标准规定。对挂件应做承载力破坏试验和抗疲劳试验。碳钢配件需做防锈、防腐处理。焊接点应做防腐处理。

（2）嵌缝胶应首选中性硅酮耐候密封胶或陶氏康宁密封胶，并必须在使用前进行粘结力和相容性试验合格。

（3）用于粘贴石材背面的背衬玻纤网格布，应依石材品种、规格及应用部位选用，其性能、规格应满足产品相应技术质量标准，常用无碱 24 目玻纤网格布。用于粘贴石材背面玻纤网格布的树脂胶粘剂，应具有粘结、防水和耐老化性能，并符合其产品的技术质量标准。

（4）防水胶泥、罩面涂料，应按查勘设计选用。

二、主要工序

三、施工工艺

（1）将石材平放在无污染房间的木方架上，用羊毛刷蘸防护剂均匀涂刷于石材的六个面，第一遍涂刷间隔 24h 后用同样的方法，再刷第二遍石材防护剂，间隔 48h 再用。

（2）将安装在同一墙面颜色一致的石材，根据查勘设计的规格、尺寸放在石板托架上，用专用台钻打孔，打孔的小面应与钻头垂直，使孔成型准确无误，孔深约为 25mm，孔径为 8～10mm。将石板上的灰尘及杂污用钢丝刷清除干净，随后将石材编号写在其背面，再在石材背面刷不饱和树脂胶一遍，满铺玻纤网格布，随铺随从一边用刷子赶平铺实，铺平后再刷第二遍胶，即"一布两胶"。

（3）清理干净墙体，进行吊垂直、套方、找规矩，弹出垂直线、水平线。并根据查勘设计和实际状况弹出型钢纵横骨架或石材安装位置线。

（4）吊挂线：按查勘设计用经纬仪打出大角两个面的竖向控制线，弹在离大角约 200mm 的位置上，以随时检查垂直吊挂线的准确性，保证石材顺利安装。一般 40m 以下高度沉铁重量为 8～10kg，上端挂在用膨胀螺栓固定在建筑大角顶端的专用角钢架上，一定要吊挂牢固、准确，并注意保护和经常检查。在控制线的上、下应做出标记。

（5）按查勘设计底层面板下沿标高水平线，安装支托在底层石板处。各支托要相互连接支撑牢固。支架安好后，顺支托方向铺通长 50mm 厚木板，木板上口应在同一水平面上，以保证石材上下面处在同一水平面上。

（6）按查勘设计及石材钻孔位置，用钻打孔，孔深约 60～80mm，若遇结构钢筋，可将孔位在水平方向移动或向上抬高，成孔应与结构表面垂直，孔内的灰粉应用小勺掏出，安放膨胀螺栓全部就位。

采用型钢骨架时，竖向槽钢为板材干挂的骨架。要求紧贴结构表面，用电锤打孔，膨胀螺栓固定。孔的间距为 1000～1500mm。若在规定间距内打孔时遇到结构内部配筋而钻不出孔眼来，可能是因结构垂直度偏差过大所致。此时，可在弹线位置两侧槽钢上加焊辅助连接件（槽钢"耳朵"）来固定竖向槽钢。

（7）用不锈钢螺栓固定角钢、钢板和配套挂件。调整钢板和配套挂件，使钢板的小孔或配套挂件正好与石板的插入孔对正，固定钢板，用力矩扳手拧紧。

（8）首先安装底层石板，将底层面板靠角的第一块石板就位，用夹具暂时固定，将石材侧孔抹胶，安好调整铁件，插固定钢针，调整石板固定。依次按顺序安装底层石板，待底层石板全部就位后，应全面检查石板的水平度、垂直度及板缝宽度等；对于低的用木楔垫平，高的适当退出木楔，直至石板上口在一条水平线上。调整好后用嵌固胶固定。

（9）把嵌固胶注入上一行石板的插销孔内，再把长 45mm 的 $\phi5$ 连接钢针通过平板上的小孔插入至石材端面插销孔。石板临时固定后，应及时调整其水平度，如石板面上口不平，可在石板低的一端下口的连接钢板上，垫双股铜丝垫，若铜丝粗，可用小锤砸扁。调整石板上口的不锈钢连接件距墙的空隙，直至石板达到垂直。

（10）顶部最后一层石板安装调整达到查勘设计要求后，在墙体结构与石板缝隙中向下吊一通长约 20mm 厚的木板，木板距石板上口下约 250mm 处，用铅丝与连接铁件吊牢靠，在石板与墙面之间的空隙里塞放略宽于空隙的聚苯板，填塞严实，防止灌细石混凝土时漏浆，灌捣细石混凝土至上石板口下约 20mm 处作为压顶石盖板粘结灰浆用。

（11）贴防污条、嵌缝：用宽约 40mm 的不干胶带，沿石板缝边缘粘贴，确保沿边贴齐、贴严，在石板间的缝隙处嵌填泡沫聚苯条（棒），至石板面下约 5mm 处，在石板缝间泡沫聚苯上打入中性硅酮密封胶，必须均匀饱满，适时揭去石板缝两侧的不干胶带，及时清净石板面的污物。

（12）清理石板：用开刀轻轻铲除石板面的胶和其他粘结杂物，用棉丝蘸丙酮擦拭干净。选择少雨比较好的天气用 3 寸羊毛刷涂刷罩面防护剂。

四、施工注意事项

（1）石板孔槽钻打位置准确，配套挂件连接牢固，保证石板垂直、平整。饰面石板缝通顺，嵌缝打胶密实，宽窄一致，无污染、无错台错位。

（2）石材处理注意边角一定要刷好。特别是打钻孔部位必须刷到。刷胶宜随用随配，刷子沾胶不要过多，防止流到石材小面给嵌缝带来困难，出现质量问题。

（3）上钢针前检查其有无伤痕，长度是否满足要求，钢针安装要保证垂直。

（4）刷防护剂一次蘸罩面防护剂不宜过多，防止流挂，尽量少回刷，以免有刷痕，应刷的平整有光泽、无气泡、不漏刷。

任务七　木质罩面板饰面

【学习目标】

熟悉木质罩面板饰面施工工艺和质量标准。

【任务设置】

撰写木质罩面板饰面施工说明。

【相关知识】

木质护壁板或称木质罩面板饰面是内墙装饰中最常用的一种类型。木与木制品做墙体饰面，使人感到温暖、亲切、舒适，其保持了木材本来的纹理和色彩，则更显高贵、典雅。木质护壁板常用于宾馆、餐厅、会议室和住宅等场所内人们容易接触的部位。

木质罩面板饰面分为局布（木墙裙）和全高两种。面板的类型有木板、胶合板和企口板等。

1. 常用木质护壁板及木线

天然木材由于存在各向异性、易燃、易腐蚀等缺陷，限制了它的应用。为了更有效、更安全地使用木材，人们不得不对它的上述缺陷进行改造。通过加工技术，由天然木材加工而成的各种胶合板、细木工板、纤维板及刨花板克服了天然木材各向异性的缺陷，不仅提高了材料的物理性能，而且使强度趋于各向同性，若对这些板材进行特殊的防腐或阻燃处理，还将获得特殊的功效。

（1）胶合板

胶合板是将原木蒸煮软化，经旋切或刨切成薄片，再经干燥、整理、涂胶、组坯和压合等工艺制成，由3层或多层（一般为3～13层）单板组合，并使相邻单板的纤维方向垂直胶合而成的一种木质人造板。胶合板幅面大，变形小，不易翘曲，各向同性，抗拉强度大，易于施工。

（2）细木工板

细木工板又称为大芯板，是由木条或木块组成板芯、两面贴合单板或胶合板的一种木质人造板。细木工板具有一定的强度，且易于加工，胀缩率小；是细木工装修的主要结构材料。

（3）纤维板

纤维板是以木本植物纤维或非木本植物纤维为原料经施胶、加热、加压而制成的人造板。是替代木材及胶合板的最佳产品之一。

纤维板分普通纤维板和特种功能纤维板。普通纤维板分为硬质纤维板、中密度纤维板和软质纤维板；特种功能纤维板分为油处理纤维板、防火纤维板、防水纤维板、防腐防霉纤维板、表面装饰纤维板、模压纤维板、浮雕纤维板和无机质复合纤维板。

（4）刨花板

刨花板是将木材加工剩余物、采伐剩余物、小径木或非木本植物纤维原料加工成刨花，加胶压制而成的人造板材。是替代木材、胶合板的理想产品。

（5）木线

木线条材料是装饰工程中各平接面、相交面、分界面、层次面、对接面的衔接口、交接条的收边封口材料，如木墙群的压顶线、墙面装饰造型线、家具及隔断的收口线、装饰线等。木线条材料对装饰工程的质量、装饰效果有着举足轻重的影响。在装饰结构上起着固定、连接、加强装饰面的作用，同时也是平面构成和线性构成的重要角色。

木装饰线条通常采用木质较硬、较细、耐磨、耐腐蚀、不劈裂、切面光滑、加工性好，尤其是上色性好、粘结力强、钉着力强的木材。

木线条的款式及外形需配合装饰设计的要求，除了一些常见款式外，设计师可根据设计要求定制。

2. 木质罩面板饰面基本构造

木质罩面板主要包括龙骨及面板两部分。基本构造有Ⅰ型、Ⅱ型和Ⅲ型三种，如图 5-7-1 所示，采用方木为固定面板的龙骨（木筋），以单层或多层胶合板为面板，并配以各种木线和花饰，再对胶合板表面进行油漆、涂料、裱糊壁纸等处理，可形成不同的装饰效果。

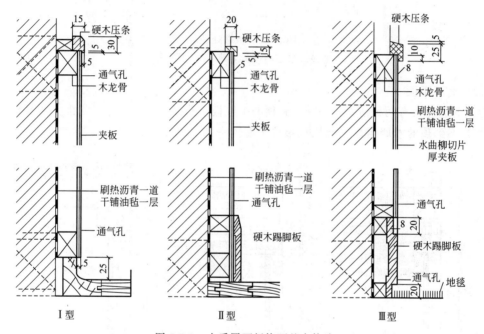

图 5-7-1 木质罩面板饰面基本构造

（1）龙骨

木龙骨的断面通常为 20mm～40mm×40mm。成品龙骨的尺寸多为 25mm×30mm，带凹槽。拼装成框体的龙骨中心线的间距尺寸通常为 300mm×300mm 和 400mm×400mm。

对于面积不大的罩面板骨架，可在地面上一次性安装后将其钉固在墙面上；对于大面积的龙骨架，可先在地面分片拼装，然后联片组装，最后固定在墙面上。

为了防止墙体潮气使面板变形或发霉，在木龙骨安装前，应在墙面与龙骨间加做防潮层：刷两遍聚氨酯防水涂料。

（2）面板

面板主要有板状和条状两种。板状材料分为胶合板、木饰面板和木丝板等。条状材料通常为企口板。有时，在安装面板前，还需要安装底板。底板材料通常为普通胶合板。

3. 细部处理

不论哪种材料的墙体饰面，细部构造处理都是装饰构造设计的重点与难点，是影响木装修效果及质量的重要因素。主要体现在饰面板的接缝处理、端部收口、阴阳转角和墙地面交接处理等处。

（1）板缝处理

板与板的拼接，主要有三种方式，即斜接密缝、平接留缝和压条盖缝，如图 5-7-2 所示。

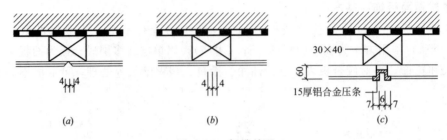

图 5-7-2　板缝处理

（a）斜接密缝；（b）平接留缝；（c）压条盖缝

（2）上部压顶

上部压顶主要有两种情形：一种为到顶的护壁板，上部压顶可与吊顶相接（见图 5-7-3）；另一种为不到顶的木墙裙，上部压顶条位于墙体中部（见图 5-7-1）。

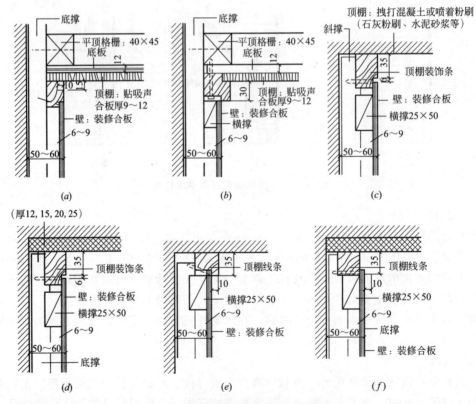

图 5-7-3　木质罩面板与吊顶连接构造

（3）阴阳转角

阴阳转角的处理，可采用对接、斜口对接、企口对接和填块等方法，如图 5-7-4、图

5-7-5 所示。

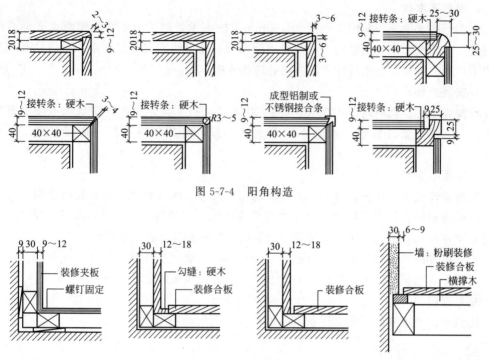

图 5-7-4　阳角构造

图 5-7-5　阴角构造

（4）踢脚

踢脚是指墙面与地面交接部位的装饰构造。踢脚的设计关系到整个墙面的装饰效果。它的处理方法有很多种，如图 5-7-1 所示。

一、材料与技术要求

（1）罩面板应符合查勘设计和有关技术规定。均应挑选颜色、花纹近似的用在同一房间内；安装护墙板时，木板的年轮凸面应向内放置，相邻面板的木纹和色泽应近似。

（2）木龙骨应根据应用部位、材质、规格进行筛选，不得存有腐朽、斜口开裂、死疖、虫蛀等现象，且应符合查勘设计和有关技术规定。

二、主要工序

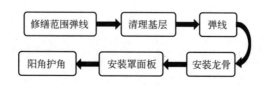

三、施工工艺

1. 基层处理

墙体表面按查勘设计进行防潮处理，抹防水砂浆或待基体干燥至含水率≤9％时，抹水泥混合砂浆找平层，在其上粘贴防水卷材或刷防水涂料。

2. 弹线下木楔

木龙骨的水平、竖向间距一般为 450mm。按木龙骨间距，在墙上弹画水平标高线及分档线。木砖或木楔的横竖间距与龙骨间距一致。在弹线的交叉点上用冲击钻钻孔，其深度应不小于 60mm。清孔后打入经防腐处理的木楔。

3. 安装龙骨

按龙骨水平、竖向间距 450mm 与每一块木砖（或木楔）钉牢，在每块木砖上钉两枚钉子，上下斜角错开钉紧，木垫块调整龙骨偏差，使其表面平整、立面垂直，阴阳角方正。

4. 罩面板安装

按照设计裁切罩面板，略大于龙骨架的实际尺寸，木纹根部向下，长度方向需要对接时，花纹应通顺，其接头位置应避开视线平视范围，一般离地面 1.2m 以下。同时，接头位置必须在横龙骨上；木护墙板需要分块留缝时，缝的位置应在竖龙骨架上。

胶合板可用镀锌蚊钉固定，钉距 30～50mm，钉眼用油性腻子抹平；木丝板、刨花板等可用木螺丝加垫圈固定，钉距 100～120mm；或用压条固定。

5. 处理细部

按照设计要求安装踢脚和压顶条，以及安装阴角和阳角木线。

四、施工注意事项

（1）调整龙骨平直所用木垫块，必须与龙骨钉固牢靠。

（2）应将木种、颜色、花纹一致的使用在一个房间内，不应出现面层花纹错乱、颜色不匀、棱角不直、表面不平、接缝处有黑纹及接缝不严等现象。在面板安装前，应先设计好分块尺寸，并将每一分块找方找直后试装一次，经调整修理后再正式钉装。

（3）操作前应拉线检查护墙板顶部是否平直，如有问题及时纠正，保证护墙板压顶条粗细一致、平整无劈裂。

学习情境六　涂饰工程修缮

　　涂刷类饰面是指在基层上，经批刮腻子处理，使基层平整，然后将所选定的建筑涂料刷于其上，所形成的一种饰面。涂刷类饰面是各种饰面做法中最为简便、经济的一种方式。与其他种类的饰面相比，涂刷类饰面具有工期短、工效高、材料用量少、自重轻、造价低等优点。涂刷类饰面的耐久性略差，但维修、更新很方便，且简单易行，因而应用十分广泛。

　　对于中国古建筑的油饰和彩画，其工艺复杂，工艺名称做法与之现在有很多不同，如对应于中国古建筑中的木构件的油饰工程，其工艺包括有地仗处理，扫荡灰，使麻，压麻灰、中灰、细灰、磨细钻生，称之为一麻五灰做法，还有单披灰做法和用黑退光漆油饰大木架的三道油做法，尽管叫法不同，但其基本构造均是基层处理，抹灰，涂饰，其工艺处理的目的均是防腐、保护、装饰。其中的单披灰做法是不用麻、布只抹灰成活，在历史建筑油漆修缮工程中，多数木件只通过单披灰即可达成装饰和保护的作用。新作木件和仿古建筑的混凝土面及抹灰面的涂饰工程，可对应本学习情境各任务施工。

1. 建筑涂料

　　涂刷类饰面所用建筑涂料是当今产量最大、应用最广的建筑装饰材料之一。建筑涂料品种繁多，据统计，我国的涂料已有 100 余种。涂料最早是以天然植物油脂、天然树脂如亚麻子油、桐油、松香、生漆等为主要原料，故以前称为油漆。目前，许多新型涂料已不再使用植物油脂，合成树脂在很大程度上已经取代天然树脂。因此，我国已正式采用涂料这个名称，而油漆仅仅是一类油性涂料而已。

　　按涂料中各组分所起的作用，可将其分为主要成膜物质、次要成膜物质和辅助成膜物质。按主要成膜物质中所包含的树脂可分为油漆类、天然树脂类、醇酸树脂类、丙烯酸树脂类、聚酯树脂类和辅助材料类等共 18 类。根据涂膜光泽的强弱又把涂料分为无光、半光（或称平光）和有光等品种。而按照使用部位分为外墙涂料、内墙涂料和地面涂料等。

　　（1）外墙涂料

　　由于外墙面暴露在大气中，要经常受到雨水的冲刷，因而外墙涂料应具有很好的耐水性能，某些防水型外墙涂料其防水性能更佳，当基层墙面发生小裂缝时，涂层仍有防水的功能；大气中的灰尘及其他物质玷污涂层后，涂层会失去装饰效能，因而外墙装饰层应具有不易被这些物质玷污或玷污后容易清除的特性；以及在反复经受日光、雨水、风沙、冷热变化等作用，仍能保持原有的装饰和保护功能，涂层不会出现开裂、剥落、脱粉、变色等现象的良好耐候性；为了获得良好的装饰效果，外墙涂料应同时具有丰富多样的色彩，良好的保色性能；以及具有施工及维修方便、价格合理的特点。

　　（2）内墙涂料

　　由于墙面基层是碱性的，因而内墙涂料的耐碱性要好；室内湿度一般比室外高，同时为了清洁方便，涂层应具有一定的耐水性及刷洗性；透气性不好的墙面材料易结露或挂水，使人产生不适感，因而内墙涂料应有一定的透气性；为满足众多居住者对颜色的喜爱不同，建筑内墙涂料的色彩应丰富、浅淡、明亮，涂刷容易，价格合理。

（3）地面涂料

因为地面涂料主要是涂刷在水泥砂浆基层上，所以必须具有良好的耐碱性且应与水泥砂浆地面有良好的粘结力；人的行走、重物的拖移容易使地面受到磨损，因此地面涂料还应有足够的耐磨性，这也是地面涂料的主要性能之一；同时，为了保持地面清洁，需要经常用水擦洗，因此地面涂料要有良好的耐水洗刷的性能；以及涂层在受到重物冲击时，不易开裂或脱落，只允许出现轻微的凹痕的良好的抗冲击性能。

地面涂料主要用于民用住宅的地面装饰，应便于施工，磨损后的重涂性好，价格应能被人们接受。

2. 涂饰饰面作用

（1）保护作用

建筑涂料通过刷涂、滚涂或喷涂等施工方法，涂敷在建筑物的表面上，形成连续的薄膜，厚度适中，有一定的硬度和韧性，并具有耐磨、耐候、耐化学侵蚀以及抗污染等功能，可以提高建筑物的使用寿命。

（2）装饰作用

建筑涂料所形成的涂层赋予建筑物以色彩、光泽、花纹、图案和立体感，美化建筑物外观，改善人们的使用环境。

（3）改善建筑的使用功能

随着建筑材料行业的技术进步，出现各种具有特殊功能的涂料，改善了建筑构件的功能。如使其具有阻止燃烧，或阻止燃烧的蔓延，推迟燃烧时间的防火性能；具有阻止水透过涂料层的防水性能；具有反射热量，阻止热量损失的隔热保温性能；具有吸收某些声波和隔音性能；具有阻止辐射线侵入的性能；具有良好的保温性能，可防止结露；具有抑制霉菌生长的防霉性能；涂料中含有对人体、牲畜无害的有毒物质，能杀死某些有害昆虫，具有杀虫、防蛀性能；涂料中含有荧光物质，能在夜晚发光，起到标志作用。

3. 涂料饰面的构造

一般分为三层，即底涂层、中涂层和面涂层。

（1）底涂层

底涂层俗称刷底漆或封底涂层，其主要目的是增加涂层与基层之间的黏附力，同时还可以进一步清理基层表面的灰尘，使一部分悬浮的灰尘颗粒固定于基层。此外，底涂层还兼具基层封闭剂的作用，用于防止木脂、水泥砂浆层中的可溶性盐等物质渗出表面，造成对饰面层的破坏。所以，封底涂料通常采用抗碱性能好的合成树脂乳液及其与无机高分子材料的混合物或溶剂型合成树脂。

（2）中涂层（主层）

中涂层即中间层，又称为主层涂料，是整个涂层构造中的成型层。其目的是通过适当的工艺，形成具有一定厚度的、匀实饱满的涂层，既能保护基层，又能通过这一涂层形成所需的装饰效果。例如，复层凹凸花纹涂料和浮雕涂料就是通过主层涂料产生立体花纹和图案的。因此，主层涂料的质量对于饰面层的保护作用和装饰效果的影响很大。为了增强中涂层的作用，近年来往往采用厚涂料、白水泥、砂粒等材料配制中间造型层的涂料。主层涂料主要采用以合成树脂为基料的厚质涂料。

（3）面涂层

面涂层即罩面层。其作用是体现涂层的色彩和光感。它能保护主层涂料，提高饰面层的耐久性和耐污染能力。为了保证色彩均匀，并满足耐久性、耐磨性等方面的要求，罩面涂料至少涂刷两遍。首先，罩面涂料主要采用丙烯酸系乳液涂料；其次，采用溶剂型丙烯酸树脂和丙烯酸-聚氨酯的清漆和磁漆。

一、涂饰工程常用材料

1. 涂料

涂料在容器中储存时均应无硬块，搅拌后应呈均匀状态；应有一定的黏度，使其在涂饰作业时易于流平而不流挂；含固量的大小不仅影响涂料的黏度，同时也影响到涂膜的强度、硬度、光泽及遮盖力等性能，所以薄质涂料的含固量通常不小于 45%；细度影响涂膜颜色的均匀性、表面平整性和光泽，薄质涂料的细度一般不大于 $60\mu m$；一般涂料的表干时间不应超过 2h，实干时间不应超过 24h；乳液型涂料的最低成膜温度都应在 10℃ 以上。

此外，对不同类型的涂料，还有一些不同的特殊要求，如砂壁状涂料的骨料沉降性、合成树脂乳液型涂料的低温稳定性等。

2. 涂膜

建筑涂料经涂饰施工后所形成的涂膜是实现装饰和保护作用的重要一环，为此涂膜的颜色与标准样品相比，应符合色差范围；涂料遮盖力范围为 $100\sim300g/m^2$；质量优良的涂膜其附着力指标应为 100%；为保证涂膜不易脱落，耐久性好，应具有较高粘结强度。

外墙涂料的涂膜表面毛细管内含有吸收水分，在冬季可能发生反复冻融，导致涂膜开裂、粉化、起泡或脱落。因此，对外墙涂料的涂膜还应有一定的耐冻融性要求；又由于外墙涂料暴露在大气环境中，耐玷污性、耐候性都是外墙涂料的重要指标。

对于地面涂料要求还应具有较高的耐磨性；对于高层建筑涂料则要求有耐冷热循环性及耐冲击性等。

3. 不同基层涂料选择

基层材质有很多种，如混凝土、水泥砂浆、石灰砂浆、钢材和木材等，其组成和性质不同，对涂料的作用和要求也不同。选用涂料时，首先应考虑涂膜与基层材料的黏附力大小，黏附力大小与涂料组成和基层材料组成的关系极为密切，只有两者的黏附力较大时，才能保证涂膜的耐久和不脱落。有些基层材料具有较高的碱性，所以涂料必须具有较强的耐碱性。而钢铁构件易生锈，因而应选用防锈漆。另外，在强度很低的基层材料上也不宜使用强度高且涂膜收缩较大的涂料，以免造成基层剥落。因此，按基层材料正确选用涂料是获得良好装饰效果和耐久性的前提，选用时可参考表 6-0-1。

不同基层材质适用涂料　　　　　　　　　　表 6-0-1

涂料品种		基层材质					
		混凝土	砂浆	石棉水泥板	石灰浆	木材	金属
水性涂料	聚乙烯醇涂料	√	√	√	*	×	×
水泥系涂料	聚合物水泥涂料	*	*	*	×	×	×

续表

涂料品种		基层材质					
		混凝土	砂浆	石棉水泥板	石灰浆	木材	金属
无机涂料	硅酸盐系涂料	√	√	√	√	×	×
	硅溶胶无机涂料	√	√	√	√	×	×
乳液型涂料	聚醋酸乙烯涂料	√	√	√	√	√	×
	乙-丙乳液涂料	√	√	√	√	√	×
	氯-偏共聚乳液	√	√	√	√	√	√
	乙-偏涂料	√	√	√	√	√	×
	苯-丙乳胶漆	√	√	√	√	√	√
	丙烯酸酯乳胶漆	√	√	√	√	√	√
	水乳型环氧树脂涂料	√	√	√	√	√	×
溶剂型涂料	油漆	×	×	√	√	*	*
	过氯乙烯	√	√	√	√	*	*
	聚乙烯醇缩丁醛涂料	√	√	√	√	*	*
	氯化橡胶涂料	√	√	√	√	*	*
	丙烯酸酯涂料	√	√	√	√	*	*
	聚氨酯系涂料	√	√	√	√	*	*
	环氧树脂涂料	√	√	√	√	*	*
	苯乙烯涂料	√	√	√	√	*	*

注：*——优先选用，√——可以选用，×——不可选用。

4. 不同装修施涂周期的涂料选择

建筑装修施涂周期系指建筑物两次施涂装修的时间间隔，选择建筑涂料时应充分考虑这方面因素的影响，根据拟定建筑装修施涂周期的长短合理选用相应的建筑涂料。按装修周期选用建筑涂料参考表 6-0-2。

不同装修施涂周期的涂料选择　表 6-0-2

涂料品种		装修部位与施涂周期（年）								
		外墙			内墙			地面		
		1～2	5	10	1～2	5	10	1～2	5	10
水性涂料	聚乙烯醇涂料				√*					
水泥系涂料	聚合物水泥涂料	√							√	
无机涂料	硅酸盐系涂料	√								
	硅溶胶无机涂料		√							

涂料品种		装修部位与施涂周期(年)								
		外墙			内墙			地面		
		1~2	5	10	1~2	5	10	1~2	5	10
乳液型涂料	聚醋酸乙烯涂料					√				
	乙-丙乳液涂料		√			√				
	氯-偏共聚乳液	√				√		√		
	乙-偏涂料		√			√				
	苯-丙乳胶漆		√			√				
	丙烯酸酯乳胶漆		√			√				
	水乳型环氧树脂涂料			√			√			
溶剂型涂料	油漆					√		√		
	过氯乙烯		√			√		√		
	聚乙烯醇缩丁醛涂料		√			√				
	氯化橡胶涂料				√		√			
	丙烯酸酯涂料				√		√			
	聚氨酯系涂料				√		√			√
	环氧树脂涂料									√
	苯乙烯涂料	√						√		

5. 各层涂料配套

涂料的配套问题很复杂，一般来说，涂层之间宜采用同类涂料配套，可以获得较好的涂层系列。当采用非同类涂料进行配套后，也能显示优越的涂层性能，但要慎重。涂料的配套必须以提高涂层质量，能获得较好的经济效果和有利施工为原则。

底层涂料，通常选用防腐性能好、涂膜坚韧、附着力强的涂料，并要求具有抵抗上层涂料的溶剂作用的性能。面层涂料，要求与底层（或中间层）结合好、坚硬耐久、耐候性好、抗腐蚀性好、流平性好、光亮丰满。

在选择涂料和进行涂料配套时应注意：

（1）过氯乙烯涂料与硝基涂料、环氧树脂涂料类结合力差，应同类涂料配套，或与醇酸涂料类、聚氨酯涂料类配套。

（2）沥青涂料组分复杂，与其他涂料组分性质的差异很大，涂层之间的附着力差，不宜相互配套使用。

（3）油性涂料，特别是长油度涂料，不宜作为挥发性涂料的底层涂料，因挥发性涂料可将底层涂料咬起。一般来说，挥发性涂料可作为油性涂料的底层涂料。

（4）采用耐溶剂性不良的颜料或有机颜料（如大红粉等）的涂料，不宜用作底层涂料。它与上层涂料配套后，特别是强溶解性溶剂涂料，如硝基涂料、过氯乙烯涂料、丙烯酸涂料等会产生渗色现象。

（5）涂层之间的收缩性，坚硬性和光滑性等一定要协调一致，切忌相差太大。上下两层涂料的热胀冷缩性质应基本一致，否则会发生龟裂或早期脱落。

不同材质常用涂料配套的层次关系见表 6-0-3～表 6-0-7。

金属及木材面的底层涂料与面层涂料的配套　　　　表 6-0-3

项次	涂料层次		底层涂料								
1	基层材料	黑色金属	醇酸、酚醛、丙烯酸	醇酸、酚醛、环氧、丙烯酸	醇酸、环氧、过氯乙烯	醇酸丙烯酸	硝基、过氯乙烯、醇酸、油性	沥青	醇酸、环氧	酚醛、过氯乙烯、环氧	醇酸
		铝合金	锌黄酚醛、锌黄丙烯酸	锌黄酚醛、锌黄环氧、锌黄丙烯酸	锌黄酚醛、锌黄环氧	锌黄酚醛、锌黄环氧	锌黄过氧乙烯、锌黄油性	沥青	锌黄环氧	锌黄酚醛、锌黄过氯乙烯、锌黄环氧	锌黄酚醛
		木材	酚醛、硝基、过氯乙烯	醇酸、丙烯酸、酚醛	酚醛、醇酸、硝基	醇酸	油性、醇酸、硝基			酚醛、硝基、过氯乙烯	醇酸
2	面层涂料类别		环氧树脂类	硝基类	丙烯酸类	过氯乙烯类	酚醛类	沥青类	氨基类	醇酸类	油性类

木门窗涂料配套层次关系　　　　表 6-0-4

底层		中层		面层		效果评价
涂料名称	层次	涂料名称	层次	涂料名称	层次	
厚漆	1			调合漆	1	较差
清漆	1	厚漆	1	调合漆	1	较差
清漆	1	厚漆、调合漆	2	调合漆	1	中等
清漆	1	铅油	2	无光油	1	较好
清漆	1	油色	1	清漆	1	较差
清漆	1	油色	1	清漆	2	较差
润粉、刮腻子	1	厚漆	2	调合漆	1	较好
润粉、刮腻子	1	无光调合漆	2	磁漆	2	良好
润粉、刮腻子	1	无光调合漆	1	磁漆	3	良好
润粉、刮腻子	1～2	油色	1	清漆	2	中等
润粉、刮腻子	1～2	油色	1	清漆	3	较好
润粉、刮腻子	1～2	油色	1	清漆	4	良好
润粉、刮腻子	1～2	漆片	1～2	硝基清漆	成活	较好
润粉、刮腻子	1～2	硝基清漆	4～6	硝基清漆	成活	良好

木地板涂料配套层次关系　　　　表 6-0-5

底层		中层		面层		效果评价
涂料名称	层次	涂料名称	层次	涂料名称	层次	
清油	1	油色	1	清漆	2	中等
清油	1	地板腻子	1～2	地板漆	2	良好
润粉	1	油色、地板腻子	1～3	软蜡	成活	良好
润粉	1	油色	1	硬蜡	成活	良好
润粉、刮腻子	1～2	油色	1	清漆	2	较好
		本色		硬蜡	成活	良好

抹灰基层的涂料层次关系 表 6-0-6

底层		中层		面层		效果评价
涂料名称	层次	涂料名称	层次	涂料名称	层次	
腻子	2	底油、厚漆	2	调合漆	1	中等
腻子	2	底油、厚漆	1、2	调合漆	1	较好
腻子	2	无光调合漆	1	磁漆	2	良好
腻子	2	底油、厚漆	1、1	调合漆、无光油	1、1	较好
腻子	2	底油、厚漆	1、2	假木面	1	较好
腻子	2	底油、厚漆	1、2	假木面	1	较好
腻子	2	石膏腻子拉毛	成活	调合漆或铅油	3	较好

金属面层的涂料配套层次关系 表 6-0-7

底层		中层		面层		效果评价
涂料名称	层次	涂料名称	层次	涂料名称	层次	
铅油	1			调合漆	1	较差
防锈漆	1			调合漆	1	中等
防锈漆	1	厚漆	1	调合漆	1	中等
防锈涂料	1	厚漆	2	调合漆	1	较好
防锈涂料	1～2	无光调合漆	11	磁漆	2	良好
防锈涂料	1～2	厚漆	2	调合漆	1	较好
防锈涂料	1～2			调合漆	3	良好
底浆、腻子	2	无光调合漆	1	磁漆	2	良好
				调合漆	3	较好

6. 涂料调色

涂料调色应按照标准色板、色卡或标准色漆来配置。同时应注意以下几点：

（1）只有同类涂料才能用来相互调色，否则会引起沉淀、析出。如硝基涂料不能用醇酸涂料来调色；醇酸涂料又不能与环氧树脂涂料来调色。

（2）调色一般应在阳光充足的情况下进行，应避免在晚间或光线太暗的环境中找色，以免找色不准。

（3）用于调色的涂料，开桶后应去掉漆皮，充分搅匀后再使用。

（4）在调配浅色涂料时，因催干剂本身带有颜色，应在加完催干剂以后再进行调色。

（5）调色前应确定好标准的色板、色卡或标准色漆。应先以小样对照调试，试好后再进行大面积调配。

（6）调色顺序应按深色漆加入浅色漆；次色、副色漆加到主色漆中的顺序进行，不能相反。

（7）涂料调配时，应边调边搅，由浅至深，搅拌均匀。

（8）调色时应注意，漆色湿时颜色较浅，随着漆膜的干燥会变深，应注意掌握湿样板与标准色板的差异。

7. 涂料的用料估算

涂料在涂装施工前，应根据建筑物的施涂面积以及单位面积需用涂料数量，较准确地计算出涂料及其稀释剂、各种辅助材料的需用量，以便做好涂装施工准备。一般情况下，每面墙面的涂料应一次性配好，否则，会造成一面墙的颜色不同，影响其立面效果；如果颜料配多了又可能造成窝工和浪费。

（1）涂料施工工程量估算

内墙、外墙、顶棚及地面应根据净空的实际尺寸计算，且应扣除门窗之类的孔洞。工程量估算见表6-0-8。

门、窗、木材、金属涂料工程量估算　　　　　　　　　　　表 6-0-8

项次	项目	计算系数	计算方法
1	镶嵌玻璃门	2.5	工程量＝系数×门窗洞口实际面积（m²）
	无框木板门	2.1	
	全玻璃门、单层门	2.0	
	纱门窗	1.2	
	一玻一纱窗	2.8	
	工业组合窗	1.5	
	百叶窗	3.0	
	双玻璃窗	3.2	
2	木隔断板	2.3	工程量＝系数×单面面积（m²）
	玻璃隔断	0.94	
3	窗合板、筒子板	45	工程量＝系数×竣工木料体积（m³）
	挂镜线、窗帘棍	80	
	木扶手	60	
4	木地板	1.12	工程量＝系数×地面面积（m²）
5	木楼梯	2.0	工程量＝系数×投影面积（m²）
6	屋面板、屋架檩条	2.0	工程量＝系数×屋面板面积（m²）
7	白铁排水	1.0	工程量＝系数×实际面积（m²）
8	钢屋架	25	工程量＝系数×铁件重量（t）
9	铁柱、挡风柱	21	
10	钢吊车梁、车挡	26	
11	钢天窗架支撑	35	
12	篦子板、平台	53	
13	钢门窗	55	
14	零件钢件	40	

（2）涂料每平方米用量计算

每平方米被涂面积的涂料使用量可以从产品使用说明书中查阅，也可通过试涂法来确定。常用涂料的每平方米需用量可参考表6-0-9～表6-0-13。

各色调合漆每平方米用量参考表 表 6-0-9

涂料名称	用量(g/m²)	涂料名称	用量(g/m²)
白色调合漆	160	绿调合漆	≤7.0
正黄调合漆	120	天蓝调合漆	100
乳黄调合漆	160	浅蓝调合漆	100
牙黄调合漆	160	正蓝调合漆	80
橘黄调合漆	≤100	银灰调合漆	≤120
浅绿调合漆	≤80	深灰调合漆	≤70
正绿调合漆	≤80	中灰调合漆	≤80
深绿调合漆	≤80	浅灰调合漆	≤80
豆绿调合漆	≤120	紫红调合漆	≤130
草绿调合漆	≤70	粟皮色调合漆	≤50
朱红调合漆	≤130	深驼色调合漆	≤100
铁红调合漆	≤50	黑色调合漆	≤40
酱色调合漆	≤60	紫棕调合漆	≤50
砂色调合漆	≤80	蓝厚漆	≤120
灰厚漆	≤70	黄厚漆	≤150
铁红厚漆	≤60	黑厚漆	≤40
朱红原漆	≤450	厚漆	≤200
绿厚漆	≤180	特号白厚漆	≤160

各色厚漆每平方米用量参考表 表 6-0-10

涂料名称	用量(g/m²)	涂料名称	用量(g/m²)
灰厚漆	≤70	黄厚漆	≤150
铁红厚漆	≤60	黑厚漆	≤40
朱红原漆	≤450	厚漆	≤200
绿厚漆	≤180	特号白厚漆	≤160
蓝厚漆	≤120		

新型建筑涂料每平方米用量参考表 表 6-0-11

涂料名称	用量(g/m²)	备注
106 内墙涂料	330~500	
氯一偏共聚乳液内墙涂料	330~400	施涂 3 度
苯-丙乳胶内墙涂料	143~167	施涂 2 度
JHN84-1 耐擦洗内墙涂料	400~600	施涂 2 度
内墙粉沫涂料	50	施涂 2 度
膨胀珍珠岩喷浆料	670	
膨胀珍珠岩顶棚涂料	500	毛面顶棚涂料
1~3mm 聚苯乙烯泡沫颗粒顶棚涂料	600	毛面顶棚涂料

续表

涂料名称	用量（g/m²）	备注
1～5mm 聚苯乙烯泡沫颗粒顶棚涂料	600	毛面顶棚涂料
云母片顶棚涂料	700	毛面顶棚涂料
104 外墙涂料	1000	
SB-2 丙烯酸酯彩色涂料	300～800	滚涂
多层花纹外墙涂料封底料	125～250	丙烯酸共聚乳液
多层花纹外墙涂料中层涂料	800～1500	丙烯酸共聚乳液与多层花纹外墙涂料封底料配套
高 PVC 苯丙底层涂料	200	与苯丙中层涂料配套
苯丙乳胶底层涂料	150	与苯丙中层涂料配套
苯丙中层涂料	2000	外墙用有机乳胶涂料
聚丙烯酸酯有光乳胶漆	100～200	与苯丙中层涂料配套
ZS-841 外墙涂料	330～500	施涂 2 度
JH80-1 型无机建筑涂料	1500～2000	砂粒状
JH80-1 型无机建筑涂料	1200～1500	云母状
JH80-1 型无机建筑涂料	700-1000	细粉状
JH80-2 型内墙涂料	400～600	
JH80-2 型外墙涂料	600～1200	
KS-82 型高分子外墙涂料	400	平壁基层
KS-82 型高分子外墙涂料	500	粗壁基层
S-G 外墙涂料	330～500	施涂 2 度
JH8501 型无机厚质涂料	2500～3000	
JH8502 型胶粘砂外墙涂料	2000～2500	
JH8504 型凹凸花纹涂料底料	100～800	浮雕型厚涂料
JH8504 凹凸花纹涂料中层涂料	1200～1800	浮雕型厚涂料
JH8504 型凹凸花纹涂料面料	100～200	浮雕型厚涂料
LH-82-1 型无机高分子建筑涂料	500～800	细质料，粉状
LH-82-2 型无机高分子建筑涂料	1200～1800	粗质料，颗粒状
KH-3-1 型多层花纹涂料	800～1200	厚质涂料

新型建筑涂料每平方米用量参考表　　　　　　　　表 6-0-12

涂料名称	用量（g/m²）	备注
KH3-2 型多层花纹涂料	1000～1500	厚质涂料
KH-2 型建筑涂料	1500	
777 型水性地面涂料，A 组分	1000	聚乙烯醇缩甲醛胶
777 型水性地面涂料，B 组分	500	

续表

涂料名称	用量(g/m²)	备注
777 型水性地面涂料,C 组分	170	
苯-地面涂料	250～300	
氯-偏共聚乳液地面涂料	170～200	施涂 3 度
过氯乙烯地面涂料,底漆	100～125	
过氯乙烯地面涂料,腻子	200～335	
过氯乙烯地面涂料,面漆	500～670	
JHD-1 型无机高分子地面涂料底漆	300～600	
JHD-1 型无机高分子地面涂料,面漆	200～300	

（3）涂料用料估算方法

涂料用料估算，可根据涂料施工的工程量（即涂刷面积）和涂料的每平方米用量来进行估算，即：涂料用料总量（kg）＝涂刷面积（m²）×单位面积涂料用量（kg/m²）。

涂料用量也可根据涂料材料概算指标进行估算，涂料材料概算指标见表 6-0-13。涂料用量计算公式：涂料用料总量（kg）＝涂刷面积（m²）×概算指标。

涂料材料概算指标　　　　　　　　　　　　　　　表 6-0-13

项目	涂料材料概算指标					
	光油	清油	溶剂	厚漆	调合漆	防锈漆
金属面油漆	3.96	4.24	15.00	21.00	17.27	28.20
抹灰面油漆	4.48	5.94	72	12.70	10.80	
单层木门窗油漆	9.46	3.96	16.10	21.30	19.10	
一玻一纱木门窗油漆	10.10	6.50	17.50	23.00	21.40	
单层钢门窗油漆	1.75	1.75	60	9.70	7.61	12.42

注：1. 涂料材料用是为每 100m² 被涂面积的用量。

2. 面积计算：门窗按高×宽满外框计算；抹灰面按单面长×宽计算。

3. 金属涂层按 3 遍成活，其他按 4 遍成活考虑，如不符时酌情增减。

4. 色漆用量是按浅、中、深色比例确定的。全做浅色时，总量应乘以 1.40；全做深色时则乘以 0.90。

二、施工作业条件

（1）屋面防水层和上层楼地面已完工，并经检验合格，不渗漏。

（2）已按查勘设计做出样板，经监理等相关人员检验确认合格，并一次配齐了同色涂料，保证色泽一致。

（3）水电、管道、设备等安装、调试已完成。

（4）油漆作业环境温度能保持在 0℃以上，涂料作业能保持在＋5℃以上，并通风良好，整洁干净。

（5）门、窗框或附框已安装就位，经检查位置正确、缝隙适宜、连接牢固合格。

（6）现场已设存料和配料房间，且通风干燥，并配备了消防器材。

三、常用工具与机具

常用工具有锤子、刮刀、锉刀、铲刀、钢丝刷、排笔等，以及圆盘打磨机、旋转钢丝刷、皮带打磨机、钢针除锈机、油漆辊、涂料喷枪、高压喷涂机、手提式涂料搅拌器、砂轮、钢丝轮、布轮。

四、质量要求

（1）涂料品种、型号、性能、色彩、图案必须符合设计要求，涂料品种设计无要求时，应根据基层材料，恰当选择适宜涂料，涂料必须是符合国家标准的合格产品。

（2）涂饰工程的基层处理应符合下列要求：

1）新建筑物的混凝土或抹灰层基层在涂饰涂料前应涂刷抗碱封闭底漆。

2）旧墙面在涂饰涂料前应清除疏松的旧装修层，并涂刷界面剂。

3）混凝土或抹灰基层涂刷溶剂型涂料时，含水率不得大于8%；涂刷乳液型涂料时，含水率不得大于10%。木材基层的含水率不得大于12%。

4）基层腻子应平整、坚实、牢固，无粉化、起皮和裂缝；内墙腻子的粘结强度应符合《建筑室内用腻子》（JG/T 3049）的规定。

5）厨房、卫生间墙面必须使用耐水腻子。

（3）涂饰工程应涂饰均匀、粘结牢固，不得漏涂、透底、起皮、掉粉、返锈。

（4）涂层与其他装修材料和设备衔接处应吻合，界面应清晰。

（5）薄型涂料、厚涂料、复合涂料、清漆、色漆涂饰质量标准和检验方法见表6-0-14～表6-0-18。

薄涂料的涂饰质量和检验方法 表 6-0-14

项次	项目	质量要求		检验方法
		普通涂饰	高级涂饰	
1	颜色	均匀一致	均匀一致	观察
2	咬色	允许少量轻微	不允许	观察
3	流坠、疙瘩	允许少量轻微	不允许	观察
4	砂眼、刷纹	允许少量轻微砂眼刷纹通顺	无砂眼无刷纹	观察
5	装饰线、分色线直线度允许偏差（mm）	2	1	拉5m线，不足5m拉通线，用钢直尺检查

厚涂料的涂饰质量和检验方法 表 6-0-15

项次	项目	质量要求		检验方法
		普通涂饰	高级涂饰	
1	颜色	均匀一致	均匀一致	观察
2	咬色	允许少量轻微	不允许	观察
3	点状分布		疏密均匀	观察

复合涂料的涂饰质量和检验方法　　　　　　　　　　　　表 6-0-16

项次	项目	质量要求	检验方法
1	颜色	均匀一致	观察
2	咬色	不允许	观察
3	喷点疏密程度	均匀、不允许连电	观察

清漆的涂饰质量和检验方法　　　　　　　　　　　　表 6-0-17

项次	项目	质量要求		检验方法
		普通涂饰	高级涂饰	
1	颜色	基本一致	均匀一致	观察
2	木纹	棕眼刮平、木纹清楚	棕眼刮平、木纹清楚	观察
3	光泽、光滑	光泽基本均匀无挡手感	光泽均匀一致光滑	观察，手摸检查
4	刷纹	无刷纹	无刷纹	观察
5	裹棱、流坠皱皮	明显处不允许	不允许	观察

色漆的涂饰质量和检验方法　　　　　　　　　　　　表 6-0-18

项次	项目	质量要求		检验方法
		普通涂饰	高级涂饰	
1	颜色	均匀一致	均匀一致	观察
2	光泽、光滑	光泽基本均匀光滑无挡手感	光泽均匀一致光滑	观察、手摸检查
3	刷纹	刷纹通顺	无刷纹	观察
4	流坠、皱皮	明置处不允许	不允许	观察
5	装饰线、分色线、直线度允许偏差(mm)	2	1	拉 5m 线，不足 5m 拉通线，用钢直尺检查

注：无光泽漆不检查光泽。

（6）美术涂饰的套色、花纹和图案应符合设计要求，表面应洁净，不得有流坠现象，套色涂饰的图案不得移位，纹理和轮廓应清晰；仿花纹涂饰的饰面应具有被模仿材质纹理。

（7）木地板烫蜡、擦软蜡所使用蜡的品种、质量必须符合设计要求，蜡洒布均匀、明亮、无露底，色泽均匀，表面洁净。严禁在施工过程中烫坏地板和损坏地面。

五、冬期施工

当室外平均气温低于＋5℃和最低气温低于-3℃时，涂料工程施工应按冬期施工的有关要求进行。

（1）基层（木材面、抹灰面、金属面）必须充分干燥，在冬季期间如不能使其充分干燥，则不宜施工。

（2）进入冬期施工期，应先将室外的涂料工程施工完，充分利用气温高的时间，先阴面后阳面，组织力量，尽快施工。

（3）合理选用涂料品种，选用最低成膜温度较低的涂料。一般来说，水性涂料最低成膜温度都较高，冬季期间，绝大多数水性外墙涂料不能施工，只有少数品种能在此期间施工。而溶剂型涂料的最低成膜温度相对低一些。

（4）当使用溶剂型涂料时，可以适量加入催干剂（加入量不大于3%），促使涂料快速干燥。例如冬季刷调合漆，在涂料中加入调合漆重量的2.5%的催干剂和的松香水，可在24h内达到充分干燥。

（5）在冬期施工期间，涂料中不可随意加入稀释剂。一般情况下，不可将涂料进行加热处理。

（6）防止腻子冰冻可采取下列措施：在熟桐油内加入一定量的催干剂；在加入的水内掺1/4的酒精；调腻子的水用热水；将熟桐油加热到不低于10℃，但不能太高；在每天气温最高时抢嵌腻子。

（7）室内涂料工程施工时，应尽量利用抹灰工程的热源，保持和提高环境温度。涂刷门窗等处的涂料时可在室内生炉子提高环境温度。涂刷后若室内抹灰面没有充分干燥，而室温已达到要求时，就要撤去火炉，驱除潮气和煤烟，以免影响施工质量。

（8）冬季室内涂料施工，应先安装玻璃，夜间应将门窗关闭，以利保温和防止风、雪、霜、露的侵蚀。

六、安全技术保障措施

1. 施工操作安全措施

（1）对施工操作人员进行安全教育，使之对使用的涂料的性能及安全措施有基本了解，并在操作中严格执行劳动保护制度。

（2）高空作业，必须戴有安全带。脚手板必须有足够的宽度，搭头处要牢固。操作者必须思想集中、不能麻痹大意，或工作中开玩笑，以防跌落。

（3）施工现场必须具有良好的通风条件，在通风条件不良的情况下，必须安置临时通风设备；改变操作现场环境，如红丹类等涂料尽量采用刷涂，少用喷涂，以减少飞沫及气体吸入体内。操作时，尽量站在上风口。下班时或吃饭前必须洗手洗脸。使用有害涂料时间较长时需用淋浴冲洗。

（4）在木材白茬面上磨砂纸时，要注意戗槎，以防刺伤手指；磨水砂纸时，宜戴上手套。

（5）在除锈铲除污染物以及附着物过程中，应带防护眼镜，以免眼睛沾污受伤；用喷砂除锈，喷嘴接头要牢固，不准对人。喷嘴堵塞，应停机消除压力后，方可进行修理或更换；使用氢氧化钠浸蚀旧漆时，须戴上橡皮手套和防护眼镜；涂刷有害身体的涂料和清漆时，须戴防毒口罩和密封式防护眼镜；涂刷红丹防锈漆及含有铅颜料的涂料时，要戴口罩，以防铅中毒。

（6）使用喷灯，加油不得过满，打气不能过足，使用的时间不宜过长，点火时火嘴不准对人。

（7）手或外露的皮肤可事先涂抹保护性糊剂。糊剂的配比为：滑石粉22.1%、淀粉4.1%、植物油或矿物油9.4%、明胶1.9%、甘油1.4%、硼酸1.9%、水59.2%。涂抹前，先将手洗干净，然后将保护性糊剂抹在外露的皮肤或手上。手上或皮肤上粘有涂料时，要尽量不用有害溶剂洗涤。可用煤油、肥皂、洗衣粉等洗涤，再用温水洗净。

（8）施工人员在操作时，感觉头痛、心悸或恶心时，应立即离开工作地点，到通风处休息。

2. 防火措施

（1）料房与建筑物必须保持一定的安全距离；要有严格的管理制度，专人负责；料房内严禁烟火，并有明显的标志；配备足够的消防器材。

（2）沾染涂料的棉丝、破布、油纸等废物应收集存放在有盖的金属容器内，及时处理，不得乱扔。

（3）料房内的稀释剂和易燃涂料必须堆放在安全处，切勿放在门口和人经常运动的地方。

（4）工作完毕，未用完的涂料和稀释剂应及时清理入库。

（5）在掺入稀释剂、快干剂时，禁止烟火，以免引起燃烧。

（6）喷涂场地的照明灯应用玻璃罩保护，以防漆雾沾上灯泡而引起爆炸。

（7）木地板、门窗铲下的油皮应及时水泡或土埋，以免自燃起火。

（8）熬胶、熬油时，应清除周围的易燃物和火源，并应配备相应的消防设施。

（9）常见有毒物及防治方法见表 6-0-19。

常见有毒物及防治方法 表 6-0-19

项次	有毒物名称	中毒后的反应	防治方法
1	苯	头痛、头昏、无力、失眠，还能引起皮肤干燥、痒、脱脂皮炎等	加强局部通风，不能用苯洗手
2	汽油	使神经系统和造血系统受损，产生皮炎、湿疹、皮肤干燥等症状	加强局部通风，少用汽油洗手
3	铅	中毒后体弱易倦、食欲不振、体重减轻、脸色苍白、肚痛、头痛、关节痛	用一般防锈漆代替红丹；饭前洗手、下班淋浴，采用刷涂，并加强通风
4	刺激性气体（如氨气）	对眼睛、呼吸道及皮肤等有强烈刺激，并有损害	掌握有关防护知识，加强个人防护，操作时加强通风

七、成品保护

1. 外墙涂料工程的成品保护

（1）每次涂刷前均应清理周围环境，防止尘土污染。涂料未干燥前，不得清理周围环境。涂料干后，也不得挨近墙面或从窗口、阳台上泼水及乱扔杂物，以免污染涂料面。

（2）操作时应注意保护非涂饰面（门窗、玻璃和其他装饰面）不受沾污。涂饰施工完毕后，应及时清除涂料所造成的污染。

（3）底部涂料涂刷施工完毕，宜在现场派人值班，防止有人摸碰，也不得靠墙立放铁锹等工具。拆脚手架时，不得碰坏涂层。

（4）在施工过程中，如遇到气温突然下降、暴晒，应及时采取必要的措施加以保护。若施工中遇大风、雨雪，应立即用塑料薄膜等覆盖，并在适当的位置留好接茬口，暂停施工。

（5）涂料施工完毕，应按涂料使用说明规定的时间和条件进行养护。

（6）冬天应采取必要的防冻措施。

2. 内墙涂料工程的成品保护

（1）每次涂刷前均应清理周围环境，防止尘土污染涂料。涂料未干燥前，不得清扫地面，干燥后，也不能挨近墙面泼水，以免沾污涂料面。

（2）每遍涂料施工后，应将门窗关闭，防止摸碰，也不得靠墙立放铁锹等工具。

（3）在施工中如遇到气温突然下降，应采取必要的保护措施。

（4）最后一遍有光涂料刷涂完毕，空气要流通，以防涂膜干燥后表面无光或光泽不足。

（5）明火不要靠近墙面。

（6）门窗、踢脚板等要保持整齐干净。

（7）涂料施工完毕，应按涂料使用说明规定的时间和条件进行养护，涂膜完全干燥后才能投入使用。

3. 地面涂料工程的成品保护

（1）每次涂刷前均应清理周围环境，防止尘土污染涂料。

（2）每遍涂料施工后，应将门窗、关闭，防止踩坏或污染涂层。

（3）施工中应当注意天气变化，如遇下雨，地面返潮，应停止施工；遇气温下降，应采取必要的措施。

（4）涂料施工完毕，应按涂料使用说明规定的时间和条件进行养护，养护期满后才能投入正常使用。

（5）涂料在施工及使用过程中，均应注意保护，防止磕碰，禁止穿钉鞋入内。

任务一　木材表面施涂

【学习目标】

掌握木材表面清油、混油以及防火施涂方法。

【任务设置】

撰写木材表面清油、混油施涂施工说明。

【相关知识】

木材具有轻质高强、易于加工，有较高的弹性和韧性，导热性能低的优点，此外木材以美丽的天然花纹，给人以淳朴、亲切的质感，表现出朴实无华的自然美，从而获得独特的装饰效果。但木材也有缺点，如内部结构不均匀、导致各向异性，干缩湿胀变形大，易腐朽、虫蛀，易燃烧，天然疵点较多等。通常通过对木材的加工处理以及表面的涂饰，能够极大改善这些缺点。

1. 控制木材含水率

木材的湿胀干缩性的规律是：当木材的含水率在纤维饱和点以下时，随着含水率的增大，木材体积产生膨胀，随着含水率减小，木材体积收缩；而当木材含水率在纤维饱和点以上，只是自由水增减变化时，木材的体积不发生变化。此外，由于木材为非匀质构造，故其胀缩变形各向不同，其中以弦向最大，径向次之，纵向（即顺纤维方向）最小。木材的湿胀干缩变形同时会使木材的物理力学性质随着平衡含水率的变化而变化。因此，木材制品必须干燥到与所使用地区空气温度、湿度相应的木材含水率，方可避免木材制品因受使用地区温度、湿度的影响发生变化而引起木材制品的胀缩、翘曲、开裂等现象。为了避免这种不利影响，最根本的措施是，在木材加工制作前预先将其进行干燥处理，使木材干燥至其含水率与将做成的木构件使用时所处环境的湿度相适应时的平衡含水率。

2. 木材的防腐

木材的腐朽是由真菌侵害所致，侵害木材的真菌常见的有变色菌、霉菌和腐朽菌。前两者对木材的强度无大影响。而腐朽菌能分泌酵素，它能将细胞壁中的纤维素等物质分解成简单的物质，作为自身繁殖的养料，致使木材腐朽而破坏。腐朽菌遇适宜的水分（含水率在35％～50％）、空气和温度（25～35℃），在木材中生存和繁殖，使木材腐朽。除真菌菌害外，木材还会遭到诸如白蚁、天牛等昆虫的蛀蚀。

木材防腐通常采用两种措施：一种是破坏真菌生存的条件，主要是保持木材干燥，使其含水率小于20％；木材表面涂刷各种油漆，不仅美观，而且可以隔绝空气和水分；另一种是将木材注入防腐剂，用化学防腐剂对木材进行处理，使真菌无法寄生，这是一种比较有效的防腐措施。防腐剂的种类主要有水溶性防腐剂、油质防腐剂和膏状防腐剂。

3. 木材防火

木材的耐燃性较差，木材防火处理的方法主要有表面涂敷法和溶液浸注法两种。

（1）表面涂敷法

表面涂敷法就是在木材的表面涂敷一层防火涂料，起到既防火、又具有防腐和装饰的作用。这种防火做法施工简单、投资较低，但对木材内部的防火效果不理想。

木材防火涂料种类也很多，主要分为溶剂型防火涂料和水乳性防火涂料两大类。防火涂料具有防火和装饰两种功能，其防火机理是隔绝可燃基材与空气的接触，或释放惰性气体抑制燃烧，或膨胀形成碳质泡沫隔热层。

（2）溶液浸注法

木材防火溶液浸注处理，可分为常压浸注和加压浸注两种。经过阻燃剂浸注处理后，可改变木材燃烧特性，木材着火时，内部温度大幅度下降，从而起到阻燃效果。木材常用的阻燃剂有磷-氮系阻燃剂、硼系阻燃剂、卤系阻燃剂、含铝、镁、锑等金属氧化物或氢氧化物阻燃剂等。

一、材料与技术要求

（1）应按照设计要求选择涂料品种、性能、色彩，设计无要求时，首选适宜木材基层的溶剂型涂料。

（2）涂料应有出厂合格证及产品使用说明。辅助材料应符合设计要求和相关规定。

（3）对木材基层的要求

1）木制品的质量、含水率必须符合《木结构工程施工及验收规范》有关规定。

2）木料表面的缝隙、毛刺、掀岔和脂囊应进行修整，用腻子补平，并用砂纸磨光。

较大的脂囊应用木纹相同的材料用胶镶嵌。木材表面的树脂、单宁、色素等杂质必须清除干净。木料表面应无灰尘、油渍、污垢等妨碍涂饰施工质量的污染物。

3）木材表面应平滑，涂饰施工前应用砂纸打磨。钉眼应用腻子填平、打磨光滑。

4）胶合板有时会渗出碱水，因此应进行处理，使之满足涂料的要求。

二、木材表面处理

1. 干燥

将木材放在通风场所晾干或放入干燥室烘干，使木材的含水率达到10%左右，一般不应超过12%。木材含水率高会造成涂料不干或出现气泡；含水率低则易造成木材开裂。

2. 除毛刺

除毛刺有火燎法和润湿法等两种方法。

（1）火燎法：此法用于除去平面上的毛刺。将酒精涂于木材表面上并点燃，经过燃烧的毛刺变硬，然后用砂纸将这些硬毛刺打磨掉。

（2）润湿法：先用温水擦洗木材表面，使其毛刺膨胀竖起，待干燥后，用砂纸将这些毛刺磨掉。

3. 去油污

可先用温肥皂水或热碱水将其洗净，然后再用清水擦洗净，也可用砂纸打磨或用短刨刨光。

4. 去松脂

去松脂的方法有：

（1）用5%～6%的碳酸钠温水（50～60℃）溶液清洗，可使树脂皂化，再用刷子或海绵蘸水擦洗干净。

（2）用4%～5%的氢氧化钠（烧碱）温水溶液清洗，便可使树脂皂化，然后，再用刷子或海绵蘸水擦洗干净。

（3）用5%碳酸钠水溶液与丙酮的混合液擦洗，其配合比为5%碳酸钠水溶液：丙酮＝80：20。

（4）用25%丙酮水溶液进行擦洗，可使树脂溶解，然后用清水清洗干净。

经上述处理之后，再用酒精擦洗，并涂刷1～2层虫胶漆（漆片）或酚醛树脂溶液，以防树脂再次渗出。

5. 除去单宁

有些木材，如栗木、麻栎等含有单宁。在用染料着色时，单宁与染料反应，造成木面颜色深浅不一致。因此在着色之前，须先除去单宁。常用除去单宁的方法有：

（1）蒸煮法：将木材放入水中蒸煮，单宁溶解到水中去；

（2）隔离法：将木材表面涂刷一层骨胶溶液，待骨胶溶液干燥后，在木面上形成了一层透明胶，这样染料就不会与木材中的单宁接触。

6. 填平

木质好且加工又很精细的高级木器，可不刮腻子；木质较差或加工粗糙的一般木器，应用腻子填补。对于木材表面上的年轮、裂纹、洞眼、节疤、掀岔、毛刺等造成的凹陷部分，要用腻子抹平。填补裂纹、洞眼、节疤，要用腻子刀刮抹，需要调厚些。由年轮等引起的不平，要满刮稀薄腻子，也可刷涂。木面若有较大洞眼应用木纹相同的材料用胶镶嵌，并用腻子刮平。

7. 磨光

木材表面的膨胀、起筋、浮毛、底漆、腻子、中间涂层的粗糙不平，均可用砂纸打磨光。打磨所用的砂纸应根据精度要求确定其型号。

8. 漂白

有些木材表面常有色斑、颜色不匀；有些木材的心材色深边材色浅，影响装饰效果。因此要进行漂白处理。常用处理方法有：

（1）用双氧水（30％）：水：氨水（25％）＝1：1：0.1～0.2的漂白液润湿木面2～3h后，木面会白净均匀，再用湿布将木面擦拭干净。

（2）先用次氧酸钠：水＝3：100的热水（70℃）溶液涂刷木面，过一段时间后再用0.5％的醋酸热水涂刷。重复以上步骤，直至物面变白。

（3）先用30％的氢氧化钠水溶液涂刷在木面上，待半小时后，再涂上双氧水，再过半小时后用水擦洗物面，并用1％的醋酸水溶液擦洗，最后用水洗净。

（4）先在木面上涂刷15％碳酸钠热水溶液，待浸润5min后，用抹布擦去木面上的渗出物，然后用双氧水溶液（30％双氧水：水＝4：1）涂刷，待达到白度要求后，用湿抹布擦拭到木面无黄色为止。

（5）细木雕刻或烫花的小型木器，可放入密封室内，燃烧硫黄，利用生成的二氧化硫气体来进行漂白。

9. 着色

着色有两种方法：

（1）染料染色：染料染色分为水色和酒色两种。水色是酸性染料分散在水溶液中；酒色则是碱性染料分散在酒精或虫胶漆中而得的溶液。

（2）化学染色：化学染色是利用药品和木材中的单宁发生化学反应而着色。由于着色的颜料或染料的生产厂家不同、其色调和色光有所差异，故在不同木质上所得的颜色也不尽相同。因此，在调配颜色时要先做色板试验，当符合要求后，再正式进行着色。

三、主要工序

四、施工工艺

1. 基层处理

（1）新木材面：刷油前，将木材表面的钉子起净。起钉时，在钳子下垫木板，防止损伤木料。用铲刀或挠子清除表面的灰浆和污垢等。如遇木材表面粘结有防腐油可用铲刀刮净，再点刷漆片，防止咬漆或不干。粘有油垢或树脂时，先用铲刀刮净，再用蘸有热水的水砂纸打磨，或用清洁剂（碱水）刷洗，清水冲擦净。干后顺木纹打磨，节疤处点漆片2～3遍。

（2）旧木材面：刷油前，应根据查勘设计对老油皮的附着力和老化的程度确定是否清除。如果附着力尚好，表面光平，难于铲掉，应用清洁剂或稀碱水刷洗，清水冲洗擦净，干后用砂纸打磨平整。如附着力不好，油皮老化、龟裂、有疙瘩和脱落时，必须彻底清除。一般可采用以下三种做法：

1）火碱水浸刷：用排笔蘸火碱水（火碱水的溶液浓度，经实验以能去掉旧油皮为准），刷在老油皮上，稍干燥时，再刷一遍，连续刷 2～3 遍。用铲刀或挠子把老油皮刮掉挠净，再用清水（最好用温水）把残存的火碱水刷洗干净；

2）烤挠油皮：用喷灯烤挠老油皮，待焦烆鼓泡后，移动喷灯，立即用挠子刮去烤焦鼓的油皮。边烤、边铲、边挠，密切配合，协调进行。挠子要常磨，操作要用力均匀，顺着木纹，紧贴木面连续刮挠，防止油皮漏挠不净。门窗的贴脸和线角应轻轻烤挠，注意保护好木质和线角；

3）脱漆剂铲刷：把脱漆剂刷在老油皮上，待油皮膨胀起皱时，用铲刀或挠子刮掉。油皮不干净时，可连续刷铲 2～3 遍，直至油皮全部脱掉。然后用清水洗刷干净。

2. 砂纸打磨

用砂纸顺木纹打磨木材表面，先磨线角，后磨四口平面，各种线角都要打磨规正、平滑。如有刨痕用砂纸包木块打磨，直到打磨平整、光滑为止。打磨后用潮布擦净。

3. 刷底子油

一般应刷清油（配合比以熟桐油：松香水＝1：2.5，略加色油漆）。涂刷时，应先保护好小五金，再按先上后下，先左后右，先外后内的顺序，顺着木纹刷。刷门窗框时，注意不应刷到墙面上。刷窗扇应先左扇，后右扇，三扇窗后刷中间扇；先刷上下冒头和侧面，再刷平面；外面刷完，挂好挺勾风撑，再刷里面。刷门扇应先背面，用木楔固定后，再刷正面；经检查无漏刷后，擦净污染的小五金。

4. 披刮腻子

底子油干透后，披刮腻子，一般用石膏油性腻子。普通油漆只局部披刮腻子，将钉眼、裂缝、节疤、榫头和边楞残缺处刮补平整。新粘板门、纤维板门、包镶门或中级、高级油漆，应满披刮一遍石膏油腻子；第二遍以用大白粉、石膏（6：4）配制的腻子披刮。披刮时，用胶皮刮板顺木纹一刮到底，不留接槎。门窗扇的上下冒头的栫头顶面、底面和钉装合页处，均应披实、刮平。腻子干后，用 1 号砂纸打磨，磨平面时，将砂纸紧压在磨面上，按第 2 条的操作工艺进行，磨后用潮布擦净。

5. 刷第一遍油漆

在原桶油中加适量稀释剂（冬季加催干剂），其稠度以能盖底、不流淌和不显刷痕为宜。按照刷底子油操作工艺刷第一遍油漆。有分色时，应先刷浅色，后刷深色，薄厚均匀一致。在阴角处应用油刷轻轻按一下，将多余的油蘸起顺开，以免刷后往下流坠。线角处应刷均匀，不能刷得过厚。里外分色及裹楞分界线，应握稳刷子，仔细刷齐直。刷完窗扇要打开挂好风钩风撑，门扇也打开用木楔固定。

6. 找补腻子、磨砂纸

第一遍油漆干透后，用 1 号砂纸或相同号的旧砂纸轻轻打磨至表面平整、光洁，要注意不能磨掉油漆膜而露出木质。在底腻子收缩或残缺处，用腻子补刮平整，干后用 1 号砂纸打磨平整，磨后用潮布擦净。在腻子处要点补油漆。

7.刷第二遍油漆

用原桶油漆，按照刷底子油操作工艺刷第二遍油漆。刷时应动作敏捷、多刷、多理，达到刷油饱满、不流坠、薄厚均匀和色泽一致。在油灰上刷油，应涂刷均匀，不玷污玻璃，最后用木楔将门窗扇固定。

8.刷高级油漆应满刮两遍腻子，并在涂刷第二遍油漆后，用0号砂纸或相同号的旧砂纸轻轻打磨一遍，并注意保护好棱角，磨后用潮布擦净。再按查勘设计和有关规定涂刷一遍漆。

五、施工注意事项

（1）烤挠油皮时，如油皮烤焦后冷却就难以刮掉了，应边烤边挠。喷烤时，应细心操作，不准将木材面烤煳或烤坏玻璃。用脱漆剂去油皮时，脱漆剂气味刺激大、易燃，应注意通风、防火，并不准与其他溶剂混用。

（2）门扇下冒头的底面，应在安装前刷好油漆。涂刷底子油，应薄厚均匀一致。

（3）披刮腻子不可磨穿油膜，并应保护好棱角，不留腻子痕迹。

（4）刷完油漆后要全面检查，如有毛病或漏刷应及时修理。

任务二　金属面涂饰

【学习目标】

熟悉金属面涂饰施工工艺和质量标准。

【任务设置】

撰写金属面涂饰施工工艺说明。

【相关知识】

金属元素为主要成分的材料称为金属材料，通常分为黑色金属与有色金属两大类。黑色金属是以铁元素为基本成分的金属及其合金，如铁、钢；有色金属是指铁以外的其他金属及其合金的总称，如铜、锌、锡、钛等。其中的钢材在建筑中是应用最多的金属材料。

钢材材质均匀，强度高，弹塑性好，但易受自然环境影响，产生锈蚀或腐蚀；耐热不耐火，在450～650℃就会失去承载能力。为此，钢材表面应依据使用环境，对其进行防腐、防火处理，材料表面涂饰是最常见保护措施之一。

本任务适用于钢结构构件涂饰，以及钢门窗、楼梯踏步、栏杆等金属制品的表面涂饰。

一、材料与技术要求

（1）涂料应有出厂合格证及产品使用说明。应按照设计要求选择涂料。辅助材料应符合设计要求和相关规定。

（2）以过氯乙烯树脂为主要成膜物质的各色防火涂料，以及配套底漆、中间涂料、面漆、稀释剂应选择干燥快的品种，为了满足防火、防腐、防毒要求，同时应具有良好的防化学侵蚀性能，耐无机酸、碱、盐、煤油等侵蚀。

（3）待涂饰金属表面应干燥，无灰尘、油污、锈斑、鳞皮、焊渣、毛刺、旧漆等污染物。

二、金属面基层处理

金属面基层处理的主要任务是除锈，除锈的方法应注重效果，因地制宜。一般可采用如下方法除锈。

（1）手工除锈

手工除锈主要用砂布、钢丝刷、锉刀、钢铲、风磨机、电动除锈工具、尖头锤、针束除锈器等除锈。一般情况下，小面积除锈或工件除锈可用粗细不同型号的砂布仔细打磨。大面积锈蚀可先用砂轮机、风磨机及其他电动除锈工具除锈，然后配以钢丝刷、饬刀、钢铲及砂布等工具，刷、锉、磨，除去剩余铁锈及杂物。

（2）喷砂除锈

根据处理物表面锈蚀的程度，材质及厚度选择合理粒度的干砂或湿砂装入专用的喷砂机内，选用合理的压缩空气压力、喷射距离和喷射角度，用砂喷射冲击处理物的表面，达到除锈的目的。喷射用砂应具有足够的硬度、不含油污、泥土和石灰质。湿喷砂时，应在砂中加入一定数量的防锈剂和钝化剂，如硝酸钠、磷酸三钠、铬酸钾混合液等。干喷砂时，应注意通风排尘。一般情况下，喷射距离为 0.5m 左右，喷射角为 45°～80°；喷射压缩空气的压力为 0.4～0.6MPa，喷射压力还可根据处理件的材质、厚度适当降低到 0.2MPa。喷射时，应注意移动速度。喷射完毕，应及时清除粘附在处理件及表面的沙尘等。处现完毕的工件表面应呈现一定光泽的金属本色，表面无沙尘，较薄壁件不得有变形。

（3）喷丸除锈

喷丸前，根据处理件的材质、厚度、锈蚀程度，合理地选择钢丸或铁丸的直径、喷射距离、喷射角度和压缩空气压力。钢丸或铁丸的直径一般为 0.2～1mm；喷丸机的压缩空气压力为 0.2～0.6MPa；喷射距离为 0.2～0.5m；喷射角度为 30°～90°。视处理件数量装入足够数量的丸料。处理时，应注意通风排尘，喷射丸应及时回收。处理过的工件应表面干净、无油锈，呈现一定光泽的金属本色，不得有较深的小坑或变形。

（4）化学除锈及去污

使用各种配方的酸性溶液与钢铁表面的锈斑、氧化皮和污物起化学反应，从而除净锈斑、氧化皮和污物。常用的金属表面去污除锈配方见表 6-2-1。

常用金属表面去污、除锈配方　　　　　　　　表 6-2-1

序号	配方			工艺参数		适用范围	备注
	组成材料	单位	数量	温度(℃)	时间(min)		
1	氢氧化钠	g/l	60～80	80～90	10～20	钢铁件表面除油污	
	碳酸钠	g/l	20～40				
	磷酸三钠	g/l	20～30				
	硅酸钠	g/l	5～10				
	水		余量				

序号	配方			工艺参数		适用范围	备注
	组成材料	单位	数量	温度（℃）	时间（min）		
2	82-1 型除油剂	%	5～10	40～60	7～10	各种金属除油	重量比
	水	%	90～95				
3	8318 金属洗净剂（粉剂）	%	3	40～60	5～15	各种金属除油	重量比
	水	%	97				
4	801 金属清洗剂	%	1	40～60	5～15	金属件除油污	重量比
	水	%	99				
	碳酸钠等无机盐		适量				
5	硫酸	g/l	180～250	70～80	10～20	各种钢铁材料去油去锈	
	平平加	g/l	8～9				
	六次甲基四胺	g/l	0.1～0.6				
	水		余量				
6	硫酸	g/l	180～200	65-80	25-40	铸铁除锈	
	氯化钠	g/l	300～500				
	硫脲	g/l	3～5				
	水		余量				

注：稀释硫酸溶液时，必须将硫酸缓慢倒入水中，而不能将水倒入浓硫酸中，以免硫酸溢出造成伤害。

三、主要工序

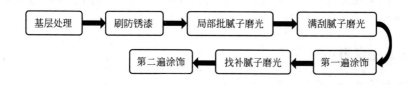

四、主要工序

1.基层处理

（1）新金属面

对于新钢铁面，在涂刷油漆之前，应将基层表面上的锈皮、毛刺、浮砂、焊渣和灰浆等，用钢丝刷、砂布和废砂轮等清除刷磨干净。油污用汽油或清洗剂等擦洗干净。原出厂已刷防锈漆光亮、色泽一致的，如出现锈斑，应用铲刀将锈斑处的防锈漆铲掉，用钢丝刷和砂布等刷磨干净，补刷防锈漆。

对于新铅铁面，用肥皂水或清洗剂等刷洗表面的油污、灰尘等，再用稀盐酸水擦涂表面，随即用清水冲洗干净，以去掉镀锌层的油污亮度，增强附着力。

（2）旧金属面

对于旧钢铁面，如漆皮已老化、起泡、掉皮、龟裂和附着力很差时，应将旧油皮铲刮露出原底，再用砂布打磨干净，涂刷防锈漆。如漆皮附着力尚好，难于铲掉，应用清洁剂刷洗和砂布适当打磨。旧铜门窗应先用擦铜剂除掉铜锈，再用细砂布磨光。

对于旧镀锌铁面，如漆皮尚好，应把灰尘、污物等用清水刷洗干净。如漆皮已起泡、翘边和剥皮等，应全部铲刮露出原底新槎。镀锌铁面铲掉油皮后，遇有锈坏的孔洞时，应补好，经检查不漏，再用砂布打磨干净。

2. 刷防锈漆

在干燥金属面上按照木材表面涂刷底漆操作工艺进行。防锈漆一定要刷到位、刷满和刷均匀。

3. 刮腻子

防锈漆干后，应用石膏油腻子找补砂眼、凹坑、缺棱和拼缝等不平处。面积较大时，可在腻子中加适量防锈漆或红丹粉批刮平整，应尽量批刮得薄一些。干后用砂布打磨平整、光滑，再用潮布擦净。

4. 刷第一遍油漆

用原桶油稍加稀释剂（冬季略加催干剂），控制油的稠度，使之能盖底、不流淌和不显刷痕为宜。按照木材表面涂饰第一遍刷漆的操作工艺进行涂刷，应薄厚均匀一致，刷纹通顺，无流坠、裹楞和透底等毛病。构配件的周围边角都应刷到、刷满和刷均匀。如有毛病或漏刷处应进行修补，达到色泽一致，并擦净污染的小五金件。

5. 找补腻子、磨光

待油漆干透后，对底腻子收缩或残缺处，应再找补腻子（普通油漆可不再找补），腻子干后用 0 号砂布或同号旧砂布打磨光滑，再用潮布擦净。

6. 刷第二遍油漆

用原桶油漆，按照木材表面涂饰施工工艺的第二遍漆的操作工艺进行涂刷。刷完后，仔细检查，发现毛病或漏刷处，应及时修理。最后将门窗扇打开固定好，通风干燥，要防止雨淋、尘染等。

五、施工注意事项

（1）如受潮有水气，应擦净晾干后再刷。

（2）钢门窗应在安装完玻璃，抹好油灰后，再刷交活油漆。刷时要多刷、多理，刷油均匀、饱满，光亮、色泽一致，不流坠，刷油灰不沾污玻璃。

（3）新钢铁面上的油污、铁锈、焊渣、浮灰等，必须清除打磨干净。旧钢铁面老化、气泡和附着力很差的老油皮，必须清除干净。

（4）金属面必须先刷或找补好防锈漆，找补批刮腻子，磨砂纸后再刷油漆。

任务三　混凝土表面和抹灰面涂饰

【学习目标】

掌握混凝土表面和抹灰面涂饰施工工艺和质量标准。

【任务设置】

撰写抹灰面涂饰施工说明。

【相关知识】

本任务所述混凝土表面和抹灰面的施涂，是指内外墙体和顶棚面层为混凝土或各种抹灰时的施涂，面层涂饰是装饰装修通常做法之一，涂饰所用材料丰富多样，大多数均能作为混凝土表面和抹灰层面涂饰材料，但应首选聚合物水泥涂料。

尽管采用的都是基层表面涂刷液态涂料的做法，但在涂饰施工时，当选用不同的施涂工具和材料品种，会形成不同的装饰效果，最为常见的一种施工方式为平涂，呈现表面平整光滑的装饰效果；如选用砂壁状厚涂料机械喷涂，表面会呈砂粒状装饰效果；当选用复层涂料时，会形成凹凸花纹立体装饰效果，形如浮雕；使用厚涂料经喷涂、滚花、拉毛等工序可获得不同质感的花纹；而薄质涂料的质感更细腻，更省料。

一、材料与基层要求

1. 材料

（1）涂料应有出厂合格证及产品使用说明。应按照设计要求选择涂料品种。

（2）辅助材料应符合设计要求和相关规定。

2. 现浇混凝土基层基本要求

（1）混凝土工程的质量必须符合《混凝土结构工程施工质量验收规范》要求。

（2）基层应平整。如拆模后发现有板面不平整、模板接缝错位、局部凸起等缺陷，应根据涂饰方法、涂料种类、式样，修补、调整到可施工的范围内。一般要求错位应在3mm以下，表面精度以5mm为限。

（3）基体的阴、阳角及角线应密实，轮廓分明，如发现有缺棱掉角必须修复。

（4）混凝土的碱度pH值应在9～10以下。一般情况下，外墙面在施工完毕后夏季2周、冬季3～4周时间可达到碱度要求。

（5）混凝土表面应干燥，一般要求含水率在8％～10％以下，使用溶剂型涂料的基层含水率一般要求在6％以下。使用水乳型外墙涂料，在混凝土浇筑后夏季2周、冬季3～4周便可施工。

（6）应清除妨碍涂饰施工的钢筋、穿钉、木片等杂物，并用砂浆或腻子填平，以免由于钢筋等锈蚀而膨胀造成涂膜脱落和污染。

（7）对于混凝土接茬缝、施工缝以及由于混凝土收缩产生的裂缝等，可能造成漏水，因此应选择适当的方法进行防水处理，并用腻子填平。

（8）如发现表面硬化不良、强度明显不足的部位，应用钢丝刷等工具剔除强度低的部分，再用水泥聚合物腻子或聚合物砂浆进行修补处理。

（9）在外墙表面预留伸缩缝处或施工缝，应用封闭材料填充。

（10）应彻底清除基层面上的脱模污染物、油垢、灰尘、溅沫和砂浆流痕等污染物。

3. 预制混凝土构件基层基本要求

（1）构件的损伤与破损部位应进行修复处理，修补后应满足涂饰施工的要求。

（2）表层粘附的浮浆皮、脱模剂、铁钉、木片等妨碍涂饰施工的污染物及杂物应彻底清除干净，并用腻子补平。

（3）构件的拼装接缝处，须用混凝土、水泥砂浆或密封材料填充。应注意，选用的密封材料不能对涂料产生不良影响和污染。

（4）构件上的预埋铁件、支承板等铁件，必须采取相应的防锈处理。

（5）其他方面的要求同混凝土基层处理。

4. 水泥砂浆基层基本要求

（1）抹灰质量必须符合学习情境一中相关规定。

（2）抹灰面应平整，阴阳角及线脚应密实、方正。缺棱少角处应用砂浆或聚合物砂浆补齐。

（3）砂浆基层面的浮灰、浮土及其他沾污物应彻底清除干净。表面空洞及裂缝应用腻子补平。

（4）若基层表面存在强度不足、粉化、起砂、脱落或酥松节等缺陷，应进行必要的处理。

（5）砂浆表面的酸碱度和含水率必须符合涂饰施工要求。

5. 加气混凝土板基层基本要求

（1）加气混凝土板在运输和安装过程中易破损，对已破损的部位应进行修补。

（2）加气混凝土板接缝处的翘曲、错位及溢出的粘附砂浆，应在不损伤加气混凝土板的情况下进行消除，对翘曲、错位处须用砂浆修补抹平。

（3）加气混凝土板面和修补部分的砂浆的含水率及碱度必须符合涂饰施工的要求。

（4）加气混凝土基层的强度和刚度必须大于涂料对基层的强度和刚度的要求。

（5）在涂料施工前，应用底层封闭材料对基层进行预处理。

（6）加气混凝土挂钩螺栓等金属件应进行防锈处理。

（7）必须清除表面的浮灰，附着物、油污以及其他污染物。

6. 石灰浆基层基本要求

（1）石灰浆基层碱性很强，必要时应用 3％磷酸水溶液或 5％草酸水溶液清洗，降低碱度。

（2）石灰浆干燥速度慢，涂料施工时应注意检查表面含水率，表面含水率必须满足涂装要求。

（3）如已用石灰水刷白的基层表面，在涂料涂饰施工前，应铲除表面浮灰，然后用腻子刮平。

（4）要求表面无空鼓、裂缝。如发现有上述缺陷，应用腻子补平。

（5）基体的阴、阳角必须垂直、方正。如缺棱少角，应进行修补。

二、基层处理方法

1. 基层清理

基层清理的目的在于清除表面粘附物，使基层清洁，不影响涂料对基层的粘结性。清除不同粘附物的方法参见表 6-3-1。

常见的粘附物及清理方法　　　　　　　　　　　　　表 6-3-1

项次	常见的粘附物	清理方法
1	灰尘及其他粉末状粘附物	可用扫帚、毛刷进行清扫或用电吸尘器进行除尘处理
2	砂浆喷溅物,水泥砂浆流痕、杂物	用铲刀、錾子铲除剔凿或用砂轮打磨,也可用刮刀、钢丝刷等工具进行清除
3	油脂、脱模剂、密封材料等粘附物	要先用 5%～10%浓度的火碱水清洗,然后用清水洗净
4	表面泛"白霜"	可先用 3%的草酸液清洗,然后再用清水清洗
5	酥松、起皮、起砂等硬化不良或分离脱壳部分	应用錾子、铲刀将脱离部分全部铲除,并用钢丝刷刷去浮灰,再用水清洗干净
6	霉斑	用化学去霉剂清洗,然后用清水清洗
7	油漆、彩画及字痕	可用 10%浓度的碱水清洗,或用钢丝刷蘸汽油或去油剂刷净,也可用脱漆剂清除或用刮刀刮去

2. 基层修补

（1）水泥砂浆基层分离的修补

水泥砂浆基层分离时，一般情况下都应将其分离部分铲除，重新做基层。当分离部分不能铲除时，可用电钻（$\phi 5 \sim \phi 10mm$）钻孔，采用不至于使砂浆分离部分重新扩大的压力将缝隙内注入低黏度的环氧树脂，使其固结。表面裂缝用合成树脂或水泥聚合物腻子嵌平，待固结后打磨平整。

（2）小裂缝修补

用防水腻子嵌平，然后用砂纸将其打磨平整。对于混凝土板材出现较深的小裂缝，应用低黏度的环氧树脂或水泥浆进行压力灌浆，使裂缝被浆体充满。

（3）大裂缝处理

先用手持砂轮或錾子将裂缝打磨成或凿成 V 形口子，并清洗干净，沿嵌填密封防水材料的缝隙涂刷一遍配套底层涂料。然后用嵌缝枪或其他工具将密封防水材料嵌填于缝隙内，并用竹板等工具将其压平。在密封材料的外表用合成树脂或水泥聚合物腻子抹平，最后打磨平整。

（4）孔洞修补

一般情况下，$\phi 3$ 以下的孔洞可用水泥聚合物腻子填平；$\phi 3$ 以上的孔洞应用聚合物砂浆填充。待固结硬化后，用砂轮机打磨平整。

（5）表面凹凸不平的处理

凸出部分可用錾子凿平或用砂轮机打磨平；凹陷部分用聚合物砂浆填平。待硬化后，整体打磨一次，使之平整。

（6）接缝错位处的处理

先用砂轮磨光机打磨或用錾子凿平，再根据具体情况用水泥聚合物腻子或聚合物砂浆进行修补填平。

（7）露筋处理

可将露面的钢筋直接涂刷防锈漆，或用磨光机将铁锈全部清除后再进行防锈处理。根据情况不同，可将混凝土进行少量的剔凿，将混凝土内露出的钢筋进行防锈处理后，用聚合物砂浆补抹平整。

（8）麻面及脆弱部位的处理

首先应清洗干净，然后用水泥聚合物腻子或聚合物砂浆抹平即可。

三、主要工序

当我们选择不同涂料时，由于所要呈现的装饰效果有明显差异，所以对基层的处理，以及施工工序均会有所不同。表 6-3-2～表 6-3-7 分别描述内墙、顶棚、外墙各部位的薄质涂料、厚涂料以及复层涂料施涂工序。表中"√"表示应进行工序。

内墙、顶棚薄质涂料工程施工主要工序　　　　　　　　　　　　　　　　表 6-3-2

项次	工序名称	水性薄涂料		乳液薄涂料			溶剂型薄涂料			无机薄涂料	
		普通	中级	普通	中级	高级	普通	中级	高级	普通	中级
1	清扫	√	√	√	√	√	√	√	√	√	√
2	填补腻子、局部刮腻子	√	√	√	√	√	√	√	√	√	√
3	磨平	√	√	√	√	√	√	√	√	√	√
4	第一遍满刮腻子	√	√	√	√	√	√	√	√	√	√
5	磨平	√	√	√	√	√	√	√	√	√	√
6	第二遍满刮腻子		√		√	√		√	√		√
7	磨平		√		√	√		√	√		√
8	干性油打底						√	√	√		
9	第一遍涂料	√	√	√	√	√	√	√	√	√	√
10	复补腻子		√		√	√		√	√		√
11	磨平（光）		√		√	√		√	√		√
12	第二遍涂料	√	√	√	√	√	√	√	√		√
13	磨平（光）					√			√		
14	第三遍涂料					√			√		√
15	磨平（光）										√
16	第四遍涂料										√

注：1. 湿度较大或局部遇明水的房间，应用耐水性的腻子和涂料。
　　2. 机械喷涂可不受表中遍数的限制，以达到质量要求为准。
　　3. 高级内墙、顶棚薄涂料工程，必要时可增加刮腻子的遍数以及 1～2 遍涂料。

外墙薄涂料工程施工主要工序　　　　　　　　　　　　　　　　表 6-3-3

项次	工序名称	乳液薄涂料	溶剂型薄涂料	无机薄涂料
1	修补基层	√	√	√
2	清扫	√	√	√
3	填补缝隙，局部刮腻子	√	√	√
4	磨平	√	√	√
5	第一遍涂料	√	√	√
6	第二遍涂料	√	√	√

注：1. 机械喷涂可不受表中涂料遍数的限制，以达到质量要求为准。
　　2. 如施涂二遍涂料后，装饰效果未达到质量要求，应增加涂料的施涂遍数。

外墙厚涂料工程施工主要工序 表 6-3-4

项次	工序名称	合成树脂乳液厚涂料 合成树脂乳液砂壁状涂料	无机厚涂料
1	基层修补	√	√
2	清扫	√	√
3	填补缝隙、局部刮腻子	√	√
4	磨平	√	√
5	第一遍厚涂料	√	√
6	第二遍厚涂料	√	√

注：1. 合成树脂乳液厚涂料和无机厚涂料有云母状、砂粒状两种。

2. 机械喷涂的遍数不受表中涂饰遍数的限制，以达到质量要求为准。

室内顶棚轻质厚涂料工程施工主要工序 表 6-3-5

项次	工序名称	珍珠岩粉厚涂料		聚苯乙烯泡沫塑料粒子厚涂料		蛭石厚涂料	
		普通	中级	中级	高级	中级	高级
1	基层清扫	√	√	√	√	√	√
2	填补缝隙、局部刮腻子	√	√	√	√	√	√
3	磨平	√	√	√	√	√	√
4	第一遍满刮腻子	√	√	√	√	√	√
5	磨平	√	√	√	√	√	√
6	第二遍满刮腻子		√	√	√	√	√
7	磨平		√	√	√	√	√
8	第一遍喷涂厚涂料	√	√	√	√	√	√
9	第二遍喷涂厚涂料				√		√
10	局部喷涂厚涂料	√	√	√	√	√	√

注：1. 合成树脂乳液轻质厚涂料有珍珠岩粉厚涂料、聚苯乙烯泡沫塑料粒子和蛭石厚涂料等。

2. 高级顶棚轻质厚涂料装饰，必要时增加一遍满喷厚涂料后，再进行局部喷涂厚涂料。

外墙复层涂料工程施工主要工序 表 6-3-6

项次	工序名称	合成树脂乳液复层涂料	硅溶胶类复层涂料	水泥系复层涂料	反应固化型复层涂料
1	基层修补	√	√	√	√
2	清扫	√	√	√	√
3	填补缝隙、局部刮腻子	√	√	√	√
4	磨平	√	√	√	√
5	施涂封底涂料	√	√	√	√
6	施涂主层涂料	√	√	√	√
7	滚压	√	√	√	√
8	第一遍罩面涂料	√	√	√	√
9	第二遍罩面涂料	√	√	√	√

注：1. 如需要半球面点状造型时，可不进行滚压工序。

2. 水泥系在主层涂料喷涂后，应先干燥 12h，然后洒水养护 24h 后，才能施涂罩面涂料。

内墙、顶棚复层涂料工程施工主要工序　表 6-3-7

项次	工序名称	合成树脂乳液复层涂料	硅溶胶类复层涂料	水泥系复层涂料	反应固化型复层涂料
1	基层清扫	√	√	√	√
2	填补缝隙、局部刮腻子	√	√	√	√
3	磨平	√	√	√	√
4	第一遍满刮腻子	√	√	√	√
5	磨平	√	√	√	√
6	第二遍满刮腻子	√	√	√	√
7	磨平	√	√	√	√
8	施涂封底涂料	√	√	√	√
9	施涂主层涂料	√	√	√	√
10	滚压	√	√	√	√
11	第一遍罩面涂料	√	√	√	√
12	第二遍罩面涂料	√	√	√	√

注：1. 如需要半球面点状造型时，可不进行滚压工序。
　　2. 水泥系在主层涂料喷涂后，应先干燥 12h，然后洒水养护 24h 后，才能施涂罩面涂料。

四、施工工艺

1. 聚乙烯醇系内墙涂料的施工方法

聚乙烯醇系内墙涂料主要采用刷涂或滚涂施工方法。

（1）清理基层与修补

按照前述基层处理方法清理和修补基层，处理至平整。

（2）满刮腻子

在满刮腻子前，先用聚乙烯醇缩甲醛胶（10%）：水＝1∶3 的稀释液满涂一层，然后在上面批刮腻子。

（3）磨平

待腻子实干后，用 0 号或 1 号铁砂纸打磨平整，并清除粉尘。

（4）涂刷内墙涂料：待磨平后，可以用羊毛辊或排笔涂刷内墙涂料，一般墙面涂刷两遍即成。如果高级墙面，在第一遍涂刷完毕干燥后进行打磨，批第二遍腻子，再打磨，然后涂第二、三遍涂料。

2. 乳胶类内外墙涂料的施工方法

（1）基层处理

基层按照前述处理方法时，要求基层做到表面平整、纹理质感均匀一致，否则会因光影作用而使涂膜颜色显得深浅不一致。基层表面不宜太光滑，以免影响涂料与基层的黏结力。

（2）涂刷稀乳液

为了增强基层与腻子或涂料的黏结力，可以在批刮腻子或涂刷涂料之前，先刷一遍涂料体系相同或相应的稀乳液，这样稀乳液可以渗透到基层内部，使基层坚实干净，增强与腻子或涂层的结合力。

（3）满刮腻子

如果是内墙和顶棚，应满刮乳胶涂料腻子1～2遍，等腻子干后再用砂纸磨平。

（4）涂刷涂料

施工时涂料的涂膜不宜过厚或过薄。过厚时易流坠起皱，影响干燥；过薄，则不能发挥涂料的作用。一般以充分盖底、不透虚影、表面均匀为宜。涂刷遍数一般为两遍，必要时可适当增加涂刷遍数。在正常气温条件下，每遍涂料的时间间隔约1h左右。

3. 溶剂型内外墙涂料的施工

（1）基层处理

基层处理按照前述方法处理。基层必须充分干燥，基层含水率在6%以下。但氯化橡胶涂料可以在基层基本干燥的条件下施工。

（2）批腻子

把基层附着污染物清除干净后，用由使用的溶剂型涂料清漆与大白粉或滑石粉配成的腻子将基面缺陷嵌平，待干燥后打磨。腻子的批刮遍数主要根据质量等级来定。

（3）涂刷涂料

在涂刷涂料之前，先用该涂料清漆的稀释液打底。采用羊毛辊或排笔，通常涂刷两遍，其时间间隔在2h左右。对高级内墙装修可适当增加涂刷遍数。

4. 无机硅酸盐内外墙涂料施工

（1）基层处理

基层处理按照前述方法进行，基层要求平整，但不能太光滑，否则会影响涂料粘结效果。

（2）批刮腻子

内墙应根据装饰要求满刮1～2遍腻子。腻子干后应用砂纸打磨平整。

（3）涂刷涂料

涂料的涂刷可采用刷涂法，或刷涂与滚涂相结合的方法进行施工。刷涂时，涂料的涂刷方向和行程长短均应一致。由于涂料干燥较快，应勤蘸短刷，初干后不可反复涂刷。新旧接茬最好留在分格缝处。一般涂刷两遍即可，其时间间隔应以上一遍涂料充分干燥为准，但有的品种也可以两遍连续涂刷，即刷完第一遍后随即刷第二遍。注意涂刷均匀。

（4）刷涂与滚涂相结合时，先将涂料刷涂于基层面上，随即用辊子滚涂。辊子上应蘸少量涂料。滚压方向应一致，操作要迅速。

5. 聚合物水泥砂浆涂料施工

（1）基层处理

先将基面上的脱膜剂、浮土等沾污物清除干净。若混凝土基层面未作底层抹灰，则应事先将缺棱少角修补好，再用砂轮全面打磨。

（2）涂刷涂料

根据聚合物水泥砂浆涂料的特点，涂刷方法一般为滚涂。首先在分格线处薄薄地抹一层白水泥砂浆，压实压光，将纸条或电工用绝缘胶制成的分格条粘上聚乙烯醇缩甲醛胶，粘到白水泥上，然后将拌好的聚合物水泥砂浆涂料用刮腻子的胶刮板均匀地刮到墙面上，其厚度约2～3mm，一人在前面刮，另外一人用辊子跟在后面滚，两者时间间隔不能长，以免滚涂困难。滚涂时发现涂料过干，不宜在墙面上洒水，应在料桶内用稀释剂或水进行稀释，并要考虑涂料的稠度前后一致，以防出现"花脸"现象。分格条应在当日揭去。

（3）滚涂的涂料干燥后，可刷涂或喷涂有机硅涂料、溶剂型丙烯酸涂料或外墙乳液涂料，以提高其装饰效果。

6. 彩砂涂料的喷涂

（1）基层处理

按照前述基层处理方法处理基层，使其满足涂饰要求。

（2）涂刷洗液、粘分格条

首先用聚乙烯醇缩甲醛：水＝1：3的稀液或与涂料相应的乳液涂刷一遍。如果采用分格方法，则应贴好分格条。

（3）喷涂施工

根据气候条件及喷枪的类型合理地确定其稠度，并将其搅拌均匀。启动空气压缩机，调节空气压力保持在0.6～0.85MPa内。然后将涂料装入喷斗开始喷涂。喷斗与墙面的距离应保持在500mm左右，并保持喷枪在与墙面平行的平面内运动，运动的速度保持均匀。喷枪口径视砂粒大小而定，一般为5～8mm。喷涂厚度以2～3mm为宜。

7. 水乳型环氧树脂厚质涂料施工

（1）基层处理

基层处理应在涂饰施工前2～3h完成，且满足涂饰要求。

（2）喷涂施工

将水乳型环氧树脂厚涂料与其固化剂按比例配制并搅拌均匀备用。喷枪与墙面保持垂直，且保持喷头与墙面的距离在400～500mm。为避免出现颜色不匀或流挂现象，喷枪移动速度应保持一致。若出现颜色不匀时，应关闭喷枪的一个气眼，用另一个气眼修补。料用完后应关闭气门加料。

（3）涂刷罩面涂料

喷涂双色涂层3天后，用排笔或羊毛辊涂刷罩面涂料。一般涂刷两遍即可，其时间间隔约为4h。

8. 丙烯酸系薄涂饰面涂料施工

（1）基层处理

基层处理至符合涂饰条件。对于加气混凝土，应先刷一遍108胶：水：水泥＝1：4：2的水泥浆料。

（2）抹涂涂料

在底层涂料及面层涂料中按使用说明书适当加入稀释剂或水，用手提式搅拌器充分搅匀。先采用刷涂或滚涂工艺将底层涂料均匀地涂饰1～2遍。

（3）抹面层

底层涂料施工完毕间隔2h左右，用不锈钢抹灰工具，抹涂面层涂料1～2遍。抹完后约1h左右，用抹子拍平、抹实压光。养护并干燥固化，需要2天以上。

9. 彩色聚合物水泥涂料的弹涂施工

（1）基层处理

按照前述方法基层处理至符合涂饰条件。

（2）刷底浆

先涂刷一遍聚乙烯醇缩甲醛（10％）：水＝1：15～25的胶水溶液，然后涂刷聚合物水泥涂料底浆。

（3）第一遍弹点

头遍弹点约占整个饰面面积的70％左右，要求弹布均匀。一般弹头距墙面250～300mm，木柄与墙面倾斜45°，料浆在斗内保持水平状态，平稳移动弹头。弹斗上料不宜过高，约1/3左右。上料后应试弹。试弹应先向外弹，调好后再往墙面上弹。随着斗内涂料减少，其弹头距墙面的距离应作适当的调整，以保持弹点大小一致。

（4）二遍弹点

弹法与头遍点相同，因为这是面层点，要求色泽均匀一致。

（5）局部修补

如发现缺陷应作局部修补。

（6）喷水养护

通常在料浆达到初凝后开始喷水养护。

（7）罩面层涂料

待弹涂干燥后，采用喷涂、滚涂或刷涂工艺涂刷罩面涂料。

10. 溶剂型地面涂料施工

（1）基层处理

基层处理方法如前所述，处理至符合涂饰条件。

（2）涂刷底层涂料、披刮腻子

先在干燥、干净的地面上涂刷一层底层涂料。隔1天后批刮配套腻子，将地面裂缝、孔洞等填平，待干燥后根据平整程度和装饰要求再批刮2～3遍腻子，每刮一遍腻子后都应用砂纸磨平、清扫干净，相邻两批腻子的批刮方向应相交叉。

（3）涂刷

腻子施工完毕后将其打磨平整，清扫干净后即可涂刷涂料，第一遍涂料完全干燥后，用砂纸打磨、清扫干净，再涂第二遍涂料。涂料的遍数根据使用要求而定。每涂刷一遍后应打磨一次，最后一遍不应打磨。

（4）打蜡

待涂刷完毕过一周左右时间后打蜡。

五、施工注意事项

（1）喷涂主层涂料时，其点状大小和疏密程度应均匀一致，不得连成片状。施涂罩面涂料时，不得有漏涂和流坠现象，待第一遍罩面涂料干燥后，才能施涂第二遍罩面涂料。

（2）混凝土及砂浆基层处理外墙面一般用水泥腻子修补表面缺陷，绝对禁用不耐水的大白腻子。内墙面做一般浆活或涂刷涂料，为了增加腻子与基层的附着力，应先用4％的聚乙烯醇溶液，或30％的108胶，或2％的乳液水喷刷于基层，晾干后刮批腻子。如厨房、厕所、浴室等潮湿的房间采用耐擦洗及防潮防火涂料，则应采用强度相应、耐火性好的腻子。抹灰基层面在嵌批腻子前常对基底汁胶或涂刷基层处理剂。汁胶的胶水应根据面层装饰涂料的要求而定：一般浆活和内墙水性涂料可采用30％左右的108胶水；油性涂料可用熟桐油加汽油配成清油在基底上涂刷一层。有些涂料配有专用的底漆或基底处理剂。待胶水或底漆干后，即可嵌批腻子。若腻子层太厚，应分层刮批，干燥后用砂纸打磨平整。并将表面的粉尘及时清扫干净。

（3）聚乙烯醇系涂料施工时基层含水率应控制在15％以内，抹灰面泛白无湿印，手摸基本干燥，或用刀划表面有白痕时，方可进行涂饰施工。施工温度应在10℃以上；相对湿度在85％以下；黏度为50～150。不能用水稀释涂料，应按产品使用说明指定的稀释方法进行稀释。如发现涂料沉淀，应用搅拌器不断地拌匀。

（4）乳胶类内外墙涂饰施工应注意检查环境条件是否符合涂料的施工条件。乳胶涂料干燥快，如大面积涂刷，应注意配合操作，流水作业。要注意接头，顺一方向刷，接茬处应处理好。乳胶涂料应贮存在0℃以上的地方，使涂料不冻，不破乳。贮存期已过的涂料须经检验合格后方能使用。

（5）溶剂型涂料内外墙涂饰施工应在0℃以上温度，但在高温、阴雨天不得施工。涂刷操作时，不宜往复多次涂刷，否则由于涂料变稠，会在涂层表面留下刷痕，并会伤害底层涂层。

（6）无机硅酸盐内外墙涂料如有沉淀，必须搅匀。如需加固化剂，加入后应充分搅拌，并在规定的时间内用完。涂料中不得任意掺水或颜料，而应按使用说明掺指定的稀释剂。雨天及下雨前后不能施工，施工完毕后在24h之内应避免雨水冲刷。被涂料污染的部位，应在涂料未干时及时清除。

（7）聚合物水泥砂浆涂料施工时应先涂阴阳角及较小面积，然后转入大面积施工。不要任意留茬。水泥、砂子应仔细过筛。大雨及大风天不宜施工。控制基层含水率和表面集水，避免造成泛碱现象。

（8）彩砂涂料的喷涂施工接茬应留在分格缝处。一般喷涂一遍即可，如发现局部漏底现象，应在涂层干燥前喷涂修补。喷嘴是易磨损件，应有足够的备用件，若发现喷嘴口径变大时，应及时更换喷嘴，以免影响喷涂质量。下雨或高湿度天气应停止施工。

（9）水乳型环氧树脂厚质涂料喷涂前，必须将门窗、落水管等易受喷涂污染的部位用纸或木板遮盖严实。配好的涂料必须在2～4h内用完（夏天2h、冬天4h），时间过长易固化。气温低于2℃时及雨天不宜施工。涂料一定要充分拌匀，否则会影响涂刷质量。被涂料污染的部位，应在未固化前用相应的溶剂擦洗干净。

（10）丙烯酸系薄涂饰面涂料施工中不得回收落地灰，以免污染面层。工具和涂料应及时检查，如发现不洁应及时清除。涂层干燥需要2天以上，应注意保护成品。

（11）彩色聚合物水泥涂料的弹涂施工前，应先作弹涂样板。严格控制配合比，涂料色浆的稠度要适当。墙面所刷底色应和头遍色点的色彩一致，以免漏弹而露底。

（12）溶剂型地面涂料的底层涂料、腻子和面层涂料必须符合配套原则。如采用非固化型地面涂料，在第二、第三遍涂刷施工中不宜多次来回涂刷，以免破坏下层涂膜。面层涂料的涂刷遍数越多，其涂层的耐磨性及光滑性越好。涂料使用时，应注意将其搅匀，如果施工黏度过大，可用配套的稀释剂进行稀释。

学习情境七　裱糊工程修缮

裱糊类饰面是指将各种壁纸、织物、金屑箔、微薄木等卷材粘贴在内墙面的一种饰面。首先，这类饰面装饰性好，裱糊材料多为工厂化加工预制，品种繁多、色彩丰富、花纹图案变化多样，可以模仿各种天然材料的质感和色泽。其次，这种饰面施工方便，所用材料为柔性材料，对于一些曲面、弯角等部位可连续裱糊，花纹的拼接严密，整体性好。因此，裱糊饰面被广泛用于宾馆、会议室、办公室及家庭居室的内墙装饰。

裱糊材料颜色、花纹、图案丰富多彩，如仿木纹、石纹，仿锦缎，仿瓷砖等，用室内墙面装饰会彰显不同的艺术品位和环境特征。有的壁纸表面凹凸起伏，富有优良质感和立体感，装饰效果更佳。壁纸、墙布不仅具有较好的装饰效果，经过处理，还会具有吸声、隔热、防菌、防霉、耐水等多种功能，更具有实用性。

此外，多数壁纸都有一定的耐擦性和防污染性，使得墙面易于保持清洁，只要保养得当，多数壁纸寿命比传统油性涂料使用寿命还长，且由于多数壁纸可用普通胶粘剂粘贴，带来施工的便捷，调换更新更加容易。

随着建材工业的发展，壁纸和壁布的花色品种和质量在不断地更新、提高。但是其价格较贵，同时也存在着耐用性较差等缺陷。

一、裱糊工程常用材料

1. 壁纸与壁布

裱糊工程所用壁纸与壁布种类繁多，按照品质分为一等品和二等品，衡量标准包括外观质量和物理性能。外观质量包括色差、折皱、漏印或无光、污染点、漏膜、发泡、套色精度和每卷接头数等；物理性能包括密度、强度、耐磨性、色牢度等。

按壁纸与壁布材料的特点来分包括以下几类。

（1）纸面纸基壁纸

纸面纸基壁纸是在纸面上有各种压制和印制的压花或印花花纹图案，其透气性好，价格便宜，但由于其不耐水、不耐擦洗，耐久性差且容易破裂，故现在较少使用。

（2）纸基涂塑壁纸

纸基涂塑壁纸，又称为"塑料壁纸"，它是以纸为基层，用高分子乳液涂布面层，经印花、压纹等工序制成的一种墙面装饰材料。它具有防水、耐磨、透气性良好，颜色、花纹、质感丰富多彩等优点，使用方便、操作简单，功效高、成本低，适用于一般的公共建筑、民用住宅的内墙、顶棚、梁和柱等贴面装饰。

纸基涂塑壁纸按其外观效果划分，有浮雕壁纸、发泡壁纸、压花壁纸等；按功能特点划分，有装饰性壁纸和特种壁纸（如防火壁纸、防霉壁纸、耐水壁纸、防结露壁纸等）。塑料壁纸的规格有小幅小卷（幅宽 530～600mm，长 10～12m）；中幅中卷（幅宽 760～900mm，长 25～50m）；宽幅大卷（幅宽 920～1200mm，长 50m）。

（3）天然材料壁纸

天然材料壁纸是用草、麻、木材、草席和芦苇等材料制作而成。用它来装饰墙面，可以营造出返璞归真、情趣自然的生活氛围。

（4）金属壁纸

金属壁纸是在基层上涂金属膜制成的壁纸，具有不锈钢面和黄铜面质感与光泽，可以给人一种金碧辉煌、豪华贵重的感觉，适用于大厅和大堂等气氛热烈的场所。

（5）装饰壁布

装饰壁布是以纯棉平纹布经前期处理、印花、涂层等工序制作而成。该壁布的特点为强度大、静电小、蠕变形小、无光、吸声、无毒、无味，对施工人员和用户均无害，其花纹、色泽美观大方，可用于宾馆、饭店、公共建筑和高级民用建筑中的装饰。

（6）无纺贴墙布

无纺贴墙纸是用棉、麻等天然纤维或涤纶、腈纶等合成纤维，经过无纺成型、上树脂、印制花纹而成。它具有挺括、富有弹性、不易折断、纤维不老化的性能，对皮肤无刺激作用，其色彩鲜艳、图案雅致、粘贴方便，同时还具有一定的透气性和防潮性，可擦洗不褪色。适用于各种建筑物的室内墙面装饰，特别适用于高级宾馆和高级住宅。

（7）玻璃纤维贴墙布

玻璃纤维印花贴墙布是以玻璃纤维布为基材，表面涂以耐磨树脂，印上彩色图案而制成。其色彩鲜艳、花色繁多；不褪色、不老化、防火、耐潮性较强，可用肥皂水直接刷洗；施工简单、粘贴方便。玻璃纤维贴墙布适用于宾馆、饭店、商店、展览馆、会议室、餐厅和民用住宅等建筑。

2. 胶粘剂

裱糊用的胶粘剂由于使用于室内，所以考虑施工便捷和使用安全，胶粘剂应是水溶性的，便于施工，方便工具清洗；对基层和底纸应有良好的粘结力；有一定的防潮性，这样在基层有一定含水量时仍可施工和使用；为适应基层与壁纸、墙布的热伸缩，胶粘剂干燥后应有一定的柔性；霉菌的生长不仅会在壁纸和基层之间产生隔离层而影响粘结力，还会穿透壁纸在表面产生霉斑，所以还应有一定的防霉性；如有防火要求，则胶粘剂应具有耐高温，不起层的性能。

裱糊用胶粘剂有成品，也可现场调配。成品胶粘剂有粉状和液体两种形式。它的性能好、施工方便，现场加适量水后即能使用。

现场调配的常用材料有聚乙烯醇缩甲醛、聚醋酸乳液、羧甲基纤维素等。现场调配时，可根据具体情况，对主要胶粘剂适当增减，直至满意为止。

聚乙烯醇缩甲醛即 108 胶，较聚醋酸乳液（白胶）价格低。它与许多基层有相当高的粘结力，耐老化性、耐潮性、耐碱性、防霉性均较好。加入一定的羧甲基纤维素（化学浆糊）起润滑、保水作用，能控制胶液的流淌，胶水易于涂布，增加粘结力，减少翘角、起泡等质量通病。

淀粉类面糊价格最低，粘结强度也较好，但容易发霉，必须加防霉剂如甲醛溶液来改性后才能使用。

使用进口墙纸粉时，先将粉溶于冷水中，搅拌 $1\sim2min$；应边加粉边搅拌，否则易结块。静置 25min 后再彻底搅拌一次，呈糊状即可使用。一般涂于壁纸背面，而不涂于墙面。胶液在 10 天内均可继续使用。

胶粘剂应集中调制，专人负责，并用 400 孔/cm² 筛子过滤，除去杂物。除部分成品胶液外，一般现场调制好的胶粘剂应当日用完。对于聚醋酸乙烯乳液和 108 胶应用非金属容器盛装。

3. 腻子

腻子用作修补填平基层表面的麻点、凹坑、接缝、钉孔等。常用腻子配合比参见表 7-0-1。

常用腻子配合比（重量比）　　　　　　　　　　表 7-0-1

名称	石膏	滑石粉	熟铜油	羟甲基纤维素液	聚醋酸乙烯乳液	备注
乳液腻子		5		3.5（浓度 2%）	1	
乳胶石膏腻子	10			6（浓度 2%）	0.5～0.6	用于无纸面石膏板
油性石膏腻子	20	7			50	用于纸面石膏板

4. 基层涂料

基层涂料起底油层作用，利于下一步涂刷胶粘剂及减少基层吸水率。裱糊基层涂料配方参考表 7-0-2。也可用稀乳胶漆作基层涂料。

裱糊基层涂料配方（重量比）　　　　　　　　　　表 7-0-2

涂料名称	108 胶	羟甲基纤维素	酚醛清漆	松节油	水	备注
108 胶涂料（一）	1	0.2			1	用于抹灰墙面
108 胶涂料（二）	1	0.5			1.5	用于油性腻子墙面
清油涂料			1	3		用于石膏板和木基层

5. 壁纸和墙布性能标志

在壁纸和壁布的外包装上，会出现国际通用的性能标志，给出使用和施工直观的说明，见图 7-0-1。

6. 壁纸与墙布的选择

壁纸、墙布的品种繁多，要依据装饰效果、使用功能及经济条件三个方面因素综合考虑合理地选择，同时还应考虑风俗习惯、个人喜好等。

一般首先应根据功能要求选择壁纸墙布品种，如有防火、防水、防菌要求，则可选择特种型塑料壁纸。如仿瓷砖壁纸贴在厨房、浴室、卫生间，洁净明快，便于清洗，具有防潮防霉、耐腐蚀特性。

其次，要因时、因地、因对象选择壁纸墙布品种，创造所需的环境气氛。纺织物壁纸适用性强，使用面广，贴在办公室、会客室、卧室、过道走廊，美观朴

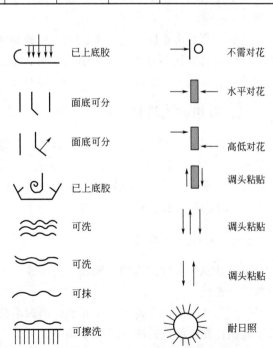

图 7-0-1　壁纸、墙布性能国际通用标志

素。锦缎墙布可创造一种高雅的气氛。而发泡型壁纸和复合纸质壁纸可创造立体浮雕的装饰效果。在图案的选择上，要估计到大面积装饰后的视觉效果，一般大面积的大厅、会客厅、会议室、陈列室、餐厅、舞厅等场所，应选用大型团结构的壁纸、墙布，用"以大见大"的装饰手法，充分体现室内的宽敞。若选用巨幅风景、原野、森林、草坪之类的彩色壁纸，则更能加深体现空间效果。小面积的房间，用"以小见小"的装饰手法，选用小型图案结构的壁纸、墙布，使图案色彩因远近而产生明暗不同的变化，构成室内空间透视，避免选用太大的花形，使房间显得低矮狭小。

仿古壁纸，图案古色古香，适宜装饰博物馆、陈列室、文物室、接待室等，皆能使内容和形式相结合，与环境气氛相统一；对于空间不大的卧室，在壁纸壁布的图案选择上，要避免花型过于强烈，颜色反差过大，或裱糊后形成几何排列整齐，以及过于突出的团、朵花样；另外要注意花鸟松竹等具体写实的图案，看久了易使人厌倦，而比较抽象的不规则图案，则新颖耐看，不论房间大小均可采用。

再有颜色的选择应充分考虑空间使用功能，红色调壁纸适用于餐厅、舞厅等需创造兴奋和激动的环境气氛；蓝、青、绿色壁纸，能使人精神转入缓和松弛状态，适用于休息室、卧室；会议室则要严肃，室内颜色要深，图案也要简单整齐；另外，壁纸、墙布的色彩应与室内地面、家具的色彩配合、协调一致，对比度不宜过于强烈；房间朝南，阳光充足，宜选冷色调壁纸或墙布，创造柔和淡雅的气氛，给人以清凉之感；房间朝北则宜选暖色调壁纸。

从建筑设计角度看，除特定使用环境外，壁纸的颜色宜是低彩度，高明度、含灰调子的复色。低彩度对人的生理刺激小，有利于突出墙面上的字画、工艺品、灯具的装饰效果，高明度有利于室内照明均匀，而含灰调子的复色易于和其他色彩协调，创造和谐空间氛围。

最后，也要考虑施工的因素，如专业裱糊队施工，可选用大卷壁纸门幅宽，施工工效快；家庭自己美化环境适宜选用小卷壁纸，搬运方便，操作灵活；选用不规则、非几何形状的条点、云纹对接缝施工有利，拼缝要对花时则会大大提高施工的难度。

二、常用施工机具

供裁纸闷水用工作台，一般工作台长 2m 宽 1m，高度约 700mm；用于壁纸、墙布的切割的活动剪纸刀、铝合金直尺；用于刮、抹、压平壁纸的刮板，可用富有弹性的 0.35mm 厚钢片或防火胶板自制；滚压壁纸的胶滚；以及钢卷尺、剪刀、2m 直尺、线锤、水平尺、注射用针管、针头、粉线包、毛巾、砂纸、排笔、水桶、板刷及小台称等等。

三、施工作业条件

（1）裱糊工程应在顶棚喷浆和门窗油漆已经做完，地面面层施工完成，并做好了面层保护之后进行。

（2）电气和其他设备应已经安装，而影响裱糊的设备或附件应拆除。墙面钉帽应钉入基层表面，并涂刷防锈漆，用腻子填平。

（3）基层已检查验收合格，基层基本干燥、混凝土和抹灰面含水量不得大于 8%，木材制品墙面含水量不应大于 12%。直观标志是抹灰面反白，无湿印，手摸感觉干。

四、质量要求

（1）基层质量要求如下。

1）为防止基层泛碱引起裱糊后的壁纸变色，新建筑物的混凝土或抹灰基层墙面在刮腻子前应涂刷抗碱封闭底漆。

2）旧墙面疏松的旧装修层如不清除，将会导致裱糊后的壁纸起鼓或脱落。为此，旧墙面在裱糊前应清除疏松的旧装修层，满足裱糊基层要求，并涂刷界面剂。

3）基层含水率过大时，水蒸气会导致壁纸表面起鼓，所以混凝土或抹灰基层含水率不得大于8%；木材基层的含水率不得大于12%。

4）基层腻子应平整、坚实、牢固，无粉化、起皮和裂缝；否则会导致壁纸接缝处开裂，甚至脱落，影响裱糊质量。腻子的粘结强度应符合相关规定。

5）抹灰工程的表面平整度、立面垂直度及阴阳角方正等质量均对裱糊质量影响很大，如其质量达不到高级抹灰的质量要求，将会造成裱糊时对花困难，并出现离缝和搭接现象，影响整体装饰效果，故抹灰质量应达到高级抹灰的要求。

6）为避免裱糊后壁纸表面发花，出现色差，基层表面颜色应一致。

7）底胶能防止腻子粉化，并防止基层吸水，为粘贴壁纸提供一个适宜的表面，还可使壁纸在对花、校正位置时易于滑动。所以裱糊前应用封闭底胶涂刷基层。

（2）壁纸、墙布的种类、规格、图案、颜色和燃烧性能等级必须符合设计要求及国家现行标准的有关规定。复合压花壁纸的压痕和发泡壁纸的发泡层无损坏。

（3）距离墙面1.5m处正视，裱糊后各幅拼接应横平竖直，拼接处花纹、图案应吻合，不离缝，不搭接，不显拼缝。

（4）壁纸、墙布应粘贴牢固，表面应平整，色泽一致，与各种装饰线、设备线盒应交接严密。边缘应平直整齐，不得有纸毛、飞刺。阴角处搭接应顺光，阳角处应无接缝。不得有漏贴、补贴、脱层、空鼓和翘边。不得有波纹起伏、气泡、裂缝、皱折及斑污，斜视时应无胶痕。

（5）软包工程的龙骨、衬板、边框应安装牢固，无翘曲，拼缝应平直。单块软包面料不应有接缝，四周应绷压严密。

（6）软包工程表面应平整、洁净，无凹凸不平及皱折；图案应清晰、无色差，整体应协调美观；边框应平整、顺直、接缝吻合。其表面涂饰质量应符合学习情境六有关规定。

（7）清漆涂饰木制边框的颜色、木纹应协调一致。

（8）软包工程安装的允许偏差和检验方法应符合表7-0-3的规定。

软包工程安装的允许偏差和检验方法　　　　表 7-0-3

项次	项目	允许偏差(mm)	检验方法
1	垂直度	3	用1m垂直检测尺检查
2	边框宽度、高度	0，−2	用钢尺检查
3	对角线长度差	3	用钢尺检查
4	裁口、线条接缝高低差	1	用钢直尺和塞尺检查

五、安全技术保障措施

裱糊工程虽然在室内操作，但也要登梯上高，存在事故隐患，不可粗心大意。在采用高凳、架梯时不允许垫高使用，下脚应绑麻布或垫胶皮，并加拉绳，防止滑溜。搭设脚手板，不得放在凳梯的最高一档。板两端搭接长度不少于 200mm，不得有探头板。在一块脚手板上不得站两人同时操作。脚手板不允许搭在门窗、暖气片和水暖立管上。在超高的墙面裱糊时，逐层架木要牢固，并设护身栏等。用刀裁割壁纸、墙布时，注意操作，防止裁刀伤手。要认真领会安全技术交底。

六、成品保护

完工后的墙面、天棚，其保护是非常重要的。在交叉流水施工作业中，人为的损坏、污染，以及施工期间与完工后的一段期间的空气湿度与温度变化较大等因素，都会严重影响裱糊墙面的质量。故完工后，应尽量封闭通行或设保护覆盖物。一般应注意以下几点：

（1）对于墙角处壁纸、墙布，裱糊后应用一块铝角板进行加固、保护。

（2）墙布、锦缎装修饰面已裱糊完的房间应及时清理干净，不准做临时料房或休息室，避免污染和损坏，应设专人负责管理，如及时加门锁，定期通风换气、排气等。

（3）在整个墙面装饰工程裱糊施工过程中，严禁非操作人员随意触摸成品。暖通、电气、上、下水管道及其他设备等进行安装或修理过程中，操作者应注意保护墙面，严防污染或损坏成品。

（4）严禁在已裱糊完墙布、锦缎的房间内剔眼打洞。若纯属设计变更所至，也应采取相应的可靠有效的措施，施工时要仔细，小心保护，施工后要及时认真修补，以保证成品完整。

（5）二次补油漆、涂浆活及地面磨石、花岗岩清理打蜡时，要注意保护好成品，防止污染、碰撞与损坏。

任务一　塑料壁纸裱糊

【学习目标】

掌握塑料壁纸裱糊施工工艺和质量标准。

【任务设置】

撰写塑料壁纸裱糊施工说明。

【相关知识】

塑料壁纸称为纸基涂塑壁纸，我国的塑料壁纸目前均为聚氯乙烯壁纸。它是以纸为基材，以聚氯乙烯为面层，用压延或涂敷方法复合，再经印刷、压花或发泡而制成的。其中花色有套花并压纹的，有仿锦缎的，仿木纹、石材的，有仿各种织物的，仿清水砖墙并有凹凸质感及静电植绒的等。

1. 塑料壁纸特点

塑料壁纸是目前国内外使用广泛的一种室内墙面装饰材料，也可用于顶棚、梁柱等处的贴面装饰。壁纸与传统装饰材料相比，它允许底层结构（如墙面、顶棚面等）有一定的裂缝，具有一定的伸缩和耐裂强度；塑料壁纸表面可进行印花、压花发泡处理，能仿天然石材、木纹及锦缎，可印制适合各种环境的花纹图案，色彩也可任意调配，做到自然流畅，清淡高雅。根据需要可加工成具有难燃、隔热、吸声、防霉等特性，不怕水洗，不易受机械损伤的产品。塑料壁纸的湿纸状态强度仍较好，耐拉耐拽，易于粘贴，可用黏合剂或白乳胶粘贴，且透气性能好，施工简单，陈旧后易于更换；使用寿命长，易维修保养；表面可清洗，对酸碱有较强的抵抗能力，有利墙面的清洁。

总之，与其他各种装饰材料相比，壁纸的艺术性、经济性和功能性综合指标最佳。壁纸的图案色彩千变万化，适应不同用户所要求的丰富多彩的个性。

2. 塑料壁纸种类

壁纸和墙布的品种繁多，有各种分类方法，如按外观装饰效果分类，有印花壁纸、压花壁纸、浮雕壁纸；从功能上分类，有装饰性壁纸、耐水壁纸、防火壁纸等；从施工方法分类，有现裱壁纸和背胶墙纸；按其结构及加工方法不同可分为普通壁纸、发泡壁纸和特种壁纸（也称功能壁纸）。

（1）普通壁纸

普通壁纸以 $80g/m^2$ 的纸作基材，以 $100g/m^2$ 左右聚氯乙烯糊状树脂（PVC 糊状树脂）为面材，经印花、压花而成。品种有单色压花壁纸、印花压花壁纸、有光印花和平光印花壁纸等多品种，适用面广，价格低。一般住房、公共建筑的内墙装饰都用这类壁纸，是生产最多，使用最普遍的品种。

（2）发泡壁纸

发泡壁纸以 $100g/m^2$ 的纸作基材，涂有 $300\sim400g/m^2$ 掺有发泡剂的 PVC 糊状树脂，经印花后再加热发泡而成。这类壁纸有高发泡印花、低发泡印花和发泡印花压花等品种。高发泡壁纸表面有弹性凹凸花纹，是一种装饰和吸音多功能壁纸。低发泡壁纸表面有同色彩的凹凸花纹图，有仿木纹、拼花、仿瓷砖等效果，图案逼真，立体感强，装饰效果好，适用于室内墙裙、客厅和楼内走廊等装饰。

（3）特种壁纸（也称功能壁纸）

特种壁纸是指具有特定功能的壁纸。例如耐水墙纸是用玻璃纤维布作基材，可用于装饰卫生间和浴室的墙面；防火墙纸则采用 $100\sim200g/m^2$ 的石棉纸为基材，并在 PVC 面材掺入阻燃剂；再如面层采用金属彩砂，壁纸可使墙面产生光泽、散射、珠光等艺术效果。可用于厅、柱头、走廊、顶棚等局部装饰。

一、材料与技术要求

石膏、大白粉、滑石粉、聚醋酸乙烯乳液、羧甲基纤维素、108 胶等应符合国家质量标准规定。

二、施工工序

对应于不同基层，和不同的壁纸的施工工序有少许不同，为使大家便于学习制作成表格，见表 7-1-1。

裱糊墙面壁纸的主要工序　　　　　　　　　　　　　　表 7-1-1

项次	工序名称	抹灰面混凝土				石膏板面				木料面			
		复合壁纸	PVC壁纸	墙布	带背胶壁纸	复合壁纸	PVC壁纸	墙布	带背胶壁纸	复合壁纸	PVC壁纸	墙布	带背胶壁纸
1	清扫基层、填补缝隙磨砂纸	√	√	√	√	√	√	√	√	√	√	√	√
2	接缝处糊条					√	√	√	√	√	√	√	√
3	找补腻子、磨砂纸					√	√	√	√				
4	满刮腻子、磨平	√	√	√	√								
5	涂刷涂料一遍									√	√	√	
6	涂刷底胶一遍	√	√	√		√	√	√		√	√	√	
7	墙面划准线	√	√	√	√	√	√	√	√	√	√	√	√
8	壁纸浸水润湿		√				√				√		
9	壁纸涂刷胶粘剂	√				√				√			
10	基层涂刷胶粘剂	√	√	√		√	√	√		√	√	√	
11	纸上墙、裱糊	√	√	√		√	√	√		√	√	√	
12	拼缝、搭接、对花	√	√	√		√	√	√		√	√	√	
13	赶压胶粘剂、气泡	√	√	√		√	√	√		√	√	√	
14	裁边		√				√				√		
15	擦净挤出的胶液	√	√	√	√	√	√	√	√	√	√	√	√
16	清理修整	√	√	√	√	√	√	√	√	√	√	√	√

注：1.表中"√"号表示应进行的工序；2.不同材料的基层相接处应糊条；3.混凝土表面和抹灰表面必要时可增加满刮腻子遍数；4.裁边工序，在使用需重叠对花的PVC压延壁纸时进行。

三、施工工艺

1. 基层处理

首先清除基层表面的污垢、尘土，再视基层实际情况，采取局部刮腻子或满刮一遍腻子或满刮数遍腻子。每遍腻子干后，用砂纸磨平，并用抹布擦净表面灰粒。之后喷刷一遍涂料，作封闭处理。对于吸水率特别大的基层，如纸面石膏板，可喷刷两遍涂料。涂料不宜过厚，要均匀一致。不同基层处理具体操作如下：

（1）对于混凝土面、抹灰面基层，要满刮腻子一遍并磨砂纸。若表面有气孔、麻点、凸凹不平时，为保证质量应增加满刮腻子和磨砂纸的遍数。特别是阴阳角、窗台下、暖气包、管道后与踢脚板连接处的处理，要认真检查修整。面层满刮腻子后，也可以在腻子五、六成干时，用塑料刮板作有规律的压光处理。对于新浇筑混凝土墙面应用清洗剂清除表面油膜（由于模板隔离剂所致）。

（2）木质基层要求接缝不显接槎，不外露钉头，接缝处可贴上 50～70mm 宽的加强亚麻布或纸带，或用腻子补平并满刮，最后用砂纸磨平。

（3）在纸面石膏板上裱糊时，板面应先用油性腻子局部找平，在无纸面石膏板上裱糊时，板面应先刮一遍乳胶石膏腻子。

（4）旧墙基层应清除表面的杂物，用腻子使表面光滑，并防止基层颜色不一，影响装饰效果，必要时可涂刷油性底漆。对于附着牢固、表面平整的旧油性涂料墙面，裱糊前应打毛处理。

（5）不同基层接缝处，如石膏板和木基层连接处，应先贴一层纱布，再刮腻子修补，以防裱糊后壁纸面层被拉裂撕开。

（6）对于基层泛碱部位，宜用9％的稀醋酸中和、清洗，防止浸蚀壁纸，使之变色。

2. 弹线

先在墙顶钉一钉子，系一铅垂下吊到踢脚板上缘处。垂线稳定后用铅笔在底部墙上画一条小垂线，然后在墙顶的钉和墙脚印记两点间用粉线包（粉线与基层同色）弹好垂线，或用激光划线仪标线。弹线要细且横平竖直。每个墙面的第一张纸应弹线找直，作为裱糊时的准线，第二张起，先上后下对缝依次裱糊。

壁纸的上面应以挂镜线为准，无挂镜线时应弹水平线，控制水平度。

3. 裁纸

根据材料的规格及墙面尺寸，统筹规划。如果是大、中卷壁纸，为了拉纸方便，宜将成卷的壁纸放在一个架上，用一根铁棍或钢管穿过壁纸卷的轴心。由专人在工作台上完成操作。

壁纸、墙布的下料长度应比裱贴部位的尺寸略长10～30mm。如果壁纸、墙布带花纹图案时，应先将上口的花饰全部对好，特别小心的裁割，不得错位，并编上号，以便按顺序粘贴。切割时刀刃贴紧尺边，尺子压紧壁纸，用力均匀，一气呵成，中间不得停顿或变换持刀角度。

如果室内净空较高，墙面宜分段进行，每段的长度可根据具体情况适当掌握。如果从操作方便的角度，一次裱贴的高度宜在3m左右。

4. 润纸

塑料壁纸遇水膨胀，约5～10min胀足，干后自行收缩。其幅宽方向的膨胀率为0.5％～1.2％，收缩率为0.2％～0.8％。若不考虑这个特性，那么裱糊后的壁纸必然出现气泡、皱折等质量通病。因此必须先将塑料壁纸在水槽中浸泡2～3min，进行闷水处理，取出后抖掉余水，静置20min；或用排笔刷水后浸10min，这样，壁纸粘贴后会随着水分的蒸发而收缩、绷紧。

5. 刷胶粘剂

（1）带背胶壁纸，可将裁好后的壁纸浸泡于水槽中，然后由底部开始，图案面向外，卷成一卷，1min后即可上墙裱糊。壁纸背面及墙面均无需刷胶粘剂，但裱糊顶棚时，带背胶的壁纸应涂刷一层稀释的胶粘剂。

（2）不带背胶壁纸粘贴施工，墙柱面是在基层涂刷胶粘剂，顶棚在基层和壁纸背面均涂刷胶粘剂，纸背面刷胶时，胶面与胶面反复对叠，可避免胶干得太快，也便于上墙。刷胶时，基层表面涂胶宽度要比壁纸宽约30mm，一般抹灰面用胶量为0.15kg/m² 左右，气温较高时用量相对增加。

6. 裱糊

裱糊的原则是：先垂直面后水平面；先细部后大面；先保证垂直后对花拼缝；垂直面是先上后下，先长墙面后短墙面；水平面是先高后低。

（1）挑一个近窗台角落向背光处依次裱糊，从墙面所弹垂线开始至阴角处收口。这样在接缝处不致出现阴影，影响操作。

（2）搭接法裱贴：适用于无图案壁纸。其方法是：相邻两幅在拼缝处，后贴的一幅压前一幅 30mm 左右，然后用钢尺与活动剪纸刀在搭接范围内的中间，将双层壁纸切透，再将切掉的两小条壁纸撕下。最后用刮板从上向下均匀地赶胶，排出气泡，并及时用湿布擦掉多余胶液。一般需擦拭两遍，以保持壁纸纸面干净。较厚的壁纸须用胶滚进行滚压赶平。

（3）拼接法裱贴：对于有图案的壁纸，为了保证图案的完整性和连续性，裱贴时应采取拼接法。拼贴时先对图案，后拼缝。从上至下图案吻合后，再用刮板斜向刮胶，将拼缝处赶密实，然后从拼缝处刮出多余胶液，并用湿毛巾擦干净。对于需要重叠对花的壁纸，应先裱贴对花，待胶粘剂干到一定程度后，用钢尺对齐裁下余边，再刮压密实。用刀时下力要匀，一次直落，避免出现刀痕或搭接起丝现象。

（4）顶棚裱糊时，宜沿房间的长度方向，先裱糊靠近主窗处部位。上好胶的壁纸要反复对折，然后一人用木柄撑起，展开顶折部分，边缘靠齐弹线，敷平一段再展开下一部分。另一人将壁纸赶平，赶密实，挤出多余胶液。如图 7-1-1 所示。最后剪齐两端多余部分，如有必要，应沿着墙顶线和墙角修剪整齐。

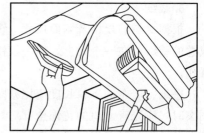

图 7-1-1　裱糊顶棚

7. 修整

若发现局部不合格，应及时采取补救措施。如纸面出现皱纹、死褶时，应趁壁纸未干，用湿毛巾抹拭纸面，使壁纸润湿后，用手慢慢将壁纸舒平，待无皱折时，再用橡胶滚或胶皮刮板赶平。若壁纸已干结，则要撕下壁纸，把基层清理干净后，再重新裱贴。

四、施工注意事项

（1）对于无窗口的墙面弹线，可挑一个近窗台的角落，在距壁纸幅宽短 50mm 处弹垂线。对于有窗口的墙面，为了使壁纸花纹对称，应在窗口弹好中线，再往两边分线；如果窗口不在中间，为保证窗间墙的阳角花饰对称，应弹窗间墙中心线，由中心线向两侧再分格弹垂线。如果室中有较宽大壁炉等，而壁纸的图案是大型的或有明显的主题，宜墙的中央弹线，向两边依次裱贴，以取得平衡感。

（2）注意裁切后的壁纸要卷起平放，不得立放。

（3）胶粘剂涂刷要薄而匀，严防漏刷。墙面阴角处应增刷 1~2 遍胶粘剂。

（4）发泡壁纸及复合纸质壁纸则严禁使用刮板赶压，只可用毛巾、海绵或毛刷赶压，以免赶平花型或出现死褶。

（5）由于墙角与地面不一定垂直，故裱糊时不能以墙角为准，应严格按弹线法保证第一块壁纸、墙布与地面垂直，然后依次裱糊，并用线坠检查垂直，防止误差积累。对于阴阳角、线脚以及偏斜纹多的地方，可以裁开拼接或进行搭接，对花要求可略放宽。但切忌将壁纸、墙布横向硬拉，以免歪斜甚至脱落。

（6）遇有墙面卸不下来的设备或附件，裱糊时可在壁纸上剪口裱上去。方法是将壁纸轻轻糊于突出物件上，找到中心，从中心往外剪，使壁纸舒平裱于墙面上。然后用笔轻轻标出物件的轮廓位置，慢慢拉起多余的壁纸，剪去不需要的部分，四周不得有缝隙。裱糊拼贴时，阴角处接缝应搭接，阳角处不得有接缝，应包角压实。

（7）对于常处于潮湿状态的墙面应用防霉壁纸；对于收缩大的壁纸宜用水分少的强力胶；对于较厚的壁纸、墙布在拐弯处要用强力胶，以防脱开。

（8）墙面明显处应用整幅壁纸，不足一幅的应裱糊在较暗或不明显的部位。如遇印花壁纸存在色差，裱贴时可采取调头粘贴的方法加以校正，将颜色较深的一边和颜色较浅的一边各自相互为邻，使颜色没有突变，以掩饰色差缺陷。但调头粘贴的图案必须上下对称或无规则。

（9）裱糊时空气相对湿度不应过高，一般应低于85％；温度不应剧烈变化。在潮湿季节裱糊好的墙面竣工以后，应在白天打开门窗，加强通风，夜晚关门闭窗，防止潮湿气体侵袭。同时也要避免胶粘剂未干结前，墙面受穿堂风劲吹，破坏壁纸、墙布的粘结牢度。

（10）基层抹灰层宜具有一定的吸水性。混合砂浆抹面，纸筋灰罩面的基层较为适宜裱糊。若用建筑石膏罩面效果更佳。水泥砂浆抹光基层的裱糊效果较差。

（11）裱糊到电门、插座处应破纸做标记，以后再安装纸面上的露明设备。

任务二　墙布、锦缎裱糊

【学习目标】

熟悉墙布、锦缎裱糊施工工艺。

【任务设置】

撰写原天津泰莱饭店高级公寓墙布裱糊施工说明。

【相关知识】

壁纸墙布除了上个任务所述最常用的塑料壁纸外，还有各种织物壁纸和墙布。墙布、锦缎装饰饰面色彩鲜艳、花色丰富、富贵豪华、绚丽堂皇、施工方便、易操作、易保证质量，备受欢迎，但价格昂贵、不能擦洗，易霉蚀，又易虫蛀等。

1. 织物壁纸

织物壁纸主要有纸基织物壁纸和麻草壁纸两种。

（1）纸基织物壁纸

纸基织物壁纸是以棉、麻、毛等天然纤维制成各种色泽、花色和粗细不一的纺线，经特殊工艺处理和巧妙的艺术编排，粘结于纸基上而制成。

纸基织物壁纸具有色彩柔和、自然、墙面立体感强、吸声效果好的特点，不褪色、调湿性和透气性好。适用于宾馆、饭店、会议室、计算机房、广播室及卧室的墙面装饰。

（2）麻草壁纸

麻草壁纸是以纸为基底，以编织的麻草为面层，经复合加工而制成的墙面装饰材料。麻草壁纸具有吸声、阻燃、散潮气、不吸尘、不变形等特点。适用于会议室、接待室、影剧院、酒吧、舞厅以及饭店、宾馆的客房等的墙壁贴面装饰，也可用于商店的橱窗设计。

2. 墙布

（1）玻璃纤维印花贴墙布

玻璃纤维印花贴墙布是以中碱玻璃纤维布为基料，表面涂以耐磨树脂，印上彩色图案而成。其特点是：装饰效果好，且色彩鲜艳，花色多样，室内使用不褪色、不老化，防水、耐湿性强，便于清洗，价格低廉，施工简单，粘贴方便。适用于宾馆、饭店、工厂净化车间、民用住宅等室内墙面装饰，尤其适用于室内卫生间、浴室等墙面的装贴。

（2）无纺贴墙布

无纺贴墙布是采用棉、麻等天然纤维或涤、腈等合成纤维，经过无纺成形、上树脂、印刷彩色花纹等工序而制成。无纺贴墙布的特点是挺括、富有弹性、不易折断，纤维不老化、不散失，对皮肤无刺激作用，墙布色彩鲜艳、图案雅致。适用于各种建筑物的室内墙面装饰，尤其是涤纶无纺墙布。

（3）化纤装饰贴墙布

化纤装饰贴墙布是以化学纤维织成的布（单纶或多纶）为基材，经一定处理后印花而成。常用的化学纤维有粘胶纤维、醋酸纤维、丙纶、腈纶、锦纶、涤纶等。化学纤维贴墙布具有无毒、无味、透气、防潮、耐磨、不分层等特点。适用于宾馆、饭店、办公室、会议室及民用住宅的内墙面装饰。

（4）棉纺装饰贴墙布

棉纺装饰墙布是以纯棉平布为基材经过处理、印花、涂布耐磨树脂等工序制作而成。这种墙布的特点是强度大、静电小、蠕变性小、无光、吸声、无毒、无味，对施工人员和用户均无害，花型色泽美观大方。适用于宾馆、饭店及其他公共建筑和较高级的民用住宅建筑中的内墙装饰。

3. 高级墙面装饰织物

高级墙面装饰织物是指锦缎、丝绒、呢料等织物，这些织物由于纤维材料不同，制造方法不同以及处理工艺不同，所产生的质感和装饰效果也就不同。常被用于高档室内墙面的浮挂装饰，也可用于室内高级墙面的裱糊。主要用于高级建筑室内窗帘、柔隔断或浮挂，适于高级宾馆等公共厅堂柱面的裱糊装饰。

一、材料与技术要求

（1）辅助墙布、锦缎装修的材料，如木框、暗龙骨、铺底板、面板、木线等木材的树种、规格、等级、含水率和防变形、腐蚀处理等均应符合设计图纸要求和国家有关规范的技术标准。

（2）软包面料、内衬材料及边框的材质、颜色、图案、燃烧性能等级和木材的含水率应符合设计要求及国家现行标准的有关规定。墙布、锦缎等面料及其里边的填充材料塑料海绵，必须符合设计要求及建筑内装修设计防火的有关规定。

（3）木龙骨料一般用红、白松烘干料，含水率不大于12%，不得有腐朽、节疤、劈裂、扭曲等瑕疵。其厚度应按设计要求加工，并预先经过防腐处理。

（4）面板一般采用胶合板（三合板或五合板），颜色、花纹要尽量相似或对称，面层为枫木、桦木、椴木、水曲柳、柞木、榉木等硬杂木；用原木作面板时，一般用烘干的红松（果松）、白松、椴木（紫椴为宜）、水曲柳、楸木、桦木、枫木和榉木等硬杂木，含水率不大于12%，其厚度不大于20mm。要求纹理顺直、颜色均匀、花纹近似，不得有节疤、扭曲、裂缝、变色等疵病。

（5）饰面用的压线条、分格框、木贴脸（或木线）等面料，采用工厂加工半成品烘干料，其含水率不大于12%，厚度及质量应符合设计要求和有关质量标准。

（6）乳胶、钉子、木螺丝钉等材料，根据设计要求采用。

（7）如设计采用轻质隔墙做法时，其基层、面层和其他填充料，必须符合设计和配套使用。

二、主要工序

三、墙布、锦缎直接铺贴裱糊施工工艺

1. 基层处理

基层平面应垂直、平整、方正，凸凹度不允许大于高级抹灰的允许偏差，否则将影响裱糊饰面的外观效果。但不同的基层的处理方法也不尽相同。

（1）混凝土及抹灰基层处理

应把基层上的灰疙瘩、灰渣清理干净。油污、脱模剂等用碱水清洗干净，并用清水冲洗干净。待基层干后满刮腻子，并砂纸打磨。如果基层表面有气孔、麻点，凹凸不平时，应增加满刮腻子和打磨砂纸的遍数。刮腻子时要用刮板有规律地操作，一板接一板，两板中间再顺一板，要衔接严密，不得有明显接槎和凸痕。宜将凸处薄刮，凹处厚刮，大面积找平。应先将表面裂缝及坑洼部分刮平，然后砂纸打磨并及时扫干净粉尘，再满刮腻子打磨砂纸和清扫粉尘。特别是阴阳角、窗台下、暖气包、管道后及踢脚板连接处等局部，需认真检查修整。

对于整体抹灰基层，应重视抹灰的质量。其抹灰面为麻刀灰、纸筋灰、石膏灰一类的罩面灰，要注意石灰膏的熟化时间。未熟化的石灰，会产生暴灰，会将墙布鼓起，严重影响墙布的粘结质量和饰面观感效果。

（2）木质、石膏板等基层处理

木基层要求接缝不显接槎，不外露钉头。对接缝、钉眼须用腻子补平打磨砂纸，清扫干净粉尘，再满刮腻子一遍，干后打磨砂纸，要磨平、磨光，并清扫干净尘灰。如果吊顶采用胶合板，板材不宜太薄，特别是面积较大的厅、堂吊顶，板厚度宜5mm以上，以保证刚度和平整度，有利于裱糊质量。木料基层在裱糊前应先涂刷一层涂料，使其颜色与周围裱糊面基层颜色一致。在纸面石膏板上裱糊墙布、锦缎饰面，其板面应先用油性腻子找平，对于板面接缝处，应用嵌缝石膏腻子及穿孔纸带（或玻璃纤维网格胶带）进行嵌缝处理。在无纸面石膏板上作墙布、锦缎裱糊，其板面应先刮一遍乳胶石膏腻子，以保证墙布与石膏板面的粘结强度。

（3）旧墙基层处理

对于凹凸不平的墙面要修补平整，然后彻底清理旧有的浮土油污、砂浆粗粒、灰渣等。对修补过的接缝、麻点等，用腻子分1～2次刮平，再根据墙面平整光滑的程度决定是否再刮腻子或满刮腻子。对于泛碱部位，宜用9％稀醋酸中和、清洗。表面有油污的，可用碱水（1∶10）刷洗。对于脱灰、孔洞处，须用聚合物水泥砂浆修补。对于附着牢固、表面平整的旧溶剂型涂料墙面，应进行认真细致打毛处理。

总之、要求基层平整、洁净、有足够的强度适宜与墙布、锦缎牢固粘贴。

2. 刷胶

在布背面和墙面上均匀刷胶，胶的配合比为108胶∶纤维素∶乳胶∶水＝1∶0.3∶0.1∶适量，其中的纤维素水溶液浓度为4％。墙上刷胶时应根据布的宽窄而定，但不可刷得过宽（比墙布稍宽20～30mm），刷一段，糊一张。

3. 裁剪墙布

根据墙面高度，加放出100～150mm的余量，再根据墙布、锦缎花形图案裁剪。

4. 裱糊

先选好裱糊位置和吊垂直后即可开始裱糊。从第一张开始，将卷好的墙布或锦缎自上而下粘贴，粘贴时，除上边留出50mm左右的空隙外，布上花纹图案应严格仔细对好，对缝必须严密不搭槎，对花纹图案必须端正不走样，对好后用板式鬃刷或用干净的软布将墙布舒展压实压平。挤出的胶液用湿毛巾擦干净，多出的上下边用刀割整齐。

四、软包墙布、锦缎的裱糊

1. 基层或底板处理

凡做软包墙布、锦缎的房间基层，应事先在墙体上预埋木砖，抹水泥砂浆找平层，并安装符合设计要求的木墙筋，上铺设计规定的胶合板。

2. 吊直、套方、找规矩、弹线

根据设计图纸要求，把该房间需软包墙面的装饰尺寸、造型等通过吊直、套方、找规矩、弹线等工序，把图纸上设计的尺寸与造型实际放样墙面上。

3. 计算用料、套裁填充料和面料

依据设计同一房间、同一图案与面料用同一卷材料和相同部位（含填充料）套裁面料。

4. 粘贴面料

若采取直接铺贴法裱糊，操作较简便，应等墙面细木装修基本完成，底板平整度合格，边框油漆达到交活条件后，方可粘贴面料；若采取预制铺贴镶嵌法，首先按照设计图纸和造型要求做定位标志，再按设计用料把填充垫层固定在预制铺贴镶嵌底板上，然后把面料按照定位标志找好横竖坐标上下摆正。首先把上部用木条加钉子临时固定，然后把下端和两侧位置找正后，便可按设计要求粘贴面料。

5. 安装贴脸或装饰边线

根据设计选择加工好的贴脸（大木线）或装饰边线，进行油饰达到交活条件，然后把事先预制铺贴镶嵌的装饰板进行试拼，达到设计要求和装饰效果后，与基层固定和安装贴脸或饰边线，最后修刷镶边油漆成活。

6. 修整软包墙面

如果软包墙面施工安排靠后，其修整软包墙面工作比较简单，如果施工流水插入较早，由于增加了成品保护膜，则修整工作量较大，需除尘清理、钉粘保护膜的钉眼和胶痕的处理等。

五、施工注意事项

（1）裁剪后的贴墙布、锦缎应成卷堆放，不可立放，避免布边损伤。

（2）软包基层或底板的处理应根据房间的实际情况，事先设计好操作工艺标准，装修操作者照此法进行施工。

（3）裱糊前一定要重视对基层清理工作。因为基层表面有积灰、积尘、腻子包、小砂粒、胶浆疙瘩等，会造成表面不平、斜视有疙瘩。

（4）在电开关盒、插座处粘贴墙布应裁破布面露出设施；裱糊阳角不允许对缝，更不允许搭槎；客厅、明柱正面不允许对缝；门窗口上不允许压条。

（5）为避免损坏、污染，裱糊工程尽量放在施工作业的最后一道工序，特别应放在塑料踢脚板铺贴之后。冬期施工设采暖，要派专人负责看管，严防发生跑水、渗漏水等灾害性事故。

（6）墙布、锦缎裱糊时，在斜视壁面上有污斑时，应将两布对缝时挤出的胶液及时擦干净，已干的胶液用温水擦洗干净。

（7）为了保证对花端正，颜色一致，无空鼓、气泡、无死折。裱糊时应控制好墙布面的花与花之间空隙（应相同）；裁花布或锦缎时，应做到部位一致，随时注意壁布颜色、图案、花型，确有差别时应予以分类，分别安排在另一墙面或房间；颜色差别大或有死折时，不得使用。墙布糊完后出现个别翘角、翘边现象，可用乳液胶涂抹滚压粘牢，个别鼓泡应用针管排气后注入胶液，再用辊压实。

（8）如有挂镜线，应以挂镜线为准，无挂镜线以弹线为准。当裱糊到一个阴角时要断布，因为用一张布糊在两个墙面上容易出现阴角处墙布空鼓或者布斜，断布后从阴角另一侧开始仍按上述首张布开始糊的办法施工。

（9）裱糊前必须做好样板间，找出易出现问题的原因，确定试拼措施，以保证花形图案对称。

（10）在拼装预制镶嵌过程中，由于安装不细、捻边时松紧不一或在套割底板时弧度不均等，使周边缝宽窄不一致，应及时进行修整和加强检查验收工作。

（11）裱糊时，应重视边框、贴脸、装饰木线、边线的制作工作。制作要精细，套割要认真细致，拼装时钉子和涂胶要适宜，木材含水率不得大于8%，以保证装修质量和效果。

（12）玻璃纤维墙布和无纺贴墙布盖底力稍差，如基层颜色较深时，应满刮石膏腻子，或在胶粘剂中适当掺入白色涂料，如白色乳胶漆等。相邻部位的基层颜色较深时，更应注意颜色一致的处理，以免裱糊后色泽有差异。裱糊锦缎的基层处理，应保证基层平整，彻底干燥，以防裱糊后发霉。普通壁纸较薄，对基层的平整度要求较高，否则不易保证界面美观。

学习情境八　顶 棚 修 缮

顶棚是附着（或悬吊）于屋盖下或楼板下表面的建筑装饰构件，俗称天花板、天棚或顶子，它是室内空间三大界面之一。顶棚的装饰装修对于直接或间接实现室内空间功能意义重大。

一、顶棚的功能

1. 改善室内环境，实现功能需求

一般的顶棚并不直接与屋盖或楼层贴附在一起，而是通过悬吊件"吊"在屋盖或楼层下，其间为一稳定空气层。由于空气不善于导热，所以顶棚可以有效地保温隔热，同时，选择不同材料密度和表面光洁度的顶棚，可以实现光和声等方面物理性能的改善。

2. 装饰室内空间，满足审美需求

在确定空间使用性质的前提下，调动设计手段，考虑材质、形状、色泽和图案等因素，可以赋予顶棚诸多的文化内涵；选择不一样的顶棚形状、颜色、材质等，可以实现独特的视觉效果，从而满足对空间的艺术审美需求。

二、顶棚的构造

按顶棚装饰面材料划分，有木质顶棚、石膏板顶棚、各种金属板顶棚和玻璃镜面顶棚等；按顶棚承受载荷能力大小划分，有上人顶棚和不上人顶棚；按照顶棚与楼板的关系划分，有悬吊式顶棚和直接式顶棚。

直接式顶棚是指在屋面板、楼板底面直接进行喷浆、抹灰、粘贴壁纸、钉接饰面板的顶棚。直接式顶棚构造简单、施工方便，且由于其构造层厚度小，可充分节省室内空间。但这类顶棚没有可供隐藏设备和管线的空间，且造型太过简单。

悬吊式顶棚也称吊顶，它不仅具有装饰美化作用，更具有保温、隔热、隔声和吸声等功能，同时也是电气、防火、通风、空调等各种系统管线及设备的隐蔽层，缺点是降低了室内净空高度。

悬吊式顶棚主要由吊杆（或吊筋）、龙骨和面层三部分组成，其构造如图 8-0-1 所示。

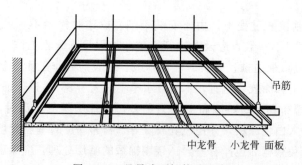

图 8-0-1　悬吊式顶棚构造示意

1. 吊杆（或吊筋）

吊杆（或吊筋）是吊顶的重要承重部件，上部与结构连接，下部与主龙骨结合，将吊顶的全部重量传递给楼板，因此，在其材料选择和安装构造方面，均应首先满足承载要求，一般使用断面较小的型钢或钢筋、木方制作；根据材料的不同分别采用焊接、螺栓连接、钉固及挂钩等连接方法。

2. 龙骨

龙骨一般分为主龙骨和次龙骨。主龙骨主要起承重作用，不但要承受其下部的吊顶荷载，对上人吊顶还需承受检修人员的荷载，因此选材及安装时必须考虑强度、刚度要求。

次龙骨及间距龙骨是吊顶面层的支撑部分，连接与布置必须满足面层安装和平整度的要求。龙骨常用木材、型钢及轻金属等材料制成。

3. 面层板

面层板的作用因其材料或装饰要求不同而有所区别，有的就是吊顶的面层，有的则作为装饰层的基层。吊顶面层板必须满足各种功能要求（如吸声、隔热、保温和防火等）和装饰效果要求。吊顶板的种类繁多，常采用轻质材料拼装。

三、常用顶棚装饰面层板

顶棚的使用性能和装饰效果的实现很大程度取决于顶棚面材的选用。目前，顶棚面层板的品种及规格花样繁多，已经形成一个庞大家族。其中，常用的材料有在前述学习情境中陈述过的石膏、水泥砂浆等，此外还有以下几种：

1. 石膏板

（1）纸面石膏板

纸面石膏板是以建筑石膏为主要原料，渗入适量的添加剂与纤维做板芯，以特制的纸板为护面而制成，具有质轻、防火、隔声、隔热和抗震性能好等特点。

纸面石膏板品种很多，有普通纸面石膏板、耐火纸面石膏板、耐水纸面石膏板和纸面石膏装饰吸声板等。

常见尺寸规格有：长 1800mm、2100mm、2400mm、2700mm、3000mm、3300mm、3300mm、3600mm，宽度有 900mm 和 1200mm 两种，厚度有 9mm、12mm、15mm、18mm、21mm、25mm。

（2）装饰石膏板

装饰石膏板是以建筑石膏为基料，附加少量增强纤维、胶粘剂、改性剂等，经搅拌、成型、烘干等工艺而制成的一种新型顶棚装饰板材。具有轻质、高强、不变形、防火、阻燃、可调节室内湿度、施工方便、可锯、可钉；可刨和可粘贴等特点。

装饰石膏板常用尺寸有：边长 300mm、400mm、500mm、600mm、800mm 和 305mm、498mm 和 625mm 等的正方形，厚度为 6～25mm。

装饰石膏板的品种很多，根据板材正面形状和防潮性能的不同，有平板、花纹浮雕板、穿孔和平穿孔吸声板等。装饰石膏板的分类表达符号见表 8-0-1。

装饰石膏板的分类与表达符号　　　　　　　　　　　　　　　表 8-0-1

分类	普通板			防潮板		
	平板	孔板	浮雕板	平板	孔板	浮雕板
代号	P	K	T	FP	FK	FT

2. 矿棉吸声板

矿棉吸声板是以矿渣棉为主要原料，加入适量粘结剂和附加剂，经成型、烘干和加工饰面而制成的一种新型无机纤维装饰板材。具有质轻、耐火、保温、隔热、吸声等特点。矿棉吸声板用于影剧院、会堂、音乐厅、播音室、录音室时，可控制和调整室内的混响时间，消除回声，改善室内的音质，提高语言清晰度；用于旅馆、医院、办公室、会议室、商场以及喧哗场所如工厂车间、仪表控制间时，可降低室内噪声、改善环境条件。

矿棉吸声板常用规格有：600mm×600mm、500mm×500mm、300mm×600mm、300mm×500mm、600mm×10000mm、500mm×000mm、600mm×9000mm 和 375mm×1800mm 等，板材厚度11~25mm。

3. 钙塑泡沫装饰吸声板

钙塑泡沫装饰吸声板是以聚乙烯树脂加入无机硅填料轻质碳酸钙、发泡剂等，经混炼、模压、发泡成型而成，具有质轻、吸声、隔热和耐水等特点。适用于大会堂、电视台、广播室、影剧院、医院、宾馆及工厂、商店等建筑的室内平顶或墙面装饰。钙塑泡沫装饰吸声板有一般板和加入阻燃剂的难燃泡沫装饰板，常用规格有：边长500mm、305mm、333mm、350mm、496mm 和 610mm 的正方形，厚度 4mm、5mm、5.5mm、6mm、7mm、8mm 和 10mm。

4. 塑料板

塑料板具有质轻、防潮、隔热、不易燃、不吸尘和可涂饰等特点。可用于影剧院、会议室和商店等公共建筑的室内吊顶或暗面装饰。

塑料板的品种繁多，一般为500mm 边长的正方形，厚为 0.4~0.6mm。

5. 纤维水泥加压板

纤维水泥加压板是纤维水泥板材经加压成型的轻质品种。纤维水泥加压板具有质轻、耐火、防水和抗冲击强度高等优点，并具有可锯、可刨、可钉和可钻孔等良好的现场加工性能，适用于各种工业与民用建筑的吊顶板，内外墙板以及通风道板和地下工程墙板等。

6. 胶合板

常用的胶合板有三合板、五合板和七合板。

7. 金属装饰板

金属装饰板以不锈钢，铝合金板为基板，经加工处理而成。具有质轻、强度高、耐高温、耐高压、耐腐蚀、防火、防潮和化学稳定性好等特点。

金属装饰板按板材形状分有：条形板、块形板。

四、常用施工工具与机具

常用工具与机具有斧子、锯子、刨子、线锤、水平尺、方尺、墨斗、扳手、冲子、凿子、托线板、卷尺、螺丝刀、钢丝剪刀、电钻、射钉枪、铆钉枪、曲线锯、电动圆盘锯、手提式电木刨、手提式电锯等。

五、施工作业条件

（1）屋面或楼面的防水层完工，并验收合格；地面湿作业完成；墙面抹灰作完。

（2）吊顶内各种管线及通风管道安装调试完。

（3）墙面预埋木砖及吊筋的数量、质量，经检查符合要求；按设计要求，在四周墙面弹好吊顶罩面板水平标高线。

（4）搭设好安装吊顶的脚手架。

（5）钢木骨架、金属龙骨及罩面板安装样板完成，并经鉴定合格后，指导大面积施工。

六、质量要求

（1）吊顶标高、尺寸、起拱和造型应符合设计要求。饰面材料的材质、品种、规格、图案和颜色应符合设计要求。当饰面材料为玻璃板时，应使用安全玻璃或采取可靠安全措施。

（2）吊杆、龙骨的材质、规格、安装间距及连接方式应符合设计要求。金属吊杆、龙骨应经过表面防腐处理；木吊杆、龙骨应进行防火和防腐处理。安装必须牢固。

（3）饰面材料表面应洁净、色泽一致，不得有翘曲、裂缝及缺损；龙骨与饰面板的搭接应平整吻合，压条应平直、宽窄一致；安装稳固严密；明龙骨吊顶式面板与龙骨的搭接宽度应大于龙骨受力面宽度的2/3；饰面板上的灯具、烟感器、喷淋头、风口箅子等设备位置应合理、美观，与饰面板的交接应吻合、严密。

（4）石膏板的接缝应按其施工工艺标准进行板缝防裂处理。安装双层石膏板时，面层板与基层板的接缝应错开，并不得在同一根龙骨上接缝。

（5）金属吊杆、龙骨的接缝应均匀一致，角缝应吻合，表面应平整，无翘曲、锤印，明龙骨还应颜色一致。木吊杆、龙骨应顺直，无劈裂、变形。吊顶内填充吸声材料的品种和铺设厚度应符合设计要求，并应有防散落措施。

（6）吊顶工程安装的允许偏差和检验方法应符合表8-0-2的规定。

吊顶工程安装的允许偏差和检验方法   表 8-0-2

项次	项目	施工方法	允许偏差（mm）				检验方法
			纸面石膏板	金属板	矿棉板	木板、塑料板、格栅、玻璃板	
1	表面平整度	暗龙骨	3	2	2	2	用2m靠尺和塞尺检查
2	接缝直线度		3	1.5	3	3	拉5m线，不足5m拉通线，用钢直尺检查
3	接缝高低差		1	1	1.5	1	用钢直尺和塞尺检查
4	表面平整度	明龙骨	3	2	3	2	用2m靠尺和塞尺检查
5	接缝直线度		3	2	3	3	拉5m线，不足5m拉通线，用钢直尺检查
6	接缝高低差		1	1	2	1	用钢直尺和塞尺检查

七、安全技术保障措施

施工中各项安装应遵守操作规程；脚手架搭设后，应进行检查，符合要求后方可上人操作；现场操作用梯子时应注意防滑；高空操作时应注意物体坠落伤人；在吊顶内作业，应搭设马道，非上人吊顶严禁上人。

此外，现场设备及照明用电，应严格按规程操作，同时注意防火、防毒。

八、成品保护

（1）吊顶装饰板安装完毕后，不得随意剔凿，如果需要安装设备，应用电钻打眼，严禁开大洞。石膏类装饰板板面附近不得进行电气焊，板面严禁撞击，防止损伤。

（2）石膏类装饰板不得受水淋，并注意防潮。

（3）吊顶内的水管、气管，在未钉罩面板之前应试水试压完毕，以防漏水污损吊顶。管道阀门部位，注意预留检查孔，以防上下人损伤吊顶。安装灯具和通风罩等，不得损坏和污染吊顶。

（4）不得将吊杆（筋）吊在吊顶内的通风、水管等管道上，以防损坏暗管。

（5）吊顶安装完后，后续工程作业时应采取保护措施以防污染。

任务一 石膏造型顶棚

【学习目标】

了解石膏造型的施工工艺。

【任务设置】

撰写石膏造型施工说明。

【背景资料】

天津和平区大同道 15 号（原中国实业银行）建于 1921 年，为天津重点保护级别历史风貌建筑，由基泰工程司设计并监造，当时由中国实业银行使用，具有古典复兴建筑特征。建筑内檐顶棚灰线华丽大气特征明显。见图 8-1-1。

图 8-1-1 顶棚灰线

【相关知识】

历史建筑室内装饰灰线、角线，是历史建筑内檐装饰、装修中常见的一种装饰美化手法。装饰灰线形式多样，种类繁多，表现方法各有特色，为建筑的内饰美观增加色彩。本任务演示灰线见图 8-1-1，外形尺寸上沿出挑宽度为 900mm、高度 1070mm。小齿外形尺寸为长 110mm、宽 110mm、高 110mm。大齿外形尺寸高 310mm、宽 160mm、上端宽 150mm、下端宽 80mm。施工工艺阐述的是历史建筑传统施工工艺，已经濒临失传。现代施工工艺，已经不再需要工地制作模具，而是在专业工厂定制施工灰线模型，现场安装，甚至是应用 3D 打印技术，将模型导入程序直接打印出所需灰线，按照安装工艺装配即可。

一、材料与技术要求

主要使用材料包括有水泥、白灰膏、砂子、黑油漆、108 胶、白水泥、腻子、火碱、石膏、蓝色颜料、肥皂、大白粉、机油、白面粉、铁丝、砂纸、麻刀、油麻、大芯板、胶合板、纤维板、木材、钉子、白铅铁，均应符合设计要求和相关规定。

二、灰浆配置

1. 麻刀灰

抹灰前三天拌制麻刀灰。比例为 100kg 灰膏掺入 1.5kg 麻刀。麻刀灰和好后苫盖闷好。当天抹灰时拌制水泥、麻刀灰、砂子组成的混合灰，比例为 1：3：0.3。

2. 砂灰

灰膏与细砂的比例为 1：2。

3. 石灰膏

石膏和灰膏的比例为 1：1。

4. 水泥砂浆

水泥砂浆，水泥、细砂比例为 1：2。

5. 混合灰

水泥、麻刀灰、细砂的比例为 1：3：0.3，搅拌均匀，应用铁棍将灰搪熟后使用。

6. 石膏胶灰

石膏胶灰。108 胶、石膏的体积比为 1：0.8。

7. 刷墙浆配制

将大白粉块用榔头打碎。放到容器内用水浸泡，水超过大白粉制成大白浆待用，将火碱溶液倒入用温水调成糊状的面粉内，随倒入随用木棒搅拌，形成面胶，待面胶发黄成膏状时，再用温水将面胶溶解开，按照大白浆：面浆＝10：1 的比例，将过筛后的大白浆倒入。再加适量的蓝色液体用木棒顺同一个方向进行搅拌。直至各种配料完全溶合，稠度适宜。过筛。

三、主要工序

四、施工工艺

1. 制作灰线骨架

（1）弹线

按照墙面＋500mm 控制线，量出灰线标高，将灰线外形尺寸弹画在墙面安装部位。量出灰线底端标高控制点。弹灰线底端水平墨线。再弹灰线上端水平墨线。再弹灰线水平中线墨线。沿上端水平线逐个量出龙骨安装位置点。用担子板将上边缘线的龙骨位置点返到灰线底端水平线上。弹龙骨安装线。

（2）制作支撑龙骨模板

测量示例灰线支撑龙骨的尺寸，用铅笔画在薄板上。顺线裁剪出支撑龙骨模板。

（3）制作支撑龙骨

将支撑龙骨模板附在 25～30mm 厚木板上，沿模板外边画线。取下模板后顺线裁料加工。成形后刷防腐油漆一道。

（4）支撑龙骨安装

按照灰线弹线位置将制作好的支撑龙骨安装在墙上。将龙骨板固定在安装好的龙骨上，龙骨板之间用椽子连接固定。检测安装后的龙骨板垂直度，然后固定。

（5）钉板条

用50mm 长的钉子将加工好的木板条钉在支撑龙骨上。在灰线突出部位的板条上钉钉子、缠铁丝。

2. 灰线抹灰

（1）抹混合灰

从灰线骨架上端开始，按不同灰线线形，从上到下依次抹厚度为 8～10mm 的混合灰作为底子灰。底子灰抹后待稍有强度，用灰线抹子刮抹成形。灰线凹凸部位用灰线抹子及臂力尺反复刮抹，保证抹灰均匀顺直。初步形成灰线雏形，毛面交活。

（2）抹砂灰

为防止透底，在底子灰上刮抹砂灰。从上端第一道灰线开始，依次刮抹砂灰，厚度为2～3mm。待稍有强度，用灰线抹子刮抹成形。灰线凹凸部位用灰线抹子及臂力尺反复刮抹，保证抹灰均匀顺直。

（3）抹混合灰

在砂灰面层上量尺，弹画灰线外形线。在抹灰层表面刷水、湿润。将靠尺刷水、湿润。在第一道灰线的上、下边粘靠尺作为撸灰滑道，在砂灰面层上抹混合灰，厚度为 3～5mm。待稍有强度用灰线抹子沿滑道反复刮抹成形。填补缺灰部位。下面各道灰线的做法与第一道灰线完全相同。用臂力尺对凹凸部位表面进行找平，保证抹灰均匀顺直。阴角部位要使用刮杆，攒角尺等进行攒角，并与两端灰线衔接顺平。

（4）抹石膏灰

刷水湿润。从上端第一道灰线开始，按操作需要粘贴靠尺作撸灰滑道。刮抹石膏灰，厚度为 2～3mm。在灰线凹凸部位用灰线抹子沿撸灰滑道反复刮抹。抹灰时先在喂马上摊灰。随后用"喂马"喂灰。紧接用灰线抹子刮抹成形。修补有缺陷的棱角。用臂力尺沿垂直灰线方向对凹凸部位反复刮抹，保证抹灰均匀顺直。阴角部位要使用刮杆，攒角尺等单独进行攒角，并与两端灰线衔接顺平。下面各道灰线的做法与第一道灰线完全相同。

3. 齿饰、涡形花饰灰线阳模制作

（1）齿饰灰线模具制作

按照照片量取灰线齿饰外形尺寸为长 110mm、宽 110mm、高 110mm。并在 15～20mm 后的木板上画线，顺线截取其形状。拼装成型齿饰灰线制作模具。检查模具方正。

（2）涡形花饰灰线模具制作

1）作模：按照照片量取灰线涡形花饰外形尺寸，长 310mm、宽 160mm、上端高 150mm、下端高 80mm。按照灰线外形尺寸在三层板上画出灰线涡形花饰侧面形状尺寸线，顺线截取涡形花饰灰线侧模板外形。

2）拓模：将涡形花饰灰线侧模板附在 15～20mm 厚的木板上，顺模板外边缘用铅笔画线，顺线截取其形状，拼装成型涡形花饰灰线制作模具。检查模具方正。

3）模具固定拉杆制作：按照齿饰、涡形花饰模具外形尺寸。在截面为 20mm×40mm 的长木条上量画出榫口位置。按照画线截取齿饰灰线模具固定拉杆。按照画线截取涡形花饰灰线模具固定拉杆。

（3）模具固定、混合灰浇筑

和制混合灰。将模具固定好后，洒水湿润，用和好的混合灰分层进行浇筑。用木棒振捣密实，每层灰中间加铁丝及洇好的麻，保证整体性。浇筑完成后使其外形完整养护 3 天即可拆模。模具内侧刷水洇湿。稳安装孔预埋件。

（4）涡形花饰表面堆作花纹

1）按照照片描画装饰花纹，再进行雕刻。然后将雕刻好的花形取出。

2）将雕刻好的花形附在涡形花饰的正表面取中、摆正固定好。用铅笔沿花形的内外边缘描画，画好后取下花形。和制堆花砂浆，将砂子、水泥过筛，水泥、砂子比例为 2：1.3，在涡形花饰正表面画线。围合线内用筷子笔刷素水泥浆一道。用 2：1 水泥砂浆从涡形花饰花形上端开始，沿花形画线内侧进行堆粘，直到整体花形堆完，保证花形感观及立体感。将涡形花饰侧面花形拓在三层板上，用 2：1 水泥砂浆沿侧面花形画线内侧进行堆粘，成型后浇水养护。将成型后的侧面花形放在硬纸片上，用铅笔描画出花形轮廓线。沿轮廓线裁剪，将剪好的花形纸片附在涡形花饰阳模侧面并沿轮廓描画。然后将预制好的花形用素水泥浆粘在涡形花饰侧面确定好的位置，粘后修整。将预制安装孔的埋件抽出。调制水腻子，对齿饰灰线表面满刮腻子，修整打磨。

4. 涡形花饰灰线阴模制作

（1）涡形花饰灰线表面粘贴隔离膜

在涡形花饰灰线表面从花饰部位开始粘贴透明胶条。将每个部位粘贴严密，不漏粘。

（2）弹底模十字交叉线

按照底模长宽尺寸，弹出底模中心点十字交叉线及阴模制作控制线。

（3）放置

量出涡形花饰灰线中点。将标注好的灰线中点对准底模上弹好的十字交叉线中点，摆正。

（4）阴模（活模）制作

在涡形花饰阳模表面分段刷肥皂水，用毛刷将薄膜贴附在阳模表面，先贴四周侧面，最后贴正面，按照分段、分块、分层堆灰，厚度35mm。为便于脱模，分块要合理。每块活模中要均匀放置三根22号铅丝，作为肋筋，在每块活模中放置18号铁丝做成的提手。将砂浆抹压密实，与阳模贴靠严密，每块活模间用硬纸片隔开，在提手上缠绕布条，同时用胶带封好或用石膏封严，在每块活模表面按顺序编号，便于后期再拼装组合。

（5）阴模底托制作

在涡形花饰灰线阴模表面粘薄膜，再覆盖一层布，再铺一层薄膜。和石膏灰，用石膏灰包裹提手，苫盖一层塑料膜，套木模板。分层浇筑C15混凝土，加16号铅丝作为肋筋，并振捣密实，在模板周围钉钉子，保证脱模时的整体性。

（6）封盖板

用木板封严后，养护3天，浇水养护。

（7）脱模

阴模底托强度达到要求时脱模，用麻绳将模板外壳捆绑牢固。用皮榔头垫木块敲击模板外壳，翻转180°，将麻绳解开，用皮榔头垫木块敲打模板外壳，将阴模底托移开，完成脱模。

5. 涡形花饰灰线翻模制作

揭去活模表面苫盖的隔离层。撤掉活模提手上的布条。将活模底托清理干净，内刷机油。将每块活模取下，表面刷机油，按顺序放回活模底托内。用蜡填补活模的缝隙、孔洞。将干硬性混合灰分层装入活模内，用木棍振捣密实。在每层灰中间横竖加麻，用木棒将混合灰捣密实。放置安装孔预埋件，插入铁钎，确定安装孔位置。表面刮平、搓毛，拔出铁钎。封上盖板，用绳子将模板外壳捆牢，翻转180°。用皮榔头垫木板敲打模板外壳，将活模底托移开。按顺序取下活模，放回底托，露出制作好的灰线。修补灰线缺损部位后养护。

6. 齿饰、涡形花饰灰线安装

量出齿饰灰线安装位置，用墨斗弹齿饰灰线安装控制线。将固定螺丝放入灰线预留孔中。在齿饰灰线安装面抹石膏胶灰，将抹灰面对准安装位置，摆好调正。用皮榔头敲打，保证缝隙严密贴牢。将预留螺丝拧紧，将螺丝孔用灰封堵，并将缝隙多余灰刮掉、抹平。量出涡形花饰灰线安装位置，在涡形花饰表面画安装控制线。在涡形花饰和相应的灰线安装面刷水湿润，在涡形花饰灰线安装面抹石膏胶灰，将抹灰面对准安装位置，摆好调正。用皮榔头敲打，保证缝隙严密贴牢，用螺丝拧紧。封堵安装缝隙，将多余灰刮掉、抹平。封堵螺丝孔。

7. 灰线打磨、刷浆

（1）灰线打磨

用砂纸从上到下、从左到右进行细致打磨，将灰线表面打磨平整光滑。用软毛刷将灰线表面残留灰屑清除干净。

（2）试浆

在灰线侧面刷刷墙浆，如掉粉，在刷墙浆内添加面胶。

（3）刷浆

调试无误后用刷墙浆，全面刷一遍，检查无误后整体交活。

任务二　木龙骨吊顶

【学习目标】

了解木龙骨吊顶施工工艺。

【任务设置】

撰写天津劝业场天华景木龙骨吊顶施工说明。

【背景资料】

天津劝业场，坐落在和平区和平路与滨江道相交处，是一座折中主义风格的大型建筑，建成于 1928 年，是天津重点保护历史风貌建筑。最早由买办高星桥创办，大楼由法籍工程师慕乐设计，建筑面积共 2.1 万 m^2，主体五层，转角局部七层，为钢筋混凝土框架结构，石材饰面，窗户形式多样。劝业场是当时华北地区规模最大的百货商场，场内设有天华景戏院、天宫影院、天乐评戏院等八个娱乐场所，合称"八大天"，集购物、娱乐、休闲于一体，是中华著名商业老字号，并一度成为天津的象征。

天津劝业场的开幕营业日选定在 1928 年 12 月 21 日，匾额由津门名写家华世奎书写，如图 8-2-1 所示。因为地处旧法租界，劝业场开业前曾拟名"法国商场"，最后改成"劝业商场"，是采纳了股东之一载振的意见。场内挂着"劝吾胞舆""业精于勤""商务发达""场益增新"四个条幅作为办场的宗旨，"劝业商场"四个字便是取了这四句话的首字连缀而成的。

图 8-2-1　华世奎题写的匾额

【相关知识】

木龙骨吊顶是传统的悬吊式顶棚做法，龙骨选用烘干的红、白松、黄花松等规格材，一般主龙骨为 50mm×70mm 或 50mm×100mm；次龙骨为 50mm×50mm 或 40mm×50mm；木吊杆为 50mm×50mm 或 40mm×40mm，固定在预埋件上，面板依据设计要求，可选有胶合板、实木板、纸面石膏板、矿棉板、吸声穿孔石膏板、矿棉吸声板、泡沫钙塑板、塑料板等，构造如图 8-2-2 所示。

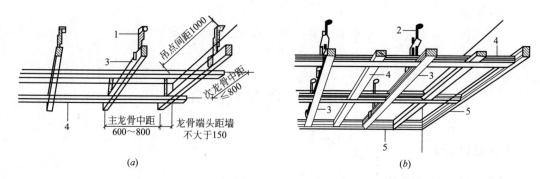

图 8-2-2　木龙骨构造

(a) 双层木龙骨；(b) 单层木龙骨

1—开孔吊杆；2—吊杆；3—主龙骨；4—次龙骨；5—边龙骨

一、材料与技术要求

（1）对木龙骨应进行防火处理，一般在木材表面刷或喷防火涂料，也可把木材放在防火涂料槽内浸渍。防火涂料的种类和使用规定，见表 8-2-1。

（2）对接触墙柱结构的木龙骨，如墙边、梁边的龙骨，端头伸入墙体的部位应涂刷有防潮、防蛀、防腐朽功效的防腐剂。

（3）面板及其他材料按设计选用，符合相关规定。

（4）现浇楼板或预制楼板缝中，预埋吊筋ϕ6或ϕ8。当查勘设计无要求时，间距一般不大于 1000mm。

防火涂料的种类和使用规定　　　　　　　　　　　　　表 8-2-1

项次	防火涂料种类	用量（kg/m²）	特性	基本用途	限制和禁止范围
1	硅酸盐涂料	≥0.5	无抗水性，在二氧化碳的作用下分解	用于不直接受潮湿作用的构件上	不得用于露天和位于二氧化碳含量高的大气中的构件
2	可赛银（酪素）涂料	≥0.7	—	用于不直接受潮湿作用的构件上	不得用于露天构件上
3	掺有防火剂的油质涂料	≥0.6	抗水	用于露天构件上	—
4	氯乙烯涂料和其他以氯化碳化氢为主的涂料	≥0.6	抗水	用于露天构件上	—

二、主要工序

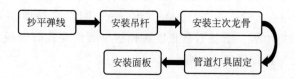

三、施工工艺

1. 抄平弹线

（1）确定标高线：根据室内墙上＋500mm 水平线，用尺量至顶棚查勘设计标高，在该点画出高度线，用一条塑料透明软管灌满水后，将软管的一端水平面对准墙面上的高度线。再将软管的另一端头水平面，在同侧墙面找出另一点，当软管内水平面静止时，画下该点的水平面位置，再将这两点连线，即得吊顶高度水平线，或用激光划线仪标线。用同样方法在其他墙面做出高度水平线。操作时应注意，一个房间的基准高度点只用一个，各个墙的高度线测点共用。沿墙四周弹一道墨线，这条线便是吊顶四周的水平线，其偏差不能大于 5mm。

（2）确定造型位置线：对于较规则的建筑空间，其吊顶造型位置可先在一个墙面量出竖向距离，以此画出其他墙面的水平线，即得吊顶位置外框线，而后逐步找出各局部的造型框架线。对于不规则的空间画吊顶造型线，宜用找点法，即根据查勘设计图纸测出造型边缘距墙面的距离，从墙面和顶棚基层进行引测，找出吊顶造型边框的有关基本点或特征点，将各点连线，形成吊顶造型线。

（3）确定吊点位置：对于一般平面吊顶，其吊点一般是按每平方米布置 1 个，在顶棚上均匀排布。对于有叠级造型的吊顶，应注意在分层交界处布置吊点，吊点间距 0.8～1.2m。较大的灯具应根据灯具重量安排单独吊点，准确牢靠的吊挂。

2. 安装吊杆

吊杆的上部与吊杆固定件的连接一般用焊接，施焊前拉通线，所有丝杆下部找平后，上部搭接焊牢。吊杆和楼板连接一般有三种施工方法，第一种是用 M8 或 M10 膨胀螺栓将∟25×3 或∟30×3 角钢固定在现浇楼板底面焊接 $\phi 6$ 或 $\phi 8$ 吊杆。M8 膨胀螺栓钻孔深度≥50mm，M10 膨胀螺栓钻孔深度≥60mm；第二种是用 $\phi 5$ 以上高强射钉将∟40×4 角钢或钢板等固定在现浇楼板的底面上；第三种是在浇筑楼板或屋面板时，在吊杆位置的板底预埋 $\delta＝6$ 厚钢板，焊锚爪用 $4\phi 8$，L≥150mm 的铁件。

3. 安装主龙骨

主龙骨应平行房间的长向安装，按房间跨度起拱，一般起拱高度为房间跨度的 1/250。吊杆穿过主龙骨预设孔用螺母紧固。

4. 安装次龙骨

按分档线定位安装通长的两根边龙骨，拉线后各根龙骨按起拱标高，通过短吊杆将次龙骨用圆钉固定在主龙骨上，用 33mm 长的钉子将卡挡格栅与次龙骨钉牢。

5. 管道及灯具固定

按照设计要求位置，安装管线、灯具吊件等，做好预留孔洞。若管道有保温要求，完成管道保温。

6. 安装吊顶面板

（1）装饰石膏板顶棚

用木螺丝与木龙骨固定。木螺丝与板边距离应不小于 15mm，间距为 170～200mm，均匀布置。螺钉帽应嵌入石膏板深度约 1mm，并应刷防锈涂料，钉眼用腻子找平，再用与板面颜色相同的色浆涂刷。

（2）胶合板顶棚

沿房间的中心线或灯池框的中心线向四周铺展，光面向下，钉距为 80～150mm 铺钉，将钉帽砸扁，冲入板面 0.5～1.0mm。胶合板铺钉对缝，可用 V 形缝或用平缝，缝宽 6～8mm。顶棚四周钉压缝条，以防龙骨收缩顶棚四周出现沿墙离缝。之后，先把胶合板表面的污渍、灰尘、木刺和浮毛等清理干净，再用油性腻子嵌钉眼，批嵌腻子，上色补色，砂纸打磨，刷清漆二至三道，以涂刷聚氨酯清漆为宜。

（3）木丝板、刨花板、细木工板安装

用压条与龙骨固定，其板与板间隙约 3～5mm。如不用压条固定而用钉子固定时，最好用半圆头木螺钉加垫圈，螺钉间距 100～120mm。

（4）印刷木纹板安装

印刷木纹板为装饰人造板，是在人造板表面印上花纹图案（如木纹）成。印刷木纹板不再需任何贴面装饰，其具自身美观。印刷木纹板安装，多用钉子与龙骨固定，钉距不大于120mm。为防止破坏板面装饰，钉子应与板面钉齐平，然后用与板面相同颜色的油漆涂饰。

（5）板条顶棚

首先在次龙骨下面铺钉板条，其接头缝约 3～5mm，间隙为 7～10mm。板条两端用 2个长 25mm 的钉子与次龙骨钉好。之后将板条上的灰浆、污垢等清扫干净再在次龙骨上钉栓麻纠子（麻钉）。再用掺入石灰膏重量 15％水泥的麻刀水泥石灰膏垂直板条方向抹打底灰。用力将灰挤入板条的缝隙内，紧接抹 1：1：6 水泥石灰膏砂浆，越薄越好，挤压入底子灰中，用苕帚扫毛。待水泥石灰膏砂浆 7～8 成干时，浇水润湿，在板条顶棚上，顺着板条方向，抹 1：1：6 水泥石灰膏砂浆找平层，用刮尺刮平顺，木抹子搓平。最后，当找平层 6～7 成干后，经检验平整度符合要求，抹水泥石灰膏麻刀灰罩面，尽量薄而平，两遍成活，压实，赶光。

四、施工注意事项

（1）主龙骨的悬臂段不应大于 300mm。主龙骨接长常用对接，相邻主龙骨的对接接头要互错开。主龙骨安挂好应基本调平。吊杆要逐根错开，不得吊钉在龙骨的同一侧面上。

（2）吊杆与上部固定件的连接也可在角钢固定件上预先钻孔或预埋的钢板埋件上加焊 ϕ10 钢筋环，然后将吊杆上穿进后弯折固定。

（3）吊杆长度大于 1000mm 时，必须按规范标准规定设置反向支撑。吊顶灯具、风口及检修口等处应增设附加吊杆。

（4）主龙骨常用 50mm×70mm 木料，较大房间用 50mm×100mm 木料。主龙骨与墙相接处，主龙骨应伸入墙面不少于 110mm，入墙部分应涂刷防腐剂。

（5）胶合板顶棚常用于中、高级民用房屋室内顶棚装饰。注意面积超过 50m² 的顶棚，不宜使用胶合板饰面。

（6）胶合板清漆饰面顶棚，在装钉胶合板前应对板材进行严格挑选。板面颜色一致的胶合板钉在同一个房间，相邻板面的木纹应力求协调自然。板块间拼缝，应均匀平直，线条清晰。盖缝条应按查勘设计刨光、起线，在其交叉处锯成八字形，用钉钉牢，将钉帽砸扁冲入木条内 0.5～1.0mm，盖缝浆应顺直平整，接槎平整、严实，网格方正。

（7）胶合板应铺钉平整，四角方正，不应有凹陷和凸起。胶合板清漆饰面漆膜要光亮，木纹清晰，不应有漏刷、皱皮、脱皮和起霜等。色彩调和，深浅一致，不应有咬色、显斑和露底等缺陷。

（8）木丝板、刨花板、细木工板安装时螺钉距应一致，纵横成线，以提高装饰效果。

（9）板条顶棚的板条在龙骨上的接头缝应错开铺钉，每段接头缝的长度不应超过500mm，板条顶棚罩面总厚度不超过 2mm。

任务三　轻钢龙骨吊顶

【学习目标】

掌握轻钢龙骨吊顶施工工艺。

【任务设置】

撰写轻钢龙骨吊顶施工说明。

【相关知识】

轻钢龙骨是以冷轧钢板（钢带）、镀锌钢板（钢带）或彩色喷塑钢板（钢带）为原料，采用冷弯工艺加工而成的薄壁型钢，经组合装配而成的一种金属骨架。它具有自重轻、刚度大、防火、抗震性能好、加工安装简便等特点，适用于工民建等室内隔墙和吊顶所用的骨架。其可用作吊顶和隔墙龙骨，是一种代木产品。

1. 轻钢龙骨的特点

制作轻钢龙骨的板材厚度为 $0.5\sim1.5mm$。吊顶龙骨自重为 $3\sim4kg/m^2$，与9mm厚纸面石膏板组成吊顶，每平方米重 $11\sim12kg$，相当于20mm厚抹灰顶棚质量的 1/4 左右；轻钢龙骨尤其优于木龙骨的主要特点是良好的防火性能，强度高、弯曲刚度大、挠曲变形小，结构安全可靠。

由于轻钢龙骨各构件之间采用吊、挂、卡等连接方式，与面层板之间采用射钉、抽芯铆钉或自攻螺钉等方式连接，在受震动时，可吸收较多变形能量，所以轻钢龙骨吊顶有良好的抗震性能。此外，轻钢龙骨的施工是组装式的，完全取消湿作业，因此施工效率高，且装配、调整方便，便于拆改。

2. 轻钢龙骨的分类与标记

（1）轻钢龙骨的分类

按荷载类型分，有上人龙骨和不上人龙骨。按用途分，有吊顶龙骨（代号 D）和墙体龙骨（代号 Q）；按其断面形式不同分为 C 形龙骨（代号 C）、T 形龙骨（代号 T）、L 形龙骨（代号 L）和 U 形龙骨（代号 U）等多种，如图 8-3-1 所示。其中，C 形龙骨主要用于隔墙，U 形龙骨和 T 形龙骨主要用于吊顶。

（2）轻钢龙骨的标记

轻钢龙骨的标记顺序为：产品名称、代号、断面形状、宽度、高度、厚度和标准号。

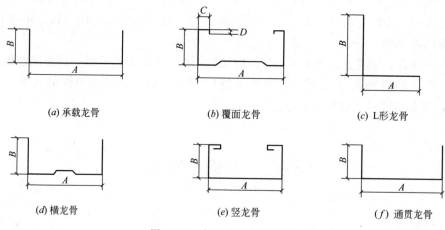

(a) 承载龙骨　　　　　　(b) 覆面龙骨　　　　　　(c) L形龙骨

(d) 横龙骨　　　　　　(e) 竖龙骨　　　　　　(f) 通贯龙骨

图 8-3-1　轻钢龙骨断面形状

例如，断面形状为 C 形、宽度为 50mm、高度为 15mm、钢板厚度为 1.5mm 的吊顶承载龙骨的标记为：建筑用轻钢龙骨 DC50×15×1.5。

3. 轻钢龙骨配件

吊顶龙骨的配件有吊杆、吊件、挂件、挂插件、接插件和连接件，吊件（有普通吊件和弹簧吊件）用于承载龙骨与吊杆的连接；挂件（有压筋式挂件和平板式挂件）用于承载龙骨和覆面龙骨的连接；挂插件用于正交两方面的覆面龙骨的连接；接插件用于覆面龙骨的接长；连接件用于承载龙骨的接长。吊顶 T 形龙骨的配件有连接件，用于龙骨的接长。

4. U 形龙骨吊顶构造

轻钢龙骨吊顶构造和木龙骨吊顶构造基本相同，由吊件、主龙骨、次龙骨、间距龙骨、连接件构成骨架，在骨架之上辐射面板，形成顶棚。U 形龙骨构造如图 8-3-2 所示。

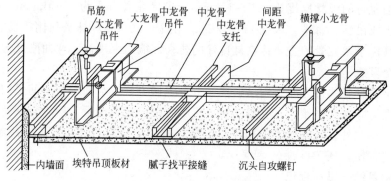

图 8-3-2　U 形龙骨吊顶构造

5. T 形龙骨小型板材吊顶

用 T 形（实为倒 T 形）中、小龙骨和小型板材组成的棚面，按不同的安装方法有露框式、半隐框式和全隐框式。露框式是双向龙骨均外露，将小型板材浮搁于 T 形龙骨的两翼上，使棚面形成纵横交错的有韵律感的网格。由于是小型板材，便于施工、更换和检修棚内设备；半隐框式是中龙骨外露，小龙骨两翼嵌入型材侧面的夹缝内，故而棚面形成富有方向感的流线型；全隐框式是双向龙骨均嵌入板材四周侧面夹缝内，棚面仅呈现隐约板间丝缝。这种做法的安装和拆换比较复杂，不适用于经常维修棚内设备之处。此外，全隐框式的板面在棚面暴露无遗，故而要求板材的边缘和棱角均需完整无损，材料的利用率降低。

T形吊顶龙骨的大龙骨为轻钢，中龙骨及小龙骨的材质视其露框或隐框而选定，即露框时应选用铝合金，隐框则可选用轻钢。

次龙骨分明龙骨和暗龙骨两种。次龙骨分为T形烤漆龙骨、T形铝合金龙骨和各种条形扣板厂家配带的专用龙骨。用T形镀锌铁片连接件把次龙骨固定在主龙骨上时，次龙骨的两端应搭在T形边龙骨的水平翼缘上。

一、材料与技术要求

（1）轻钢龙骨按外观质量、表面镀锌量和形状允许偏差分为优等品、一等品和合格品。

（2）纸面石膏板的加工

大面积板料用板锯切割，小面积板料用多用刀灵活裁割；用专用圆孔锯在石膏板上开各种圆形孔洞；用针锉在石膏板上开各种异型孔洞；用针锯在石膏板上开直线型孔洞；用边角刨将石膏板边刨成倒角；用滚锯切割小于120mm的石膏板条；用曲线锯裁割不同造型的异型石膏板材。

（3）嵌缝石膏粉

嵌缝石膏粉由石膏粉加入缓凝剂等配制。按嵌缝石膏粉与水的比例为1:0.6经人工或机械调制成嵌缝石膏腻子，放置30min后使用。注意嵌缝石膏腻子不可过稠，调制时的水温不可低于5℃，若在低温下调制应使用温水，调制后不可再加石膏粉，避免腻子中出现结块。

（4）穿孔纸带

是打有小孔的牛皮纸带，纸带上的小孔在嵌缝时可使嵌缝石膏腻子多余部分从孔中挤出。纸带宽度为50mm，使用时应先将其置于清水中浸湿，以有利于纸带与嵌缝石膏腻子的粘合；还有与穿孔纸带有相同作用的浸过胶液的玻璃纤维网格胶带，其一面涂有不干胶，有一定的挺度。它有较牛皮纸带更优异的拉结作用，在石膏板接缝处有更理想的嵌缝效果，常在一些重要部位代替穿孔牛皮纸带，以防止板缝开裂。玻璃纤维网格胶带的宽度一般为50mm。

二、主要工序

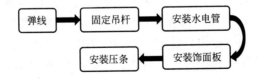

弹线 → 固定吊杆 → 安装水电管 → 安装饰面板 → 安装压条

三、施工工艺

1. 弹线

用水准仪在房间内每个墙（柱）角上抄出水平点，弹出水准线。从水准线量至吊顶设计高度加上12mm。用粉线沿墙（柱）弹出水准线，即为吊顶次龙骨的下皮线。同时，按吊顶平面图，在混凝土顶板弹出主龙骨及吊杆固定点的位置。主龙骨应从吊顶中心向两边分，间距 900～1000mm。

2. 固定吊杆

将防锈处理过的冷拔钢筋和盘圆钢筋吊杆，用膨胀螺栓固定在楼板上，吊点间距900～1000mm。

3. 安装龙骨

（1）安装边龙骨

边龙骨的安装应按设计要求弹线，沿墙（柱）上的平龙骨线把 L 形镀锌轻钢条用自攻螺丝固定在预埋木砖上，如为混凝土墙（柱）上可用射钉固定，射钉间距应不大于吊顶次龙骨的间距。

（2）安装主龙骨

按标高控制线将主龙骨沿平行房间长向与吊件及吊杆安装就位。U 形龙骨依房间的十字和对角拉水平线，调整平直；T 形主龙骨基本就位后，可暂不调平，待安装横撑龙骨后再行调平调正。主龙骨吊挂在吊杆上，同时应起拱，起拱高度为房间跨度的 1/300～1/200。

（3）安装次龙骨

在覆面次龙骨与主龙骨的交叉点，用配套龙骨挂件（或称吊挂件、挂搭）将二者上下连接固定，龙骨挂件的下部勾挂住覆面龙骨，上端搭在主龙骨上，将其 U 形或 W 形腿用钳子嵌入主龙骨内。双层轻钢 U、T 形龙骨骨架中龙骨间距为 500～1500mm，如果间距大于 800mm 时，在中龙骨之间增加小龙骨，小龙骨与中龙骨平行，与大龙骨垂直用小吊挂件固定。

（4）安装横撑龙骨

横撑龙骨用中、小龙骨截取，其方向与中、小龙骨垂直，装在罩面板的拼接处，底面与中、小龙骨平齐，如装在罩面板内部或者作为边龙骨时，宜用小龙骨截取。横撑龙骨与中、小龙骨的连接，采用配套挂插件（或称龙骨支托）或者将横撑龙骨的端部凸头插入覆面次龙骨上的插孔进行连接。

4. 饰面板安装

（1）纸面石膏板自攻螺钉固定法

① 纸面石膏板吊顶面横向铺钉平面排布，应从整张石膏板的一侧向不够整张石膏板的另一侧逐步安装。板与板之间的接缝的宽度一般为 6～8mm。饰面板在自由状态下，长边（即包封边）沿纵向次龙骨铺设，从一块板的中间向板的四周进行固定，螺钉应与板面垂直。钉距以 150～170mm 为宜，自攻螺钉与纸面石膏板边的距离，距包封边（长边）以10～15mm 为宜；距切割边（短边）以 15～20mm 为宜。自攻螺钉进入轻钢龙骨的深度应≥10mm；在装钉中螺钉弯曲变形时，应剔除，并在其相隔 50mm 的部位另装自攻螺钉。螺丝钉头略埋入板面，但不损坏纸面。

② 纸面石膏板顶面全部铺钉完成后，进行全面检查，先将所有自攻螺钉的钉头涂刷防锈漆，用嵌缝石膏腻子嵌平。

③ 板缝清扫干净，用小刮刀将嵌缝石膏腻子均匀饱满地嵌入板缝，并在板缝处刮涂宽约 60mm、厚 1mm 的腻子。随即贴上穿孔纸带（或玻璃纤维网格胶带），使用宽约60mm 的腻子刮刀顺穿孔纸带（或玻璃纤维网格胶带）方向压刮，将多余的腻子挤出，并

刮平、刮实，不留有气泡。

④ 再用宽约 150mm 的刮刀将石膏腻子填满宽约 150mm 的板缝处带状部分。用宽约 300mm 的刮刀再补一遍石膏腻子，其厚度不得超过 2mm。

⑤ 待腻子完全干燥后（约 12h），用 2 号砂布或砂纸将嵌缝石膏腻子打磨平滑，其中间部分略微凸起，但要向两边平滑过渡。

（2）胶粘结固定法

饰面板先进行预装，之后由中间开始，再分别向两侧进行粘结。首先在预装部位龙骨框底面刷胶，同时在饰面板四周边宽 10～15mm 的范围刷胶，大约过 2～3min 后，将饰面板压粘在预装部位。

（3）托卡固定法

当轻钢龙骨为 T 形时，多用托卡固定安装饰面板。T 形轻钢骨架次龙骨安装完毕，经检查标高、间距、平直度符合要求后，弹画垂直通长次龙骨的分块及卡档龙骨线。由顶棚的中间行次龙骨的一端开始，先装一根边卡档次龙骨，再将饰面板侧槽卡入 T 形次龙骨翼缘（暗装）或将无侧槽的饰面板装在 T 形翼缘上面（明装），然后安装另一侧卡档次龙骨。按上述程序分行安装。若为明装时，最后分行拉线调整 T 形明龙骨的平直。

四、施工注意事项

（1）主龙骨的接长应采取对接，相邻龙骨的对接接头应错开。当房屋跨度大于 15m 时，在主龙骨上，每隔 15m 应加一道大龙骨，并垂直主龙骨焊接牢固。

（2）当用自攻螺丝钉安装板材时，板材接缝处必须安装在宽度不大于 40mm 的次龙骨上。次龙骨不得搭接。

（3）纸面石膏板安装为了防止出现弯棱，凸鼓的现象，应在自然状态下进行，还应在棚顶四周封闭的情况下安装固定，防止板面受潮变形。安装双层石膏板时，面层板与基层板的接缝应错开，不得在一根龙骨上；纸面石膏板与龙骨固定时，不得多点同时作业。纸面石膏板的饰面钉装应注意工种间的配合，避免返工拆装损坏龙骨石膏板。

（4）吊顶上的风口、灯具、烟感探头、喷洒头等宜在吊顶板就位后安装。也可先安装风口、灯具等留出周围吊顶板，待上述设备安装后再行安装；T 形明露龙骨吊顶应在全面安装后，对明露龙骨及饰面进行调整，确保匀称、平直。

（5）纤维水泥加压板（埃特板）安装。应选用比螺钉直径小 0.5～1.0mm 的钻头打眼，固定面板后，钉帽应作防锈处理，并用油性腻子嵌平。

（6）胶粘法安装面板时，应按主粘材料性质选用适宜的胶结材料。使用前必须进行粘结试验，掌握好粘结压合时间。饰面板应先选配修整，使厚度、尺寸、边棱一致。

任务四　铝合金装饰板吊顶

【学习目标】

熟悉铝合金装饰板吊顶施工工艺。

【任务设置】

撰写铝合金装饰板吊顶施工说明。

【相关知识】

铝合金装饰板属于现代较为流行的建筑装饰板材，其有质量轻、不燃烧、耐久性好、施工方便、装饰效果好等优点，适用于公共建筑室内外墙面和柱面的装饰。当前的产品规格有开放式、封闭式、波浪式、重叠式条板和藻井式、内圆式、龟板式块状吊顶板。颜色有木色、金黄色、古铜色、茶色等。表面处理方法有烤漆和阳极氧化等形式。规格有条板和方板。条板长度多为 6m，宽度为 100～200mm，厚度为 0.5～1.5mm。方板有 300mm×300mm、400mm×400mm 和 500mm×500mm，厚度为 0.6mm、0.8mm 和 1.0mm，方板构造厚度 20～30mm。近年来在装饰工程中用得较多的铝合金板材有以下几种。

1. 铝合金花纹板及浅花纹板

铝合金花纹板是采用防锈铝合金胚料，用特殊的花纹轧辊轧制而成，花纹美观大方，凸筋高度适中，不易磨损，防滑性好，防腐蚀性能强，便于冲洗，通过表面处理可以得到各种不同的颜色，花纹板材平整，裁剪尺寸精确，便于安装，广泛应用与现代建筑的墙面装饰和楼梯，踏板等处。

铝合金浅花纹板是优良的建筑装饰材料之一，其花纹精巧别致，色泽美观大方，同普通铝合金相比，刚度高出 20%，抗污垢、抗划伤、抗擦伤能力均有所提高，是我国特有的建筑装饰产品。

2. 铝合金压形板

铝合金压形板重量轻、外形美、耐腐蚀性好，经久耐用，安装容易，施工快速，经表面处理可得到各种优美的色彩，是现代广泛应用的一种新型建筑装饰材料，主要用于墙面和屋面。

3. 铝塑板

铝塑板是一种以塑料作芯板，正、背两表面为铝合金薄板的复合板材。厚度为 3mm、4mm、5mm、6mm 或 8mm，常见规格为 1220mm×2440mm。

铝塑板表面铝板经过阳极氧化和着色处理，色泽鲜艳。由于采取了复合结构，所以兼有金属材料和塑料的优点，主要特点为质量轻，坚固耐久，可自由弯曲，弯曲后不反弹。由于经过阳极氧化和着色、涂装表面处理，所以不但装饰性好，而且有较强的耐候性，可锯、铆、刨（侧边）、钻，可冷弯、冷折，易加工、组装、维修和保养。

铝塑板是一种新型金属塑料复合板材，越来越广泛地应用于建筑物的外幕墙和室内外墙面、柱面和顶面的饰面处理。为保护其表面在运输和施工时不被擦伤，铝塑板表面都贴有保护膜，施工完毕后再行揭去。

一、材料与技术要求

（1）龙骨多用铝合金龙骨、轻钢龙骨和带卡脚的专用龙骨，轻钢龙骨、铝合金龙骨的断面尺寸、成型角度、外观蚀斑、麻点及表面镀锌量等实测偏差量必须在相关技术标准允许偏差范围之内。

（2）连接件、吊挂件、接插件、挂插件等应符合查勘设计要求。应保证吊挂、连接方便稳固、安全可靠，外形美观大方。

（3）吊杆不上人吊顶，常用φ6～φ8钢筋，上人吊顶，常用φ8～φ10钢筋。制作好的吊杆应做防锈处理。

二、主要工序

三、施工工艺

1. 抄平弹线

首先用水准仪在房间内每面墙（柱）角附近画出距楼、地面500mm的标高控制点，弹出水平控制线。之后，从弹出的水平控制线向上量至吊顶面查勘设计标高再加上10～20mm（饰面板构造厚度）用粉线沿墙（柱）弹出水准线，为吊顶次龙骨的下皮线。同时按吊顶平面图，在垂直主龙骨的墙面上弹出主龙骨的安装位置线。主龙骨应从吊顶中心向两边分，主龙骨间距为1000～1500mm。未预埋吊杆紧固件的还应在混凝土板底面标示出吊杆固定点位置，吊杆间距为800～1500mm。

2. 安装吊挂杆件

将吊杆与混凝土楼板上预埋的φ6～φ10短钢筋（露出板底≥150mm）或铁件搭接焊；没有预埋件的混凝土楼板，现将∟30×3或∟40×4角钢钻孔用膨胀螺栓直接固定在混凝土楼板底面，再将吊杆的一端与角钢焊接，另一端套出大于100mm的丝杆，或用成品钢丝杆。

3. 安装龙骨

（1）边龙骨安装 按墙（柱）上弹的水平龙骨线，把L形镀锌轻钢条或铝合金装饰龙骨用自攻螺丝固定在预埋木砖上，如为混凝土墙可用射钉固定，射钉间距应不大于300mm。也可不装靠墙龙骨，直接安装L形铝合金靠墙板。阴角处可以用密封胶直接收边，也可以另加阴角条进行修饰。

（2）主龙骨安装

沿平行房间长向将主龙骨吊挂在吊杆上，起拱安装，起拱高度为房间跨度的1/250左右。主龙骨挂好基本调平。

吊顶内设检修走道时，应另设附加吊挂系统。用φ10吊杆与长度为1200mm的∟45×5角钢横担用螺栓连接，横担间距为1800～2000mm。在横担上铺设走道，用[6槽钢两根间距600mm，之间焊接φ10钢筋间距100mm，槽钢与横担角钢焊牢，在走道的一侧设高度为900mm的栏杆。

（3）安装次龙骨

条形或方形的金属饰面板的专用次龙骨，与主龙骨直接连接。

4. 饰面板安装

（1）铝合金条板

应从一个方向依次进行，如龙骨本身兼卡具，只要将条板托起，先将条板的一端用力压入卡脚，再顺势将其余部分压入卡脚内，推压安装就位。

对于板宽超过 100mm、板厚超过 1mm 的板材，多用自攻螺丝固定，自攻螺钉头在安装后完全隐蔽在吊顶内。

（2）铝合金方板安装

按预先弹好的板块安装布置线，从一个方向开始依次安装。吊钩先与龙骨连接固定，再钩住板块侧边的小孔。若用自攻螺钉固定时，应先用手电钻打出孔位后再上螺钉。

四、施工注意事项

（1）对于一些轻质薄壁铝合金条板也可不设置次龙骨，条板直接卡固在单向专用轻钢主龙骨上，但必须设构造拉撑和顶撑，保证骨架的整体稳固。

（2）条板接长部位的接缝比较难处理，应注意控制好切割角度，用锉刀修平切口，将毛边及不妥处修整好，再用相同颜色的胶粘剂（可用硅胶）将接缝部位密合。

（3）铝合金板在安装时应轻拿轻放，保护板面不受损伤。当四周靠墙边缘部分不符合方板的模数时，可改用条板吊顶。

参 考 文 献

[1] 中华人民共和国国家标准 建筑工程施工质量验收统一标准 GB 50300—2013.北京：中国建筑工业出版社，2014.

[2] 中华人民共和国国家标准 建筑装饰装修工程施工质量验收规范 GB 50210—2001.北京：中国建筑工业出版社，2002.

[3] 中华人民共和国国家标准 建筑地面工程施工质量验收规范 GB 50209—2010.北京：中国建筑工业出版社，2010.

[4] 中华人民共和国国家标准 木门窗 GB/T 29498—2013.北京：中国标准出版社，2010.

[5] 中华人民共和国国家质量监督检验检疫总局 建筑门窗术语 GB/T 5823—2008 北京：中国标准出版社，2003.

[6] 天津市地方标准 天津市房屋修缮工程质量验收标准 DB/T 29-139—2015.北京：中国建材工业出版社，2015.

[7] 铝合金门窗工程技术规范 JGJ 214—2010.光明日报出版社，2011.

[8] 塑料门窗工程技术规程 JGJ 103—2008.北京：中国建筑工业出版社，2008.

[9] 玻璃幕墙工程技术规范 JGJ 102—2003.北京：中国建筑工业出版社，2003.

[10] 王朝熙.装饰工程手册.北京：中国建筑工业出版社，1991.

[11] 汪正荣.建筑分项施工工艺标准手册.北京：中国建筑工业出版社，2004.

[12] 严金楼.建筑装饰施工技术与管理.北京：中国电力出版社，2009.

[13] 高军林.建筑装饰材料.北京：北京大学出版社，2009.

[14] 蔡红，董景一，唐肇文.建筑装饰构造与施工技术.北京：中国水利水电出版社，2006.

[15] 天津市房地产管理局.房屋修缮工程工艺标准.1989.

[16] 马炳坚.中国古建筑木作营造技术.北京：科学出版社，2003.

[17] 李合群.中国传统建筑构造.北京：北京大学出版社，2010.